图书在版编目（CIP）数据

标准员 / 牟瑛娜主编. -- 北京 : 中国计划出版社,
2016.5
（建筑施工现场专业人员技能与实操丛书）
ISBN 978-7-5182-0373-4

Ⅰ. ①标… Ⅱ. ①牟… Ⅲ. ①建筑工程－标准 Ⅳ.
①TU-65

中国版本图书馆CIP数据核字(2016)第046289号

建筑施工现场专业人员技能与实操丛书
**标准员**
牟瑛娜　主编

中国计划出版社出版
网址：www.jhpress.com
地址：北京市西城区木樨地北里甲11号国宏大厦C座3层
邮政编码：100038　电话：（010）63906433（发行部）
新华书店北京发行所发行
北京天宇星印刷厂印刷

787mm×1092mm　1/16　14.5印张　350千字
2016年5月第1版　2016年5月第1次印刷
印数 1—3000 册

ISBN 978-7-5182-0373-4
定价：40.00元

建筑施工现场专业人员技能与实操丛书

# 标 准 员

牟瑛娜　主编

中 国 计 划 出 版 社

# 《标准员》编委会

主　编：牟瑛娜

参　编：隋红军　沈　璐　苏　建　周东旭

杨　杰　周　永　马广东　张明慧

蒋传龙　王　帅　张　进　褚丽丽

周　默　杨　柳　孙德弟　元心仪

宋立音　刘美玲　赵子仪　刘凯旋

# 前　言

随着我国国民经济的快速发展，建筑行业的日新月异，建筑规模日益扩大，施工队伍不断地增加，对建筑工程施工现场各专业的职业能力要求也越来越高。为了加强建筑工程施工现场专业人员队伍建设，规范专业人员的职业能力评价，指导专业人员的使用与教育培训，确保工程质量和安全生产，住房城乡建设部制定了《建筑与市政工程施工现场专业人员职业标准》JGJ/T 250—2011。

《建筑与市政工程施工现场专业人员职业标准》JGJ/T 250—2011 增设了标准员岗位，是从事工程建设标准实施组织、监督、效果评价等工作的专业人员，是建设工程施工顺利进行的基础，是工程安全质量的重要保证，是工程建设标准化工作的基础。基于上述原因，我们组织编写了此书。

本书共七章，主要内容包括标准员概述、建筑工程基础知识、建筑施工方法和工艺、标准化相关知识、施工项目质量标准化管理、施工项目安全标准化管理、施工项目工程建设标准的实施。本书内容充实，条理清晰，简明易懂。

本书既可供建筑工程施工现场标准员参考用书，也可供相关专业大中专院校及职业学校的师生学习参考。

本书编写过程中，尽管编写人员尽心尽力，但错误及不当之处在所难免，敬请广大读者批评指正，以便及时修订与完善。

**编　者**

**2015 年 8 月**

# 目　录

# 1 标准员概述

## 1.1 概　　述

### 1.1.1 标准员的工作职责

**1. 企业标准制定**

（1）编制企业标准制修订规划和计划。标准员负责编制企业标准制修订规划和计划。

（2）组织编制企业标准。企业依据《质量管理体系　要求》GB/T 19001—2008、《环境管理体系　要求及使用指南》GB/T 24001—2004 和《职业健康安全管理体系　要求》GB/T 28001—2011 标准建立文件化的质量管理体系，通常以企业标准的形式编制质量管理体系文件。

1）技术标准：对企业标准化领域中需要协调统一的技术事项所制定的标准。企业技术标准的形式包括标准、规范、规程、导则、操作卡、作业指导书等。

2）管理标准：对企业标准化领域中需要协调统一的管理事项所制定的标准。

3）工作标准：对企业标准化领域中需要协调统一的工作事项所制定的标准。

企业标准编号中各段编制方法：企业标准代号为“Q/”；企业名称代号可用汉语拼音字母或阿拉伯数字表示，也可两者共同组成企业名称代号；顺序号用多位阿拉伯数字表示，位数由企业根据实际需要确定，但不可过多。

标准应考虑《质量管理体系　要求》GB/T 19001—2008、《环境管理体系　要求及使用指南》GB/T 24001—2004 和《职业健康安全管理体系　要求》GB/T 28001—2011 等标准的有关要求，以便企业在建立和实施企业标准体系时能够更好地与这些管理体系相结合。

《企业标准体系　要求》GB/T 15496—2003，规定了建立企业标准体系以及开展企业标准化工作的基本要求、管理机构、职责、企业标准制定、实施以及标准实施的监督检查、采用国际标准的要求。

《企业标准体系　技术标准体系》GB/T 15497—2003，规定了企业技术标准体系的结构、格式和制修订要求。

《企业标准体系管理标准和工作标准体系》GB/T 15498—2003，规定了企业标准体系中管理标准体系和工作标准体系的构成及编制的基本要求，并为采用标准的各类企业提供了编制管理标准和工作标准的指南。

《企业标准体系　评价与改进》GB/T 19273—2003，规定了企业标准体系的评价原则和依据、评价条件、评价方法和程序、评价内容和要求以及评价、确认后的改进。

**2. 标准实施组织**

（1）参与施工图会审。标准员必须负责参与施工图的会审。《图纸会审记录》填表说明如下：

1）资料流程：由施工单位整理、汇总后转签，建设单位、监理单位、施工单位、城建档案馆各保存一份。

2）相关规定与要求：

①监理、施工单位应将各自提出的图纸问题及意见，按专业整理、汇总后报建设单位，由建设单位提交设计单位做交底准备。

②图纸会审应由建设单位组织设计、监理和施工单位技术负责人及有关人员参加。设计单位对各专业问题进行交底，施工单位负责将设计交底内容按专业汇总、整理，形成图纸会审记录。

③图纸会审记录应由建设、设计、监理和施工单位的项目相关负责人签认，形成正式图纸会审记录。不得擅自在会审记录上涂改或变更其内容。

3）注意事项：图纸会审记录应根据专业汇总、整理。

图纸会审记录一经各方签字确认后即成为设计文件的一部分，是现场施工的依据。

（2）负责确定建筑工程项目应执行的工程建设标准，并配置有效版本。

（3）负责列出建筑工程项目应执行工程建设标准强制性条文。

（4）参与施工组织设计及专项施工方案的编制。

（5）协助进行施工质量策划、职业健康安全与环境计划制订。

（6）制订工程建设标准实施计划，协助制定主要标准贯彻落实的重点措施。

（7）负责施工作业工程建设标准实施交底。

**3. 标准实施过程监督**

（1）负责施工作业过程中对工程建设标准实施进行监督，协助制定有效标准执行不到位的纠正措施和改进标准实施措施。

（2）负责施工作业过程中实施工程建设标准的信息管理。

（3）协助质量、安全事故调查、分析，找出标准及措施中的不足。

**4. 标准实施效果评价**

（1）负责收集标准执行记录，对工程建设标准实施效果进行评价。

（2）收集对工程建设标准的意见和建议，并提交到工程建设标准化管理机构。

### 1.1.2 标准员的专业技能

**1. 企业标准制定**

能够编制企业标准：施工执行标准是指企业标准（或引用的推荐标准，但必须经企业认可为企业标准），企业标准应有名称及编号、编制人、批准人、批准时间、执行时间。

**2. 标准实施组织**

（1）能够识读施工图及其他工程设计、施工文件。

1）熟悉拟建工程的功能：拿到图纸后，首先了解本工程的功能，然后再联想一些基本尺寸和装修。最后识读建筑说明，熟悉工程装修情况。

2）熟悉、审查工程平面尺寸：建筑工程施工平面图通常有三道尺寸，第一道尺寸是细部尺寸；第二道尺寸是轴线间尺寸；第三道尺寸是总尺寸。检查第一道尺寸相加之和是否等于第二道尺寸、第二道尺寸相加之和是否等于第三道尺寸，并留意边轴线是否是墙中心线。识读工程平面图尺寸，先识建施平面图，再识本层结施平面图，最后识水电空调安装、设备工艺、第二次装修施工图，检查它们是否一致。熟悉本层平面尺寸后，审查是否满足使用要求。识读下一层平面图尺寸时，检查与上一层有无不一致的地方。

3）熟悉、审查工程立面尺寸：建筑工程建施图通常有正立面图、剖立面图、楼梯剖面图，这些图有工程立面尺寸信息；建施平面图、结施平面图上，一般也标有本层标高；梁表中，一般有梁表面标高；基础大样图、其他细部大样图，一般也有标高注明。正立面图一般有三道尺寸，第一道是窗台、门窗的高度等细部尺寸；第二道是层高尺寸，并标注有标高；第三道是总高度。审查方法与审查平面各道尺寸一样，第一道尺寸相加之和是否等于第二道尺寸，第二道尺寸相加之和是否等于第三道尺寸。检查立面图各楼层的标高是否与建施平面图相同，再检查建施的标高是否与结施标高相符。建施图各楼层标高与结施图相应楼层的标高应不完全相同，因建施图的楼地面标高是工程完工后的标高，而结施图中楼地面标高仅指结构面标高，不包括装修面的高度，同一楼层建施图的标高应比结施图的标高高出几厘米。

熟悉立面图后，主要检查门窗顶标高是否与其上一层的梁底标高相一致；检查楼梯踏步的水平尺寸和标高是否有错，检查梯梁下竖向净空尺寸是否大于2.1m，是否有碰头现象；当中间层出现露台时，检查露台标高是否比室内低；检查厕所、浴室楼地面是否低几厘米，若不是，检查有无防溢水措施；最后与水电空调安装、设备工艺、第二次装修施工图相结合，检查建筑高度是否满足功能需要。

4）检查施工图中容易出错的地方有无出错：熟悉建筑工程尺寸后，再检查施工图中容易出错的地方有无出错，主要检查内容为：

①检查女儿墙混凝土压顶的坡向是否朝内。

②检查砖墙下有梁否。

③结构平面中的梁，在梁表中是否全标出了配筋情况。

④检查主梁的高度有无低于次梁高度的情况。

⑤梁、板、柱在跨度相同、相近时，有无配筋相差较大的地方，若有，需验算。

⑥当梁与剪力墙同一直线布置时，检查有无梁的宽度超过墙的厚度。

⑦当梁分别支承在剪力墙和柱边时，检查梁中心线是否与轴线平行或重合，检查梁宽有无突出墙或柱外，若有，应提交设计处理。

⑧检查梁的受力钢筋最小间距是否满足施工验收规范要求。

⑨检查室内出错。

⑩检查设计要求与施工验收规范有无不同。

⑪检查结构说明与结构平面、大样、梁柱表中内容以及与建施说明有无相矛盾之处。

⑫单独基础系双向受力，沿短边方向的受力钢筋一般置于长边受力钢筋的上面，检查施工图的基础大样图中钢筋是否画错。

5）审查原施工图有无可改进的地方：主要从有利于工程的施工、有利于保证建筑质量、有利于工程美观三个方面对原施工图提出改进意见，详见表1－1。

**表1-1 施工图的改进意见**

| 序号 | 改进角度 | 内容 |
|---|---|---|
| 1 | 从有利于工程施工的角度提出改进施工图意见 | 结构平面上会出现连续框架梁相邻跨度较大的情况，当中间支座负弯矩筋分开锚固时，会造成梁柱接头处钢筋太密，振捣混凝土困难，可向设计人员建议负筋能连通的尽量连通 |
| | | 当支座负筋为通长时，造成跨度小梁宽较小的梁面钢筋太密，无法振捣混凝土，可建议在保证梁负筋的前提下，尽量保持各跨梁宽一致，只对梁高进行调整，以便于面筋连通和浇捣混凝土 |
| | | 当结构造型复杂，某一部位结构施工难以一次完成时，可向设计提出混凝土施工缝如何留置 |
| | | 露台面标高降低后，若露台中间有梁，且此梁与室内相通时，梁受力筋在降低处是弯折还是分开锚固，请设计处理 |
| 2 | 从有利于建筑工程质量方面提出修改施工图意见 | 当设计天花抹灰与墙面抹灰相同为1:1:6混合砂浆时，可建议将天花抹灰改为1:1:4混合砂浆，以增加粘结力 |
| | | 当施工图上对电梯井坑、卫生间沉池，消防水池未注明防水施工要求时，可建议在坑外壁、沉池水池内壁增加水泥砂浆防水层，以提高防水质量 |
| 3 | 从有利于建筑美观方面提出改善施工图 | 当出现露台的女儿墙与外窗相接时，检查女儿墙的高度是否高过窗台，若是，则相接处不美观，建议设计处理 |
| | | 检查外墙饰面分色线是否连通，若不连通，建议到阴角处收口；当外墙与内墙无明显分界线时，询问设计，墙装饰延伸到内墙何处收口最为美观，外墙突出部位的顶面和底面是否同外墙一样装饰 |
| | | 当柱截面尺寸随楼层的升高而逐步减小时，若柱突出外墙成为立面装饰线条时，为使该线条上下宽窄一致，建议对突出部位的柱截面不缩小 |
| 4 | 当柱布置在建筑平面砖墙的转角位，而砖墙转角少于90°，若结构设计仍采用方形柱，可建议根据建筑平面将方形改为多边形柱，以免柱角突出墙外，影响使用和美观 | |
| 5 | 当电梯大堂（前室）左边有一框架柱突出墙面100~200mm时，检查右边柱是否突出相同尺寸，若不是，建议修改成左右对称 | |

（2）能够掌握相关工程建设标准及强制性条文的要求。

（3）能够识别工程项目应执行工程建设标准及强制性条文。

（4）能够制订工程建设标准实施计划。

(5) 能够编写标准实施交底，并开展标准实施交底。

**3. 标准实施过程监督**

(1) 能够判定施工作业过程是否符合工程建设标准的要求。

(2) 能够对不符合工程建设标准的施工作业提出改进措施。

(3) 能够处理施工作业过程中实施工程建设标准的信息。

(4) 能够根据质量、安全事故原因，找出标准及措施中的不足。

(5) 能够记录和分析工程建设标准实施情况。

**4. 标准实施效果评价**

(1) 能够对工程建设标准实施效果进行评价。

(2) 能够收集、整理、分析对工程建设标准的意见和建议。

(3) 能通过质量、安全问题分析，提出完善和修订标准的建议。

### 1.1.3　标准员的作用

工程建设标准作为工程建设活动的技术依据和准则，是保障工程安全质量和人身健康的基础，标准员作为施工现场从事工程建设标准实施组织、监督、效果评价等工作的专业人员，既是工程项目施工的管理人员，也是标准化工作中重要的一员，具有重要的作用。

**1. 标准员为实现工程项目施工科学管理奠定基础**

标准是当代先进的科学技术和实践经验的总结，是指导企业各项活动的依据，要使工程项目施工达到规范化、科学化，保证施工“有章可循，有标准可依”，建立最佳秩序，取得最佳效益，需要标准员发挥协调、约束和桥梁的作用。标准员通过为工程建设各岗位管理人员和操作人员提供全面的标准有效版本，能够指导各项工作按照标准开展，进而有效促进工程项目施工的科学管理。

**2. 标准员为保障工程安全质量提供支撑**

工程建设标准是判定工程质量“好坏”的“准绳”，是保障工程安全和人身健康的重要手段，标准员的工作，能够将工程建设标准的要求贯彻到工程项目施工的各项活动当中，包括建筑材料的质量、工程质量、施工人员的作业等，同时在施工过程中进行监督、检查，对不符合标准要求的事项及提出整改措施，为保障工程安全质量提供强有力的支撑。

**3. 标准员为提高标准科学性发挥重要作用**

标准的制定、实施和对标准实施进行监督是标准化工作的主要内容，在新的形势下，客观要求三项工作必须有机结合，相互促进，才能使得标准更加科学合理，适应工程建设的需要，有力促进我国经济社会的发展。要做到这点，需要工程建设标准化管理机构及时、全面掌握标准实施的情况，发现标准中存在的问题，改进标准化工作。标准员作为工程项目施工的直接参与者，最“接地气”，能够通过工程建设标准实施评价，分析工程建设标准的实施情况、实施效果和科学性，并能够收集工程建设者对标准的意见和建议，这些信息反馈到工程建设标准化管理机构，将会为工程建设标准化管理提供强有力的支持，对进一步提高标准的科学性，完善标准体系，完善推动标准实施各项措施，发挥重要的作用。

### 1.1.4　标准员应具备的技能

标准员作为施工现场的管理人员，为全面履行职责，完成工程项目施工任务，面对日趋复杂的建筑形式，客观要求标准员掌握相应的技能。《建筑与市政工程施工现场专业人员职业标准》JGJ/T 250—2011 中对标准员应具备的专业技能和专业知识提出了明确的要求。

**1. 标准员应具备的专业技能**

专业技能是通过专门学习训练，运用相关知识完成专业工作任务的能力，标准员的专业技能主要包括：

（1）能够组织确定工程项目应执行的工程建设标准及强制性条文。要求标准能够在现行的众多工程建设标准中，根据所承担的工程项目的特点和设计要求确定工程项目应执行的工程建设标准，并能够编制工程项目应执行的工程建设标准及强制性条文明细表。

（2）能够参与制定工程建设标准贯彻落实的计划方案。要求标准员根据工程建设标准的要求，结合工程项目施工部署，参与制定工程建设标准贯彻落实方案，包括组织管理措施和技术措施方案，并能够编制小型建设项目的专项施工方案。

（3）能够组织施工现场工程建设标准的宣贯和培训。要求标准员能够根据工程建设标准的适用范围合理确定宣贯内容和培训对象，并能够组织开展施工现场工程建设标准宣贯和培训。

（4）能够识读施工图。要求标准员能够识读建筑施工图、结构施工图、设备专业施工图，以及城市桥梁、城镇道路施工图和市政管线施工图，准确把握工程设计要求。

（5）能够对不符合工程建设标准的施工作业提出改进措施。要求标准员能够判定施工作业与相关工程建设标准规定的符合程度，以及施工质量检查与验收与相关工程建设标准规定的符合程度，发现问题，并能够依据相关工程建设标准对施工作业提出改进措施。

（6）能够处理施工作业过程中工程建设标准实施的信息。要求标准员熟悉与工程建设标准实施相关的管理信息系统，能够处理工程材料、设备进场试验、检验过程中相关标准实施的信息、施工作业过程中相关工程建设标准实施的信息以及工程质量检查、验收过程中相关工程建设标准实施的信息，包括信息采集、汇总、填报等。

（7）能够根据质量、安全事故原因，参与分析标准执行中的问题。要求标准员掌握工程质量安全事故原因分析的方法，能够根据质量、安全事故原因分析相关工程建设标准执行中存在的问题，以及根据工程情况和施工条件提出质量、安全的保障措施。

（8）能够记录和分析工程建设标准实施情况。要求标准员根据施工情况，准确记录各项工程建设标准在施工过程中执行情况，并分析工程项目施工阶段执行工程建设标准的情况，找出存在的问题。

（9）能够对工程建设标准实施情况进行评价。要求标准员掌握标准实施评价的方法，能够客观评价现行标准对建设工程的覆盖情况，评价标准的适用性和可操作性以及标准实施的经济、社会、环境等效果。

（10）能够收集、整理、分析对工程建设标准的意见，并提出建议。要求标准员掌握工程建设标准化的工作机制，掌握标准制、修订信息，及时向相关人员传达标准制、修订信息，并收集反馈相关意见，提出对相关标准的改进意见。

（11）能够使用工程建设标准实施信息系统。要求标准员能够使用国家工程建设标准化管理信息系统，并应用国家及地方工程建设标准化信息网，及时获取相关标准信息，确保施工现场的标准及时更新。

**2．标准员应具备的专业知识**

《建筑与市政工程施工现场专业人员职业标准》JGJ/T 250—2011 将标准员应具备的专业知识分为通用知识、基础知识和岗位知识。通用知识是建筑与市政工程施工现场专业人员（包括施工员、安全员、质检员、材料员等）应具备的共性知识，基础知识、岗位知识是与标准员岗位工作相关的知识。各部分的主要内容包括：

（1）通用知识。

1）熟悉国家工程建设相关法律法规。要求标准员熟悉《建筑法》、《安全生产法》、《劳动法》、《劳动合同法》、《建设工程安全生产管理条例》、《建设工程质量管理条例》等法律法规的相关规定。

2）熟悉工程材料、建筑设备的基本知识。要求标准员熟悉无机胶凝材料、混凝土、砂浆、石材、砖、砌块、钢材等主要建筑材料的种类、性质，混凝土和砂浆配合比设计，建筑节能材料和产品的应用。

3）掌握施工图绘制、识读的基本知识。要求标准员掌握房屋建筑、建筑设备、城市道路、城桥梁、市政管道等工程施工图的组成、作用及表达的内容，掌握施工绘制和识读的步骤与方法。

4）熟悉工程施工工艺和方法。要求标准员熟悉地基与基础工程、砌体工程、钢筋混凝土工程、钢结构工程、防水工程等施工工艺流程及施工要点。

5）了解工程项目管理的基本知识。要求标准员了解施工项目管理的内容及组织机构建立与运行机制，了解施工项目质量、安全目标控制的任务与措施，了解施工资源与施工现场管理的内容和方法。

（2）基础知识。

1）掌握建筑结构、建筑构造、建筑设备的基本知识。要求标准员掌握民用建筑的基本构造组成，构件的受弯、受扭和轴向受力的基本概念，钢筋混凝土结构、钢结构、砌体结构的基本知识，建筑给水排水、供热工程、建筑通风与空调工程、建筑供电照明工程的基本知识，以及城市道路、城市桥梁、各类市政管线的基本知识。

2）熟悉工程质量控制、检测分析的基本知识。要求标准员熟悉工程质量控制的基本原理和基本方法，熟悉抽样检验的基本理论和工程检测的基本知识与方法。

3）熟悉工程建设标准体系的基本内容和国家、行业工程建设标准体系。要求标准员掌握标准化的基本概念和标准化方法，熟悉国家工程建设标准化管理体制和工程建设标准管理机制，熟悉工程建设标准体系的构成。

4）了解施工方案、质量目标和质量保证措施编制及实施基本知识。要求标准员了解施工方案的作用和基本内容以及组织实施的方法，了解质量目标的作用和确定质量目标的方法，了解质量保证措施的编制和组织实施。

（3）岗位知识。

1）掌握与本岗位相关的标准和管理规定。要求标准员掌握工程建设标准实施与监督的相关规定，以及工程安全和质量管理的相关规定，掌握相关质量验收规范、施工技术规程、检验标准与试验方法标准和产品标准等。

2）了解企业标准体系表的编制方法。要求标准员了解企业标准体系表的作用、构成和编制方法。

3）熟悉工程建设标准化监督检查的基本知识。要求标准员熟悉对质量验收规范、施工技术规程、试验检验标准等实施进行监督检查的基本知识和检查方法，以及工程建设标准的宣贯和培训组织要求。

4）掌握标准实施执行情况记录及分析评价的方法。要求标准员掌握标准执行情况记录的内容和方法，掌握标准实施状况、标准实施效果、标准科学性等评价的知识和评价方法。

## 1.2 工程建设标准化知识

### 1.2.1 工程建设标准化的相关定义

**1. 工程建设标准**

工程建设标准是为在工程建设领域内获得最佳秩序，对各类建设工程的勘察、规划、设计、施工、验收、运行、管理、维护、加固、拆除等活动和结果需要协调统一的事项所制定的共同的、重复使用的技术依据和准则，它经协商一致并由公认机构审查批准，以科学技术和实践经验的综合成果为基础，以保证工程建设的安全、质量、环境和公众利益为核心，以促进最佳社会效益、经济效益、环境效益和最佳效率为目的。

工程建设标准根据工程建设活动的类型、范围和特点，涉及工程建设的各个领域、各个方面、各个环节。

1）工程类别。包括土木工程、建筑工程、线路管道和设备安装工程、装修工程、拆除工程等。

2）行政领域。包括房屋建筑、城镇建设、城乡规划、公路、铁路、水运、航空、水利、电力、电子、通信、煤炭、石油、石化、冶金、有色、机械、纺织等。

3）建设环节。勘察、规划、设计、施工、安装、验收、运行维护、鉴定、加固改造、拆除等。

**2. 工程建设标准化**

工程建设标准化是指为在工程建设领域内获得最佳秩序，对实际的或潜在的问题制定共同的和重复使用的规则的活动。

该活动包括标准的制定、实施和对标准实施的监督三方面。在标准的制定方包括制定标准编制计划下达、编制、审批发布和出版印刷四个环节。在组织实施方面，包括标准的执行、宣传、培训、管理、解释、调研、意见反馈等工作。在标准实施的监督方面，主要依据有关法律法规，对参与工程建设活动的各方主体实施标准的情况进行指导和监督。

### 1.2.2 工程建设标准的特点

工程建设标准的主要特点是：综合性强、政策性强、技术性强、地域性强。

**1. 综合性**

工程建设标准的内容大多是综合性的。工程建设标准绝大部分都需要应用各领域的科技成果，经过综合分析，才能制定出来。

制定工程建设标准需要考虑的因素是综合性的。必须综合考虑社会、经济、技术、管理等诸多现实因素，否则，工程建设标准很难在实际中得到有效贯彻执行。

**2. 政策性**

工程建设标准政策性强主要体现在以下几方面：

1）国家要控制投资，工程建设标准首先要控制恰当。

2）工程建设要消耗大量的资源，直接影响到环境保护、生态平衡和国民经济的可持续发展，标准的水平需要适度控制，并在一定程度起引导作用。

3）工程建设直接关系到人民生命财产的安全、人体健康和公共利益。但安全、健康和公共利益以合理为度，工程建设标准对安全、健康、公共利益与经济之间的关系进行了统筹兼顾。

4）工程建设标准化的效益，不能单纯着眼于经济效益，还必须考虑社会效益。

5）工程建设要考虑百年大计。工程使用年限少则几十年，多则上百年，工程建设技术标准在工程的质量、设计的基准等方面，需要考虑这一因素，并提出相应的措施或技术要求。

**3. 技术性**

工程建设标准是以科学技术和实践经验的综合成果为基础。标准的技术水平从基础理论水平、工艺技术水平、质量控制水平、技术经济水平、技术管理水平五个方面考虑。它体现了当时先进技术水平，并随着技术进步而不断改进。

**4. 地域性**

我国幅员辽阔，各地的自然条件和社会因素差异很大。而工程建设的特殊性，决定了其技术要求必须和这些具体的情况相适应。工程建设地方标准及标准化，是工程建设标准和标准化的重要组成部分。

### 1.2.3 工程建设标准的作用

（1）贯彻落实国家技术经济政策。

（2）政府规范市场秩序的手段。

（3）确保建设工程质量与安全。

（4）促进建设工程技术进步、科研成果转化。

（5）保护生态环境、维护人民群众的生命财产安全和人身健康权益。

（6）推动能源、资源的节约和合理利用。

（7）促进建设工程的社会效益和经济效益。

（8）推动开展国际贸易和国际交流合作。

### 1.2.4 工程建设标准的分类

**1. 分类方法**

对工程建设标准的分类，从不同的角度出发，主要有：阶段分类法、层次分类法、属性分类法、性质分类法、对象分类法五种。

（1）阶段分类法。根据基本建设的程序，划分为两大阶段：决策阶段，即可行性研究和计划任务书阶段；实施阶段，即从工程项目的勘察、规划、设计、施工、验收使用、管理、维护、加固到拆除等。通常将实施阶段标准称为工程建设标准。

（2）层次分类法。按照每一项工程建设标准的使用范围，即标准的覆盖面，将其划分为不同层次的分类方法。我国工程建设标准划分为企业标准、地方标准、行业标准、国家标准四个层次。

（3）属性分类法。按照每一项工程建设标准在实际建设活动中要求贯彻执行的程度不同，将其划分为不同法律属性的分类方法。工程建设标准划分为强制性标准和推荐性标准。这种分类方法，一般不适用于企业标准。

（4）性质分类法。按照每一项工程建设标准的内容，将其划分为不同性质标准的分类方法。工程建设标准一般划分为技术标准、管理标准和工作标准。

（5）对象分类法。按照每一项工程建设标准的标准化对象，将其进行分类的方法。在工程建设标准化领域，通常采用两种方法，一是按标准对象的专业属性进行分类，一般应用在确立标准体系方面；二是按标准对象本身的特性进行分类，一般分为基础标准，方法标准，安全、卫生和环境保护标准，综合性标准，质量标准。

任何一项工程建设标准均可以按五种分类方法之一进行划分。某种分类方法中的标准，可以再用其他四种分类法进一步划分。

**2. 国家标准、行业标准、地方标准和企业标准**

（1）国家标准。《标准化法》规定，对需要在全国范围内统一的技术要求，应当制定国家标准。按照《工程建设国家标准管理办法》的规定，在全国范围内需要统一或国家需要控制的工程建设技术要求主要包括：

1）工程建设勘察、规划、设计、施工（包括安装）及验收等通用的质量要求。

2）工程建设通用的术语、符号、代号、量与单位、建筑模数和制图方法。

3）工程建设通用的实验、检验和评定等方法。

4）工程建设通用的有关安全、卫生和环境保护的技术要求。

5）工程建设通用的信息技术要求。

6）国家需要控制的其他工程建设通用的技术要求。

（2）行业标准。工程建设行业标准是指对没有国家标准，而又需要在全国某个行业范围内统一的技术要求所制定的标准。工程建设行业标准的范围主要包括：

1）工程建设勘察、规划、设计、施工（包括安装）及验收等行业专用的质量要求。

2）工程建设行业专用的有关安全、卫生和环境保护的技术要求。

3）工程建设行业专用的术语、符号、代号、量与单位、建筑模数和制图方法。

4）工程建设行业专用的试验、检验和评定等方法。

5）工程建设行业专用的信息技术要求。

6）工程建设行业需要控制的其他技术要求。

（3）地方标准。地方标准是指对没有国家标准和行业标准而又需要在省、自治区、直辖市范围内统一工业产品的安全、卫生要求所制定的标准，地方标准在本行政区域内适用，不得与国家标准和行业标准相抵触。国家标准、行业标准公布实施后，相应的地方标准即行废止。

(4) 企业标准。企业标准是对企业范围内需要协调、统一的技术要求、管理要求和工作要求所制定的标准。它是企业组织生产、经营活动的依据，是企业技术特点和优势的体现，也是企业文化的体现。

**3. 强制性标准和推荐性标准**

(1) 工程建设强制性标准。强制性标准是指国家通过法律的形式明确要求对于一些标准所规定的技术内容和要求必须执行，不允许以任何理由或方式加以违反、变更的标准，其包括强制性的国家标准、行业标准和地方标准。对违反强制性标准的，国家将依法追究当事人法律责任。目前是指标准中的强制性条文和全文强制性标准。直接涉及人民生命财产和工程安全、人体健康、节能减排、环境保护和其他公共利益，以及需要强制实施的工程建设技术、管理要求，应当制定为工程建设强制性标准。

(2) 工程建设推荐性标准。推荐性标准是指国家鼓励自愿采用的具有指导作用而又不宜强制执行的标准，即标准所规定的技术内容和要求具有普遍的指导作用，允许使用单位结合自己的实际情况，灵活加以选用。

**4. 规范、标准、规程的区别与联系**

标准、规范、规程都是标准的一种表现形式，习惯上统称为标准，只有针对具体对象才加以区别。

对术语、符号、计量单位、制图等基础性要求，一般采用“标准”；对工程勘察、规划、设计、施工等通用的技术事项做出规定时，一般采用“规范”；当针对操作、工艺、施工流程等专用技术要求时，一般采用“规程”。

## 1.2.5 工程建设标准化管理体制

我国工程建设标准化工作实行“统一管理、分工负责”的管理体制。住房和城乡建设部履行全国工程建设标准化工作的综合管理职能。国务院各有关部门履行本行业工程建设标准化工作的管理职能。各地建设行政主管部门履行本行政区域工程建设标准化工作的管理职能。本行业和本行政区域内也实行统分结合的管理体制。管理机构如图 1－1 所示。

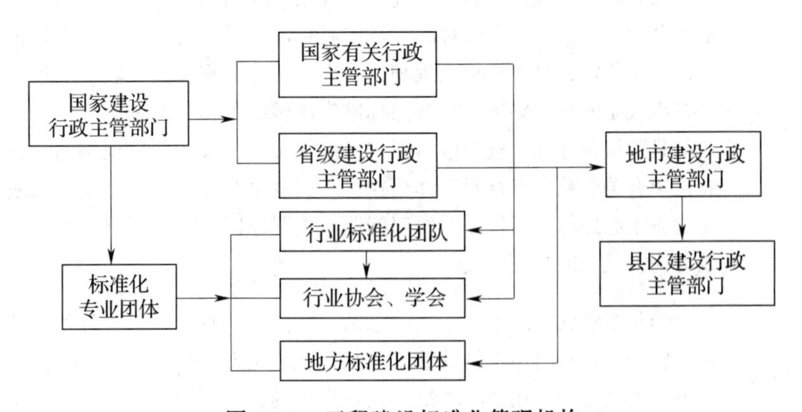


**图 1－1 工程建设标准化管理机构**

注：粗线代表直接管理，细线代表间接管理。

## 1.2.6 工程建设标准的实施与监督

### 1. 工程建设标准的实施程序

实施工程建筑标准的一般程序通常分为计划、准备、实施、检查和总结五个阶段，见表1－2。

表1－2 工程建设标准的实施程序

| 序号 | 项目 | 内容 |
| --- | --- | --- |
| 1 | 计划阶段 | 工程建设企业的标准化主管部门在收到新颁布的国家标准、行业标准、地方标准和本企业制定颁布的有关标准后，就要组织标准化专（兼）职人员进行学习，理解其内容和实质，弄清新旧标准之间的关系，结合本企业的实际情况，分析实施中可能遇到的问题和困难，确定实施方案和计划。在制订计划时，应考虑标准的实施方式、标准实施工作的组织安排及对标准实施后的经济效果进行预测分析 |
| 2 | 准备阶段 | 准备工作是实施标准的最重要的环节，这一环节常常被忽视，以致在实施中发生问题时难以应付，甚至产生半途停止实施的现象。准备工作主要有四个方面，即思想准备、组织准备、技术准备和物质条件准备。实践证明，准备阶段的工作做得扎实细致，实施阶段就能比较顺利地进行，即使出现问题，也能有准备地去组织解决 |
| 3 | 实施阶段 | 实施，就是把标准规定的内容在生产、流通、使用等领域中加以执行。执行就是采取行动，把标准中所规定的内容在技术活动中加以实现。对于建筑企业来说，执行就是要在工程施工中认真按照国家标准、行业标准、地方标准的规定，严格组织施工，把各项技术标准具体落实到单位工程上，落实到分部分项工程上，对工程质量进行预控，推行“三工序”管理（即检查上工序、保证本工序、服务下工序），严格执行工序或分项工程质量检查验收——用标准来控制工序质量；用工序质量来保证分项工程质量，用分项工程质量来保证分部工程质量，用分部工程质量来保证单位工程质量。标准实施中出现的各种情况，应及时反映到企业标准化主管部门，不得私自改变标准，降低标准水平 |
| 4 | 检查阶段 | 在实施过程中应加强检查。企业标准化管理部门及各级专、兼职标准化人员、有关部门、生产单位应随时深入与实施标准有关的各环节，看其是否严格执行标准的各项规定，是否按标准规划、勘察、设计、施工及验收，工程质量是否达到了标准规定的技术要求，对产品标准实施情况的检查还看计量、检验、包装、标志等是否符合标准。检查包括图样、技术文件审查和实物检查两个方面。前者应按国家有关标准化审查管理办法执行。后者由企业检验、计量部门或委托有关质量检测中心进行全面检测，发现问题，查明原因，限期改进。处理不了的问题要及时向上级标准化机构报告 |
| 5 | 总结阶段 | 总结包括实施标准中技术上的总结，方法上的总结，以及各种文件、资料的归纳、整理、立卷归档，包括对下一步工作提出意见和建议等。在标准实施过程中，对成功的经验和存在的问题都要做好详细的记录，为总结提供第一手资料，也为标准的修订提供可靠的素材 |

**2. 工程建设标准的日常管理**

工程建设标准日常管理工作的要求和主要任务包括七个方面的内容：

(1) 负责标准的具体技术内容的解释。

(2) 对标准中遗留的问题，承担组织调查研究、必要的测试验证和重点科研工作。

(3) 承担标准的宣传贯彻工作。

(4) 调查了解国家标准的实施情况，搜集和研究国内外有关标准、技术信息资料和实践经验，参加相应的国际标准化活动。

(5) 参与有关工程质量事故的调查和咨询。

(6) 负责开展标准的研究和学术交流活动。

(7) 负责国家标准的复审、局部修订和技术档案工作。

**3. 工程建设标准实施监督的方式**

(1) 国家、行业、地方有计划地安排对工程建设标准的实施情况进行监督。

(2) 根据检举揭发和需要对工程建设标准的实施进行监督。

(3) 结合以下工作对工程建设标准的实施进行监督：

1) 对企业采用国际标准和国外先进标准的验证确认。

2) 对企业研制的工程建设新技术、新工艺、新设备、新材料、新产品、改进产品、技术改造、技术引进和设备进口等按规定进行的标准化审查。

3) 企业标准化水平考核、质量体系和检验体系、计量测量试验设备体系的审核、认证。

4) 企业产品标准备案情况的检查。

5) 创优工程认证。

(4) 按有关法律、法规的规定对工程建设标准的实施进行监督，如对工程质量检查和工程建设的安全检查等。

(5) 工程建设企业自我监督。

## 1.3 相关法律、法规及标准

### 1.3.1 法律规范的种类

法律规范的种类就是依据一定的标准，根据法律规范本身的特点而进行的分类。

**1. 命令性规范、禁止性规范和授权性规范**

命令性规范是规定人们必须依法做出一定的行为。

禁止性规范是指禁止人们做出某种行为或者必须抑制一定行为的法律规范。禁止性法律规范在法律条文中多以“禁止”、“不得”、“不许”、“不准”、“严禁” 等词来表述。

授权性规范是指授予公民、公职人员、社会团体和国家机关有权自己做出某种行为，或要求他人做出或不做出某种行为的法律规范。

**2. 强制性规范和任意性规范**

强制性规范，也叫命令性规范，是指对于权利和义务的规定十分明确，而且必须履行，不允许人们以任何方式变更可违反的法律规定。

任意性规范是指规定在一定范围内，允许人们自行选择或协商确定为与不为，为的方式以及法律关系中的权利义务内容的法律规则。

**3．保护性规范、制裁性规范和奖励性规范**

（1）保护性规范是指在确认人们的行为、权利合法、有效时并给予保护的法律规范。

（2）制裁性规范是指对违法行为不予承认，并加以撤销甚至制裁的法律规范。

（3）奖励性规范是指给予各种对社会做出贡献的行为，予以表彰或特殊奖励的法律规范。

## 1.3.2 法律责任

法律责任是违宪责任、行政法律责任、民事法律责任、刑事法律责任的总称。

**1．违宪责任**

违宪责任是指由于违宪行为而必须承担的法律责任。

**2．行政责任**

行政责任是指因违反行政法或因行政规定而应承担的法律责任。

**3．民事责任**

民事责任是指由于民事法律、违约或者由于民法规定所应承担的法律责任。

**4．刑事责任**

刑事责任是指由于犯罪行为而承担的法律责任。

## 1.3.3 相关标准

**1．基础标准**

在工程建设标准体系中，基础标准是指在某一专业范围内作为其他标准的基础并普遍使用，具有广泛指导意义的术语、符号、计量单位、图形、模数、基本分类、基本原则等的标准。如城市规划术语标准、建筑结构术语和符号标准等。

《民用建筑设计术语标准》，规定建筑学基本术语的名称，对应的英文名称，定义或解释适用于各类建筑中设计、建筑构造、技术经济指标等名称。

《房屋建筑制图统一标准》，规定房屋建筑制图的基本和统一标准，包括图线、字体、比例、符号、定位轴线、材料图例、画法等。

《建筑制图标准》，本标准规定建筑及室内设计专业制图标准化，包括建筑和装修图线、图例、图样画法等。

**2．施工技术规范**

施工技术规范是施工企业进行具体操作的方法，是施工企业的内控标准，它是企业在统一验收规范的尺度下进行竞争的法宝，把企业的竞争机制引入到拼实力、拼技术上来，真正体现市场经济下企业的主导地位。施工技术规范的构成复杂，它既可以是一项专门的技术标准，也可以是施工过程中某专项的标准，这些标准主要体现在行业标准、地方标准的一些技术规程、操作规程，如《混凝土泵送施工技术规程》JGJ/T 10—2011、《钢筋焊接网混凝土结构技术规程》JGJ/T 114—2014、《冷轧扭钢筋混凝土构件技术规程》

JGJ 115—2006、《建筑基坑支护技术规程》JGJ 120—2012、《混凝土小型空心砌块建筑技术规程》JGJ/T 14—2011、《轻骨料混凝土技术规程》JGJ 51—2002、《预应力筋用锚具、夹具和连接器应用技术规程》JGJ 85—2010、《冷轧带肋钢筋混凝土结构技术规程》JGJ 95—2011、《钢框胶合板模板技术规程》JGJ 96—2011 等。

**3. 质量验收规范**

"质量验收规范"是整个施工标准规范的主干，指导各专项工程施工质量验收规范是《建筑工程施工质量验收统一标准》，验收这一主线贯穿建筑工程施工活动的始终。施工质量要与《建设工程质量管理条例》提出的事前控制、过程控制结合起来，分为生产控制和合格控制。施工质量验收规范属于合格控制的范畴，也属于"贸易标准"的范畴，可以由"验收"促进前期的生产控制，从而达到保证质量的目的。

**4. 试验、检验标准**

由于工程建设是多道工序和众多构件组成的，工程建设的现场抽样检测能较好地评价工程的实际质量。为了确定工程是否安全和是否满足功能要求，所以制定了工程建设试验、检验标准。

另一方面工程建设施工质量的实体检验，涉及地基基础和结构安全以及主要功能的抽样检验，能够较客观和科学地评价单体工程施工质量是否达到规范要求的结论。由于 20 世纪 80 年代的验评标准着重于外观和定性检验，对抽样检验和定量检验的要求没有涉及，致使工程建设现场抽样检验标准发展不快。随着工程建设检验技术、方法和仪器研制的进展，这方面的按术标准逐步得到了重视，已制订和正在制定相应的工程建设质量试验、检测技术标准，比如《砌体工程现场检测技术标准》GB/T 50315—2011、《玻璃幕墙工程质量检验标准》JGJ/T 139—2001 和《建筑结构检测技术标准》GB/T 50344—2004 等。

**5. 施工安全标准**

建筑施工安全，既包括建筑物本身的性能安全，又包括建造过程中施工作业人员的安全。建筑物本身的性能安全与建筑工程勘察设计、施工和维护使用等有关，目前在工程勘察、地基基础、建筑结构设计、工程防灾、建筑施工质量和建筑维护加固专业中已建立了相应的标准体系。建造过程中施工作业人员的安全主要是指建造过程中施工作业人员的安全和健康。建筑施工安全技术即是指建筑施工过程中保证施工作业人员的生命安全及身体健康不受侵害的施工技术。

自 20 世纪 80 年代初，建设部开始制定完善建筑施工安全技术标准，1980 年颁发了《建筑安装工人安全技术操作规程》，1988 年制定了《施工现场临时用电安全技术规范》JGJ 46—88 后修订为 JGJ 46—2005，《建筑施工安全检查评分标准》JGJ 59—88 后修订为《建筑施工安全检查标准》JGJ 59—2011，以后又陆续制定了《建筑施工高处作业安全技术规范》JGJ 80—1991、《龙门架及井架物料提升机安全技术规范》JGJ 88—2010、《建筑施工门式钢管脚手架安全技术规范》JGJ 128—2010、《建筑施工扣件式钢管脚手架安全技术规范》JGJ 130—2011、《建筑机械使用安全技术规程》JGJ 33—2012、《建设工程施工现场供用电安全规范》GB 50194—2014。我国建筑施工安全技术标准虽然起步较晚，但目前建筑施工安全标准体系已经基本形成，并在逐步加快完善。

**6. 城镇建设、建筑工业产品标准**

产品标准是对产品结构、规格、质量和检验方法所做的技术规定，是保证产品适用性的依据，也是产品质量的衡量依据。在目前工程建设中所用产品数量、品种、规格较多，针对建筑产品管理常用的标准包括产品标准和产品检验标准。

这类标准规定了产品的品种，对产品的种类及其参数系列做出统一规定；另外，规定了产品的质量，既对产品的主要质量要素（项目）做出合理规定，同时对这些质量要素的检测（试验方法）以及对产品是否合格的判定规则做出规定。

**7．工程建设强制性标准**

强制性标准可分为全文强制和条文强制两种形式：标准的全部技术内容需要强制时，为全文强制形式；标准中部分技术内容需要强制时，为条文强制形式。

强制性标准应贯彻国家的有关方针政策、法律、法规，主要以保障国家安全、防止欺骗、保护人体健康和人身财产安全、保护动植物的生命和健康、保护环境为正当目标。强制性标准或强制条文的内容应限制在下列范围：有关国家安全的技术要求；保障人体健康和人身、财产安全的要求；产品及产品生产、储运和使用中的安全、卫生、环境保护、电磁兼容等技术要求；工程建设的质量、安全、卫生、环境保护要求及国家需要控制的工程建设的其他要求；污染物排放限值和环境质量要求；保护动植物生命安全和健康的要求；防止欺骗、保护消费者利益的要求；国家需要控制的重要产品的技术要求。

2000 年，国务院发布《建设工程质量管理条例》（国务院令第 279 号）。原建设部颁布了与之配套的《实施工程建设强制性标准监督规定》（建设部令第 81 号），其中第二条和第三条规定从事新建、扩建、改建等工程建设活动，必须执行工程建设强制性标准，且明确了工程建设强制性标准是指直接涉及工程质量、安全、卫生及环境保护等方面的工程建设标准强制性条文，从而确立了强制性条文的法律地位，并对加强建设工程质量的管理和加强强制性标准（强制性条文）实施的监督做出了具体规定，明确了各方责任主体的职责。

与此同时，原建设部组织专家从已经批准的工程建设国家标准、行业标准中挑选带有“必须”和“应”规定的条文，对其中直接涉及人民生命财产安全、人身健康、环境保护和其他公众利益的条文进行摘录，形成了《工程建设标准强制性条文》。《工程建设标准强制性条文》共十五部分，包括城乡规划、城市建设、房屋建筑、工业建筑、水利工程、电力工程、信息工程、水运工程、公路工程、铁道工程、石油和化工建设工程、矿山工程、人防工程、广播电影电视工程和民航机场工程，覆盖了工程建设的各主要领域。其后，相继开展修编了《工程建设标准强制性条文》（房屋建筑部分）2002 年版、2009 年版、2013 年版，《工程建设标准强制性条文》（城乡规划部分）2013 年版，《工程建设标准强制性条文》（城镇建设部分）2013 年版，《工程建设标准强制性条文》（电力工程部分）2006 年版，《工程建设标准强制性条文》（水利部分）2010 年版，《工程建设强制性条文》（工业建筑部分）2012 年版。

自 2000 年以来，制定或修订工程建设标准，对其中直接涉及人民生命财产安全、人身健康、环境保护和其他公众利益以及提高经济效益和社会效益等方面要求的条款，经该标准的编制组提出，由审查会审定，报送相应的强制性条文管理机构审查批准后，作为强制性条款，保留在相应的标准当中，并在发布公告中加以说明。印刷时，其条款用黑体字注明。

2003年，原建设部组织开展了房屋建筑、城镇燃气、城市轨道交通技术法规的试点编制工作，继续推进工程建设标准体制改革。2005年以来组织制定了全文强制标准，如《住宅建筑规范》GB 50368—2005、《城市轨道交通技术规范》GB 50490—2009、《城镇燃气技术规范》GB 50494—2009、《城镇给水排水技术规范》GB 50788—2012等。这些强制性条文和全文强制标准构成了我国目前的工程建设强制性标准体系。

# 2 建筑工程基础知识

## 2.1 建筑工程识图

### 2.1.1 建筑工程施工图基本规定

**1. 图纸幅面、标题栏及会签栏**

（1）图纸幅面。

1）图纸幅面及框图尺寸应符合表2－1的规定及图2－1的格式。

**表2－1 幅面及图框尺寸（mm）**

| 尺寸代号＼幅面代号 | A0 | A1 | A2 | A3 | A4 |
|---|---|---|---|---|---|
| $b \times l$ | 841×1189 | 594×841 | 420×594 | 297×420 | 210×297 |
| $c$ | 10 | | | 5 | |
| $a$ | 25 | | | | |

注：表中 $b$ 为幅面短边尺寸，$l$ 为幅面长边尺寸，$c$ 为图框线与幅面线间宽度，$a$ 为图框线与装订边间宽度。

2）需要微缩复制的图纸，其一个边上应附有一段准确米制尺度，四个边上都附有对中标志，米制尺度的总长应为100mm，分格应为10mm。对中标志应画在图纸内框各边长的中点处，线宽为0.35mm，并应伸入内框边，在框外为5mm。对中标志的线段，于 $l_1$ 和 $b_1$ 范围取中。

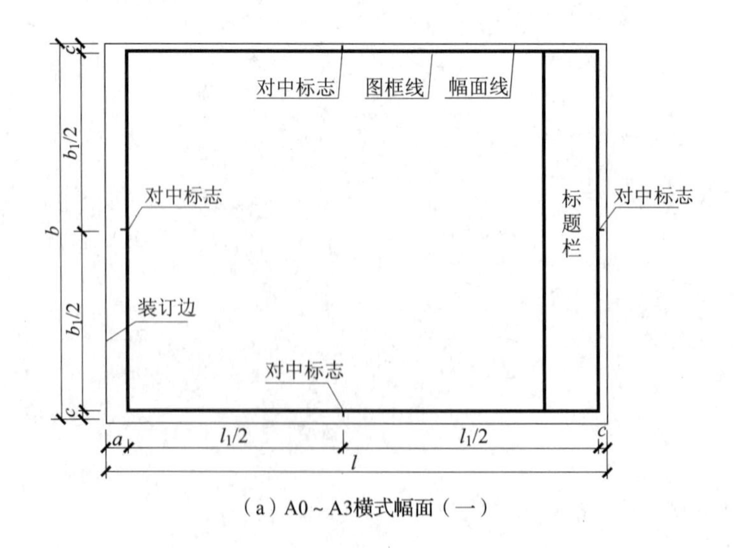


（a）A0～A3横式幅面（一）

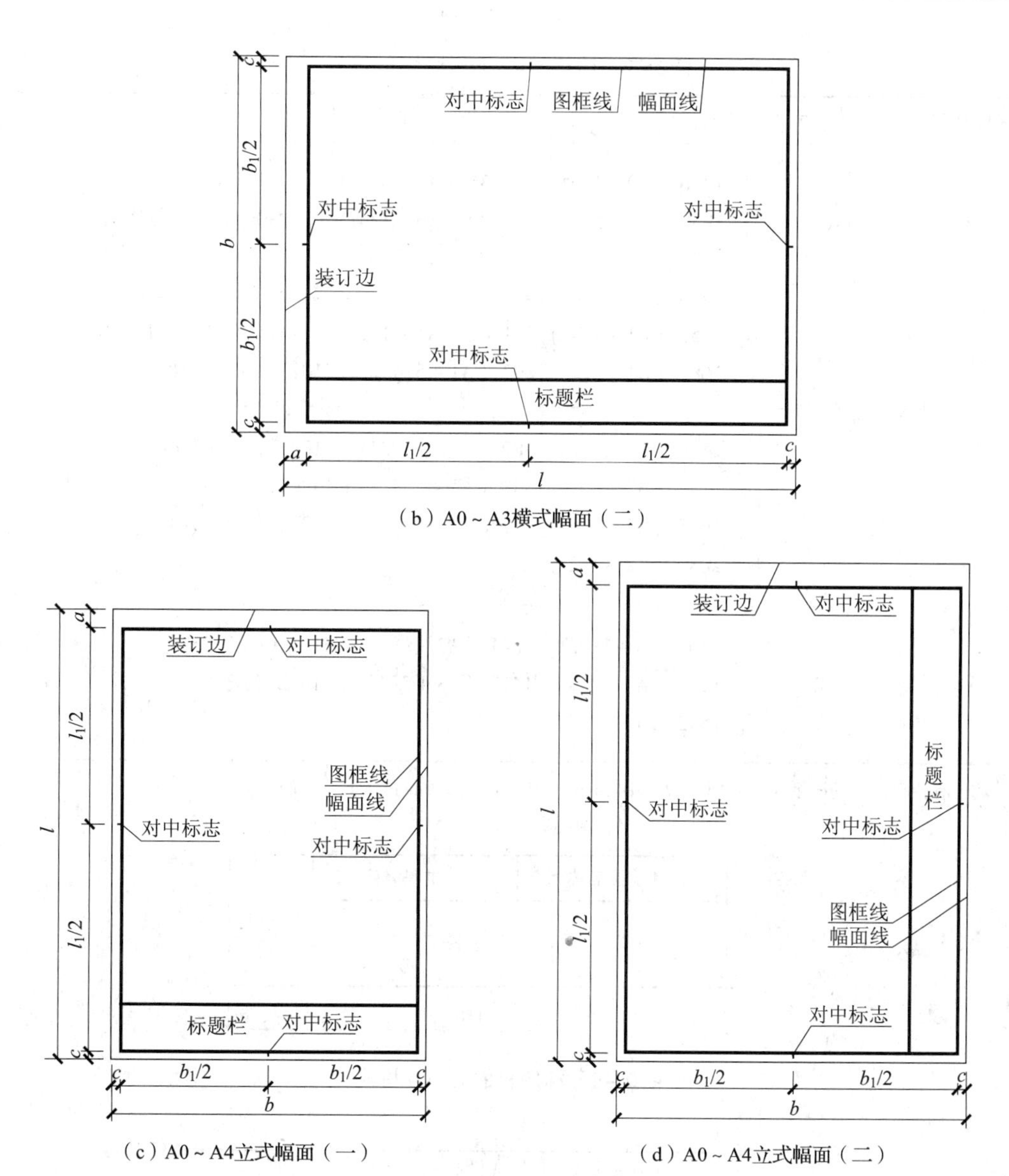


（b）A0～A3横式幅面（二）

（c）A0～A4立式幅面（一）

（d）A0～A4立式幅面（二）

**图 2－1　图纸的幅面格式**

3）图纸的短边尺寸不应加长，A0～A3 幅面长边尺寸可加长，但应符合表 2－2 的规定。

4）图纸以短边作为垂直边应为横式，以短边作为水平边应为立式。A0～A3 图纸宜横式使用；必要时，也可立式使用。

5）一个工程设计中，每个专业所使用的图纸，不宜多于两种幅面，不含目录及表格所采用的 A4 幅面。

（2）标题栏及会签栏。标题栏（简称图标）应放置在图纸的右下角，它的大小及格式如图 2－2 所示。会签栏仅供需要会签的图纸用，位置在图纸左上角的图框线外，它的大小以及格式如图 2－3 所示。

表 2-2 图纸长边加长尺寸（mm）

| 幅面代号 | 长边尺寸 | 长边加长后的尺寸 |
|---|---|---|
| A0 | 1189 | 1486（A0+1/4$l$） 1635（A0+3/8$l$） 1783（A0+1/2$l$）<br>1932（A0+5/8$l$） 2080（A0+3/4$l$） 2230（A0+7/8$l$）<br>2378（A0+$l$） |
| A1 | 841 | 1051（A1+1/4$l$） 1261（A1+1/2$l$） 1471（A1+3/4$l$）<br>1682（A1+$l$） 1892（A1+5/4$l$） 2102（A1+3/2$l$） |
| A2 | 594 | 743（A2+1/4$l$） 891（A2+1/2$l$） 1041（A2+3/4$l$）<br>1189（A2+$l$） 1338（A2+5/4$l$） 1486（A2+3/2$l$）<br>1635（A2+7/4$l$） 1783（A2+2$l$） 1932（A2+9/4$l$）<br>2080（A2+5/2$l$） |
| A3 | 420 | 630（A3+1/2$l$） 841（A3+$l$） 1051（A3+3/2$l$）<br>1261（A3+2$l$） 1471（A3+5/2$l$） 1682（A3+3$l$）<br>1892（A3+7/2$l$） |

注：有特殊需要的图纸，可采用 $b \times l$ 为 841mm×891mm 与 1189mm×1261mm 的幅面。

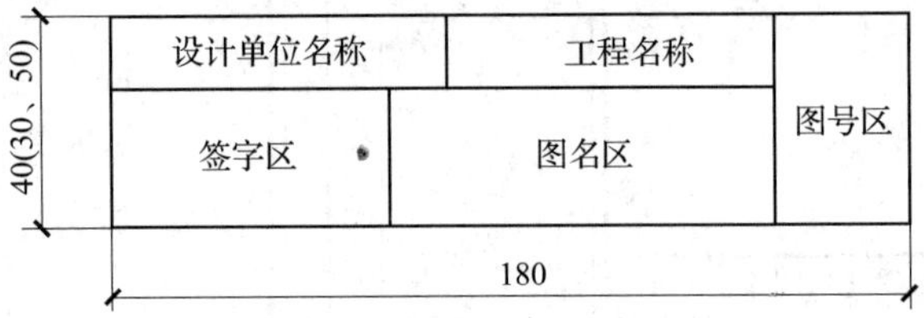

设计单位名称 工程名称 图号区
签字区 图名区
40(30、50)
180

图 2-2 标题栏的大小及格式

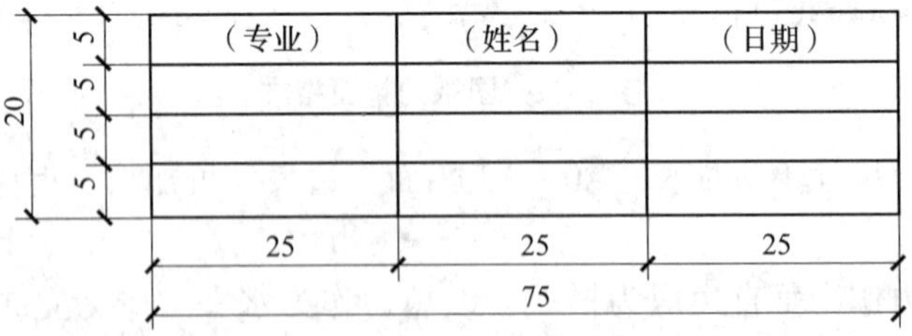

（专业） （姓名） （日期）
20 5 5 5 5
25 25 25
75

图 2-3 会签栏的大小及格式

有了图标及会签栏，在查看图纸时，对了解设计单位名称、图纸名称、图号、日期、设计负责人等就有了根据。

**2. 比例**

图样的比例就是建筑物画在图上的大小和它与实际大小相比的关系。例如，把长

100m 的房屋在图上画成 1m 长，也就是用图上 1m 长的大小来表示房屋实际的长度 100m，这时图的比例就是 1∶100。建筑图中所用的比例，应根据表 2－3 的规定选用。

**表 2－3　图纸比例**

| 图　　名 | 常 用 比 例 | 必要时可增加的比例 |
| --- | --- | --- |
| 总平面图 | 1∶500，1∶1000，1∶2000 | 1∶2500，1∶5000，1∶10000 |
| 总图专业的断面图 | 1∶100，1∶200，1∶1000，1∶2000 | 1∶500，1∶5000 |
| 平面图、剖面图、立面图 | 1∶50，1∶100，1∶200 | 1∶150，1∶300 |
| 次要平面图 | 1∶300，1∶400 | 1∶500 |
| 详图 | 1∶1，1∶2，1∶5，1∶10，1∶20，1∶25，1∶50 | 1∶3，1∶4，1∶30，1∶40 |

注：1. 次要平面图指屋面平面图、工业建筑中的地面平面图等。
2. 1∶25 仅适用于结构详图。

比例通常注写在图名的右侧，如平面图 1∶100。当整张图纸只用一种比例时，也可以注写在图标内图名的下面。标注详图的比例，应注写在详图标志的右下角，如图 2－4 所示。

平面图 1 : 100　　⑤1 : 20

**图 2－4　标注详图的比例注写**

### 3. 字体

（1）图纸上所需书写的文字、数字或符号等，均应笔画清晰、字体端正、排列整齐；标点符号应清楚正确。

（2）文字的字高应从表 2－4 中选用。字高大于 10mm 的文字宜采用 True type 字体，如果要书写更大的字，其高度应按 $\sqrt{2}$ 的倍数递增。

**表 2－4　文字的字高（mm）**

| 字体种类 | 中文矢量字体 | True type 字体及非中文矢量字体 |
| --- | --- | --- |
| 字高 | 3.5、5、7、10、14、20 | 3、4、6、8、10、14、20 |

（3）图样及说明中的汉字，宜采用长仿宋体或黑体，同一图纸字体种类不应超过两种。长仿宋体的高宽关系应符合表 2－5 的规定，黑体字的宽度与高度应相同。大标题、图册封面、地形图等的汉字，也可书写成其他字体，但是应容易辨认。

**表 2－5　长仿宋字高宽关系（mm）**

| 字高 | 20 | 14 | 10 | 7 | 5 | 3.5 |
| --- | --- | --- | --- | --- | --- | --- |
| 字宽 | 14 | 10 | 7 | 5 | 3.5 | 2.5 |

（4）汉字的简化字书写应符合国家有关汉字简化方案的规定。

（5）图样及说明中的拉丁字母、阿拉伯数字与罗马数字，宜采用单线简体或ROMAN字体。拉丁字母、阿拉伯数字与罗马数字的书写规则，应符合表2－6的规定。

**表2－6 拉丁字母、阿拉伯数字与罗马数字的书写规则**

| 书写格式 | 字体 | 窄字体 |
|---|---|---|
| 大写字母高度 | $h$ | $h$ |
| 小写字母高度（上下均无延伸） | $7/10h$ | $10/14h$ |
| 小写字母伸出的头部或尾部 | $3/10h$ | $4/14h$ |
| 笔画宽度 | $1/10h$ | $1/14h$ |
| 字母间距 | $2/10h$ | $2/14h$ |
| 上下行基准线的最小间距 | $15/10h$ | $21/14h$ |
| 词间距 | $6/10h$ | $6/14h$ |

（6）拉丁字母、阿拉伯数字与罗马数字，当需要写成斜体字时，其斜度应是从字的底线逆时针向上倾斜75°。斜体字的高度和宽度应与相应的直体字相等。

（7）拉丁字母、阿拉伯数字与罗马数字的字高，不应小于2.5mm。

（8）数量的数值注写，应采用正体阿拉伯数字。各种计量单位凡前面有量值的，都应采用国家颁布的单位符号注写。单位符号应采用正体字母。

（9）分数、百分数和比例数的注写，应采用阿拉伯数字和数学符号。

（10）当注写的数字小于1时，应写出个位的“0”，小数点应采用圆点，齐基准线书写。

（11）长仿宋汉字、拉丁字母、阿拉伯数字与罗马数字示例应符合现行国家标准《技术制图 字体》GB/T 14691—1993的有关规定。

**4. 图线**

（1）图线的宽度 $b$，宜从1.4mm、1.0mm、0.7mm、0.5mm、0.35mm、0.25mm、0.18mm、0.13mm线宽系列中选取。图线宽度不应小于0.1mm。每个图样，应按照复杂程度与比例大小，先选定基本线宽 $b$，再选用表2－7中相应的线宽组。

**表2－7 线宽组（mm）**

| 线宽比 | 线宽组 | | | |
|---|---|---|---|---|
| $b$ | 1.4 | 1.0 | 0.7 | 0.5 |
| $0.7b$ | 1.0 | 0.7 | 0.5 | 0.35 |
| $0.5b$ | 0.7 | 0.5 | 0.35 | 0.25 |
| $0.25b$ | 0.35 | 0.25 | 0.18 | 0.13 |

注：1. 需要缩微的图纸，不宜采用0.18mm及更细的线宽。

2. 同一张图纸内，各不同线宽中的细线，可统一采用较细的线宽组的细线。

（2）工程建设制图应选用表2－8所示的图线。

**表2－8 图 线**

| 名称 | | 线型 | 线宽 | 用途 |
| --- | --- | --- | --- | --- |
| 实线 | 粗 | | $b$ | 主要可见轮廓线 |
| | 中粗 | | 0.7$b$ | 可见轮廓线 |
| | 中 | | 0.5$b$ | 可见轮廓线、尺寸线、变更云线 |
| | 细 | | 0.25$b$ | 图例填充线、家具线 |
| 虚线 | 粗 | | $b$ | 见各有关专业制图标准 |
| | 中粗 | | 0.7$b$ | 不可见轮廓线 |
| | 中 | | 0.5$b$ | 不可见轮廓线、图例线 |
| | 细 | | 0.25$b$ | 图例填充线、家具线 |
| 单点长画线 | 粗 | | $b$ | 见各有关专业制图标准 |
| | 中 | | 0.5$b$ | 见各有关专业制图标准 |
| | 细 | | 0.25$b$ | 中心线、对称线、轴线等 |
| 双点长画线 | 粗 | | $b$ | 见各有关专业制图标准 |
| | 中 | | 0.5$b$ | 见各有关专业制图标准 |
| | 细 | | 0.25$b$ | 假想轮廓线、成型前原始轮廓线 |
| 折断线 | 细 | | 0.25$b$ | 断开界线 |
| 波浪线 | 细 | | 0.25$b$ | 断开界线 |

（3）同一张图纸内，相同比例的各图样，应选用相同的线宽组。

（4）图纸的图框和标题栏线可采用表2－9所规定的线宽。

**表2－9 图框线、标题栏的线宽（mm）**

| 幅面代号 | 图框线 | 标题栏外框线 | 标题栏分格线 |
| --- | --- | --- | --- |
| A0、A1 | $b$ | 0.5$b$ | 0.25$b$ |
| A2、A3、A4 | $b$ | 0.7$b$ | 0.35$b$ |

（5）相互平行的图例线，其净间隙或线中间隙不宜小于0.2mm。

（6）虚线、单点长画线或双点长画线的线段长度和间隔，宜各自相等。

（7）单点长画线或双点长画线，当在较小图形中绘制有困难时，可以用实线代替。

（8）单点长画线或双点长画线的两端，不应是点。点画线与点画线交接点或点画线与其他图线交接时，应是线段交接。

（9）虚线与虚线交接或虚线与其他图线交接时，应是线段交接。虚线为实线的延长线时，不得与实线相接。

（10）图线不能与文字、数字或符号重叠、混淆，不可避免时，应首先确保文字的清晰。

**5．尺寸标注**

（1）尺寸界线、尺寸线及尺寸起止符号。

1）图样上的尺寸，应包括尺寸界线、尺寸线、尺寸起止符号和尺寸数字，如图 2－5 所示。

2）尺寸界线应用细实线绘制，应与被注长度垂直，其一端应离开图样轮廓线不应小于 2mm，另一端宜超出尺寸线 2～3mm。图样轮廓线可用作尺寸界线，如图 2－6 所示。

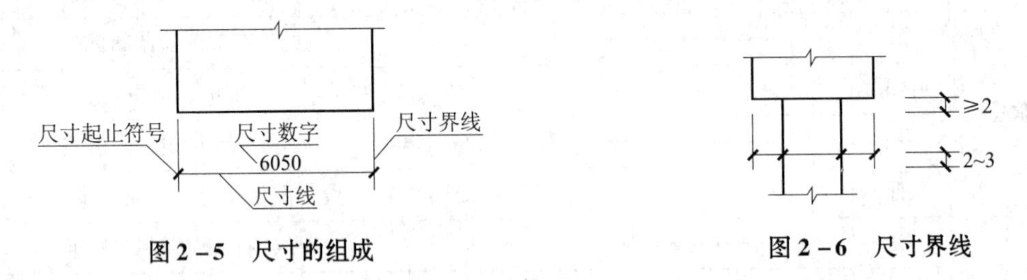


**图 2－5 尺寸的组成** **图 2－6 尺寸界线**

3）尺寸线应用细实线绘制，应与被注长度平行。图样本身的任何图线均不能用作尺寸线。

4）尺寸起止符号用中粗斜短线绘制，其倾斜方向应与尺寸界线成顺时针 45°角，长度宜为 2～3mm。半径、直径、角度与弧长的尺寸起止符号，宜用箭头表示，如图 2－7 所示。

（2）尺寸数字。

1）图样上的尺寸，应以尺寸数字为准，不得从图上直接量取。

2）图样上的尺寸单位，除标高及总平面以米为单位外，其他必须以毫米为单位。

3）尺寸数字的方向，应按图 2－8（a）的规定注写。如果尺寸数字在 30°斜线区内，也可根据图 2－8（b）的形式注写。

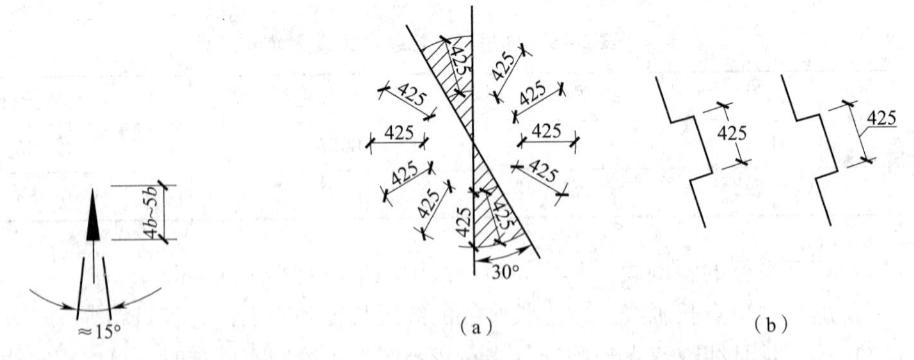


**图 2－7 箭头尺寸起止符号** **图 2－8 尺寸数字的注写方向**

4）尺寸数字应依据其方向注写在靠近尺寸线的上方中部。如果没有足够的注写位置，最外边的尺寸数字可注写在尺寸界线的外侧，中间相邻的尺寸数字可上下错开注写，引出线端部用圆点表示标注尺寸的位置（图 2－9）。

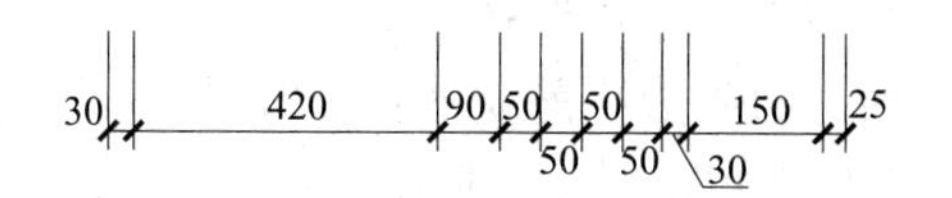


**图 2-9 尺寸数字的注写位置**

（3）尺寸的排列与布置。

1）尺寸宜标注在图样轮廓以外，不宜与图线、文字以及符号等相交，如图 2-10 所示。

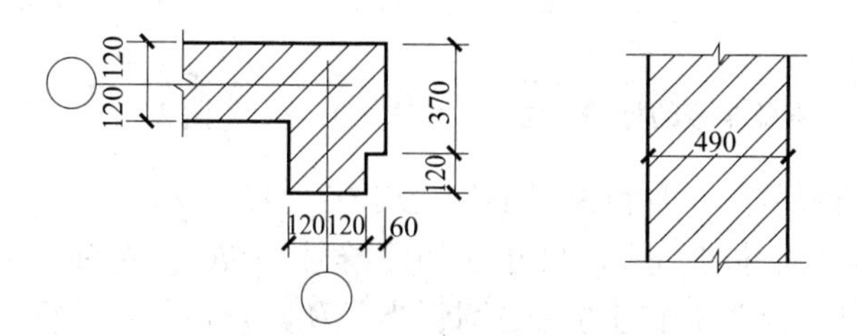


**图 2-10 尺寸数字的注写**

2）互相平行的尺寸线，应从被注写的图样轮廓线由近向远整齐排列，较小尺寸应离轮廓线较近，较大尺寸应离轮廓线较远（图 2-11）。

3）图样轮廓线以外的尺寸界线，距图样最外轮廓之间的距离，不宜小于 10mm。平行排列的尺寸线的间距，宜为 7～10mm，并且应保持一致（图 2-11）。

4）总尺寸的尺寸界线应靠近所指部位，中间的分尺寸的尺寸界线可稍短，但是其长度应相等（图 2-11）。

（4）半径、直径、球的尺寸标注。

1）半径的尺寸线应一端从圆心开始，另一端画箭头指向圆弧。半径数字前应加注半径符号"*R*"，如图 2-12 所示。

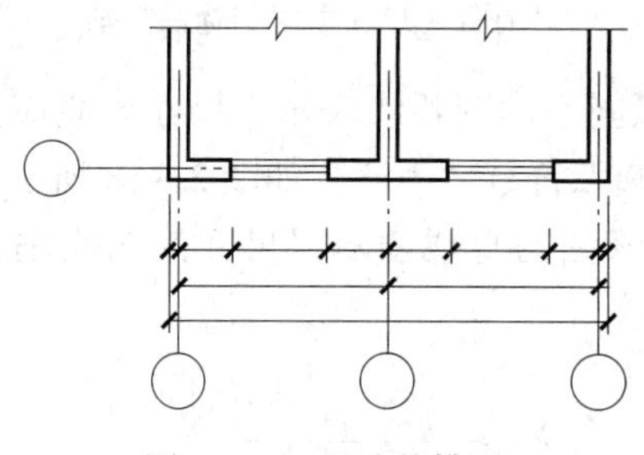

**图 2-11 尺寸的排列**

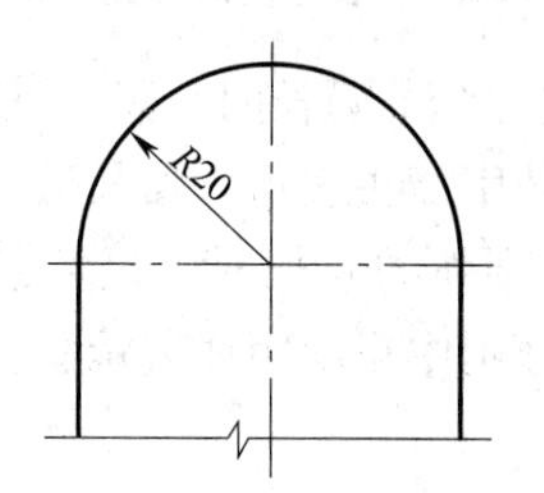


**图 2-12 半径标注方法**

2）较小圆弧的半径，可按图 2-13 形式标注。

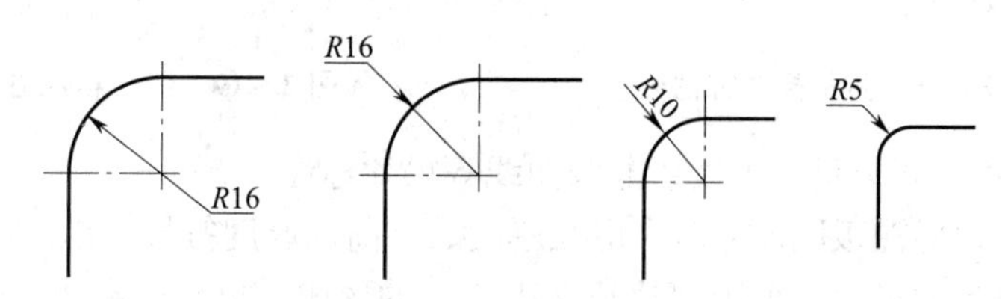


**图 2-13 小圆弧半径的标注方法**

3）较大圆弧的半径，可按图 2-14 形式标注。

4）标注圆的直径尺寸时，直径数字前应加直径符号“$\phi$”。在圆内标注的尺寸线应通过圆心，两端画箭头指至圆弧，如图 2-15 所示。

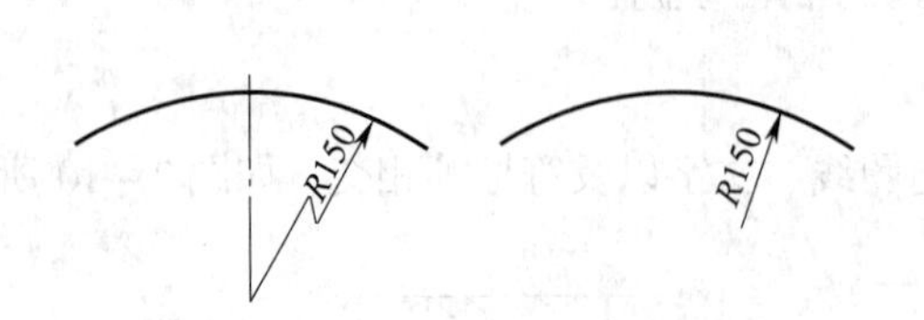


图 2-14　大圆弧半径的标注方法

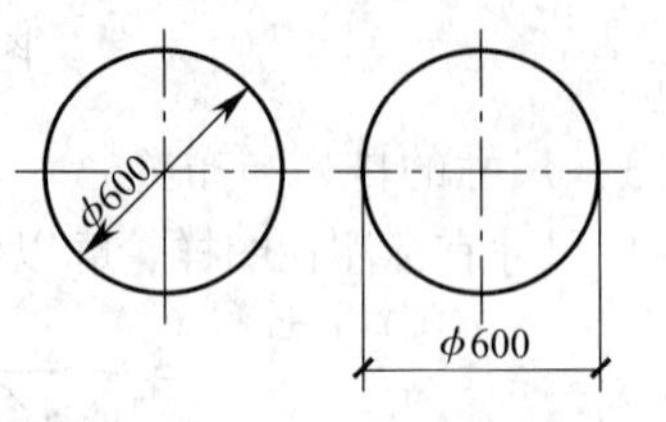


图 2-15　圆直径的标注方法

5）较小圆的直径尺寸，可标注在圆外，如图 2-16 所示。

6）标注球的半径尺寸时，应在尺寸前加注符号“$SR$”。标注球的直径尺寸时，应在尺寸数字前加注符号“$S\varphi$”。注写方法与圆弧半径和圆直径的尺寸标注方法相同。

（5）角度、弧度、弧长的标注。

1）角度的尺寸线应以圆弧表示。该圆弧的圆心应是该角的顶点，角的两条边为尺寸界线。起止符号应以箭头表示，若没有足够位置画箭头，可用圆点代替，角度数字应沿尺寸线方向注写，如图 2-17 所示。

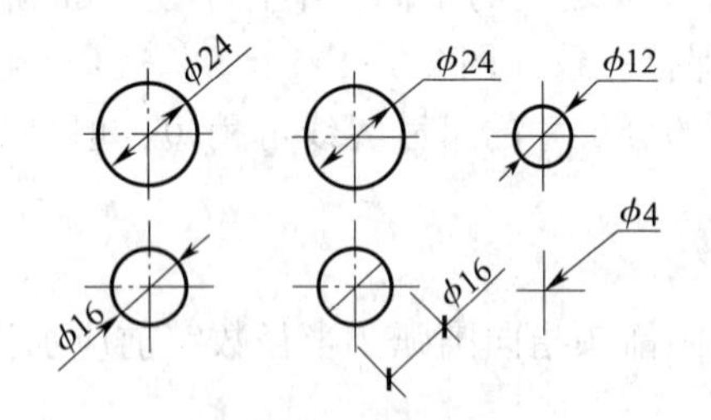


图 2-16　小圆直径的标注方法

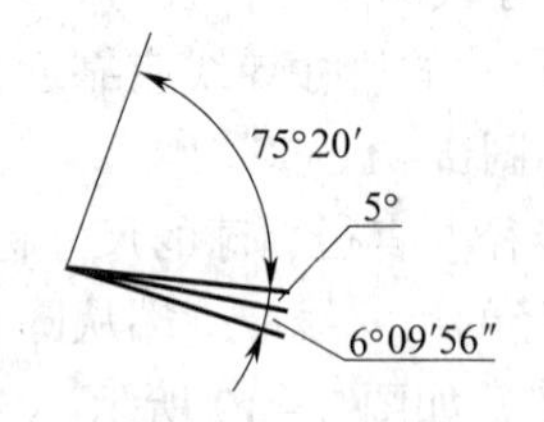


图 2-17　角度的标注方法

2）标注圆弧的弧长时，尺寸线应以与该圆弧同心的圆弧线表示，尺寸界线应指向圆心，起止符号用箭头表示，弧长数字上方应加注圆弧符号“⌒”，如图 2-18 所示。

3）标注圆弧的弦长时，尺寸线应以平行于该弦的直线表示，尺寸界线应垂直于该弦，起止符号用中粗斜短线表示，如图 2-19 所示。

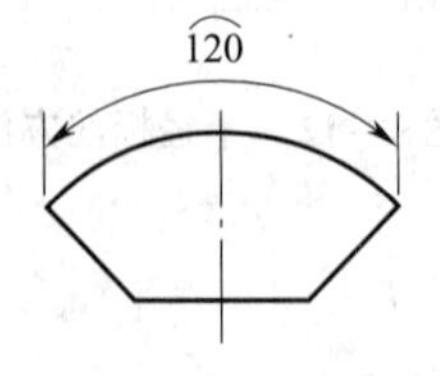


图 2-18　弧长标注方法

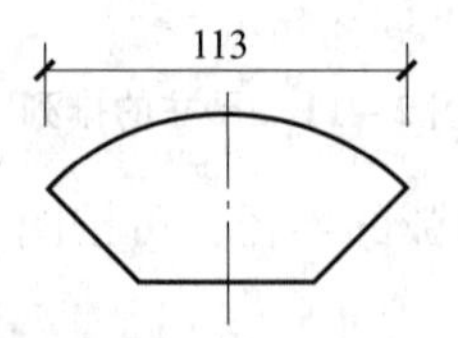


图 2-19　弦长标注方法

（6）薄板厚度、正方形、坡度、非圆曲线等尺寸标注。

1）在薄板板面标注板厚尺寸时，应在厚度数字前加厚度符号“$t$”，如图 2-20 所示。

2）标注正方形的尺寸，可用“边长×边长”的形式，也可以在边长数字前加正方形符号“□”，如图 2-21 所示。

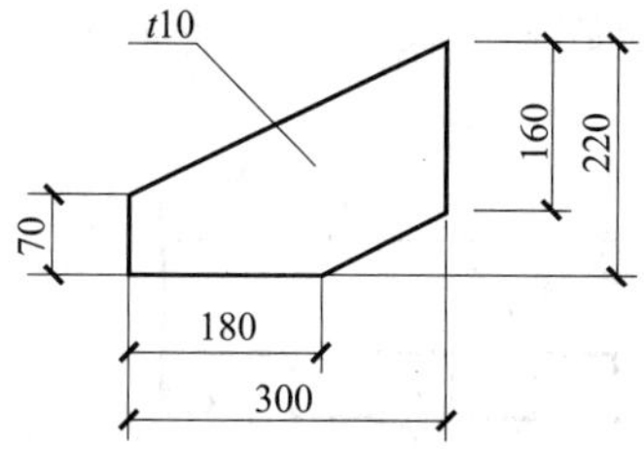

图 2－20　薄板厚度标注方法

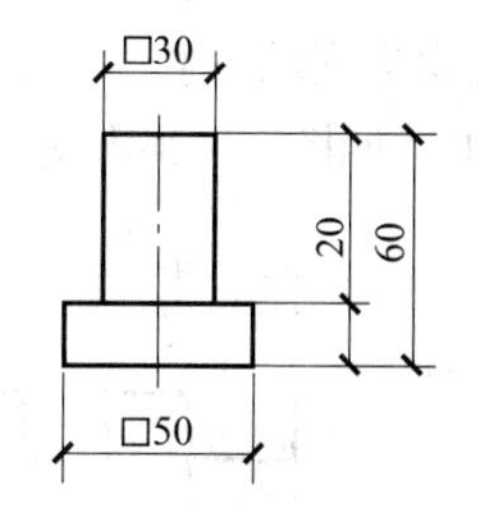


图 2－21　标注正方形尺寸

3）标注坡度时，应加注坡度符号“◄—”，如图 2－22（a）、（b），该符号为单面箭头，箭头应指向下坡方向。坡度也可用直角三角形形式标注，如图 2－22（c）所示。

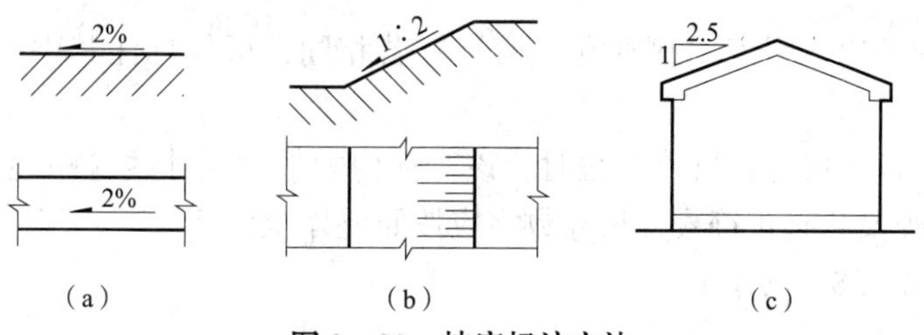


图 2－22　坡度标注方法

4）外形为非圆曲线的构件，可用坐标形式标注尺寸，如图 2－23 所示。

5）复杂的图形，可用网格形式标注尺寸，如图 2－24 所示。

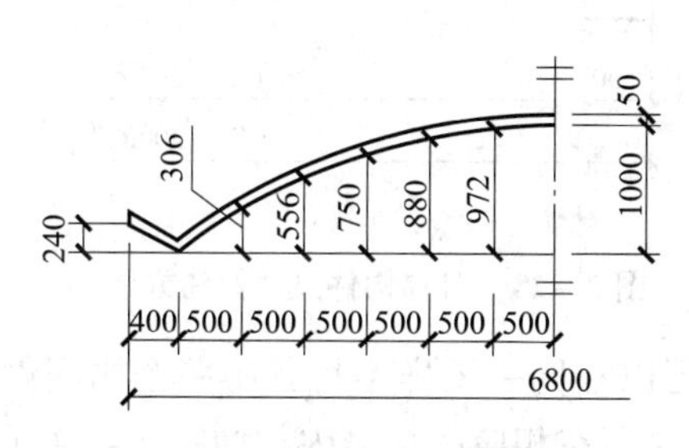


图 2－23　坐标法标注曲线尺寸

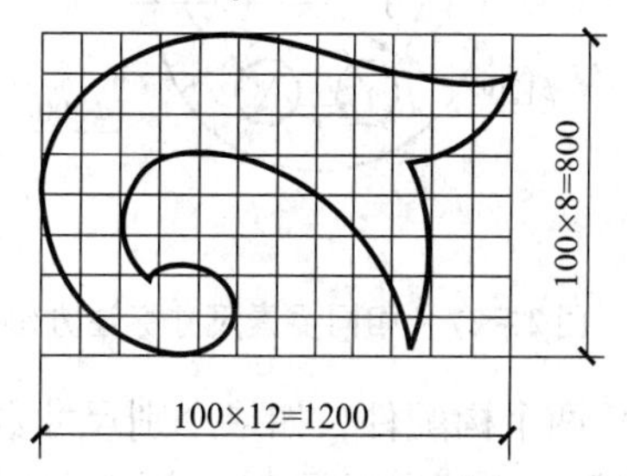


图 2－24　网格法标注曲线尺寸

（7）尺寸的简化标注。

1）杆件或管线的长度，在单线图（桁架简图、钢筋简图、管线简图）上，可直接将尺寸数字沿杆件或者管线的一侧注写，如图 2－25 所示。

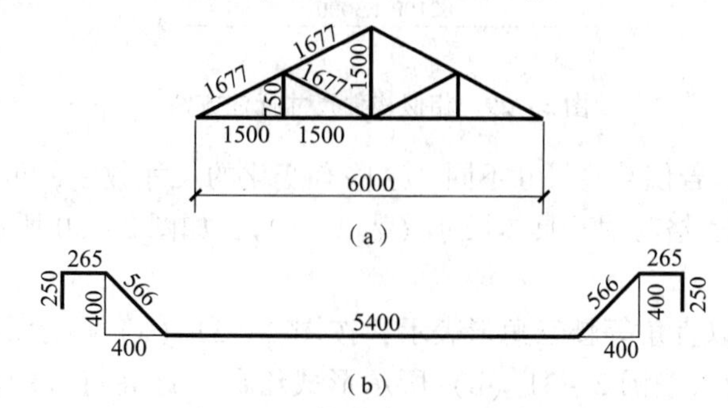


图 2－25　单线图尺寸标注方法

2）连续排列的等长尺寸，可用“等长尺寸×个数=总长”或“等分×个数=总长”的形式标注，如图2－26所示。

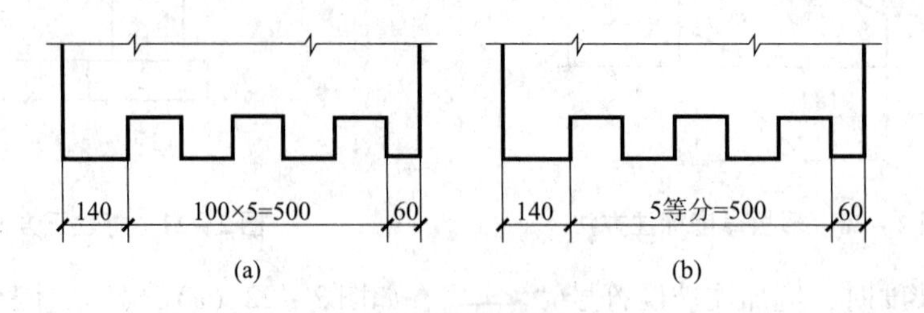


图2－26 等长尺寸简化标注方法

3）构配件内的构造因素（例如孔、槽等）若相同，可仅标注其中一个要素的尺寸，如图2－27所示。

4）对称构配件采用对称省略画法时，该对称构配件的尺寸线应略超过对称符号，仅在尺寸线的一端画尺寸起止符号，尺寸数字应按照整体全尺寸注写，其注写位置宜与对称符号对齐，如图2－28所示。

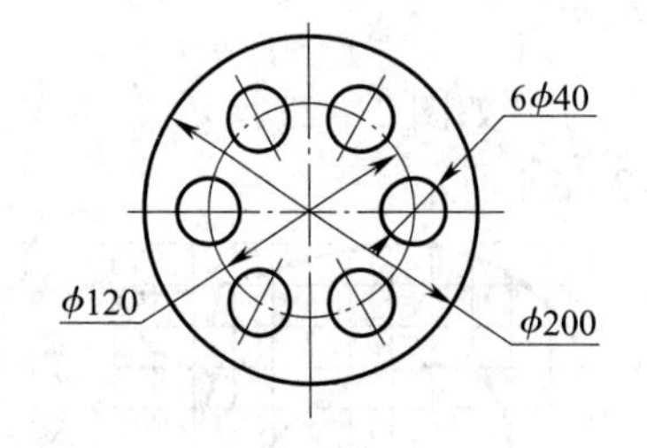


图2－27 相同要素尺寸标注方法

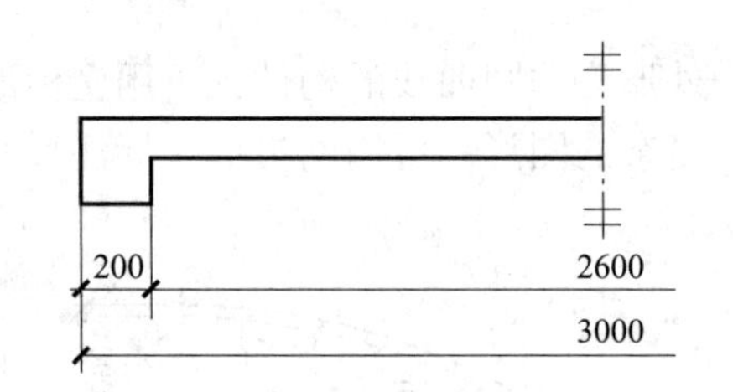


图2－28 对称构件尺寸标注方法

5）两个构配件，如果个别尺寸数字不同，可以在同一图样中将其中一个构配件的不同尺寸数字注写在括号内，该构配件的名称也应注写在相应的括号内，如图2－29所示。

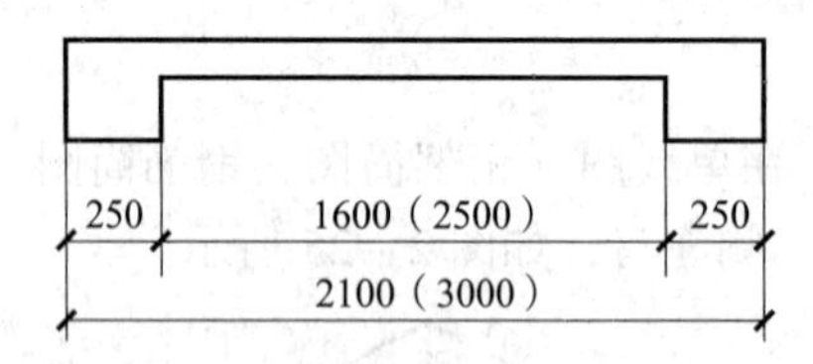


图2－29 相似构件尺寸标注方法

6）数个构配件，若仅某些尺寸不同，这些有变化的尺寸数字，可以用拉丁字母注写在同一图样中，另列表格写明其具体尺寸（表2－10），如图2－30所示。

（8）标高。

1）标高符号应以直角等腰三角形表示，按图2－31（a）所示形式用细实线绘制，当标注位置不够，也可按图2－31（b）所示形式绘制。标高符号的具体画法应符合图2－31（c）、（d）的规定。

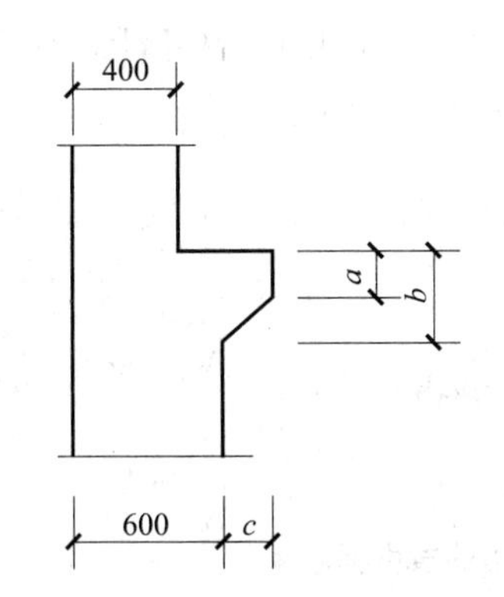


表2-10　相似构配件尺寸（mm）

| 构件编号 | *a* | *b* | *c* |
|---|---|---|---|
| *Z*-1 | 200 | 200 | 200 |
| *Z*-2 | 250 | 450 | 200 |
| *Z*-3 | 200 | 450 | 250 |

**图 2－30　相似构配件尺寸表格式标注方法**

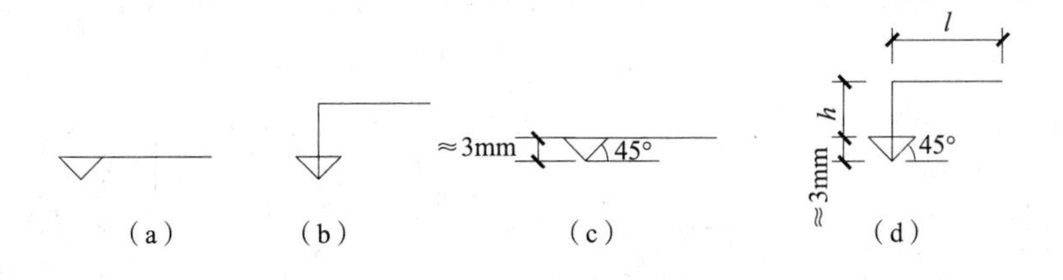


**图 2－31　标高符号**

*l*—取适当长度注写标高数字；*h*—根据需要取适当高度

2）总平面图室外地坪标高符号，宜用涂黑的三角形表示，具体画法应符合图 2－32 的规定。

3）标高符号的尖端应指至被注高度的位置。尖端宜向下，也可向上。标高数字应注写在标高符号的上侧或下侧，如图 2－33 所示。

4）标高数字应以米（m）为单位，注写到小数点以后第三位。在总平面图中，可注写到小数字点以后第二位。

5）零点标高应注写成 ±0. 000，正数标高不注“＋”，负数标高应注“－”，例如 3. 000、－0. 600。

6）在图样的同一位置需表示几个不同标高时，标高数字可按图 2－34 的形式注写。

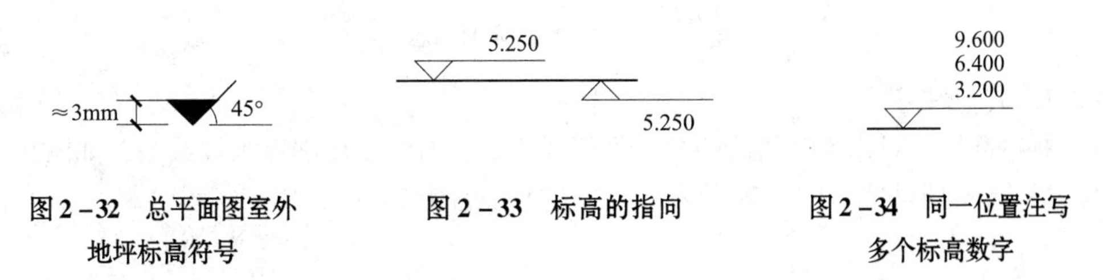


**图 2－32　总平面图室外地坪标高符号**

**图 2－33　标高的指向**

**图 2－34　同一位置注写多个标高数字**

### 6. 详图索引标志

（1）索引标志。为指明图上某一部分已画有详图，应采用图 2－35 所示的索引标志。图中的引出线应指向画有详图的部位，圆圈中的“分子”数“5”表示详图的编号，如所索引的详图就画在本张图纸上，圆圈中的“分母”用一横线表示，如图2－35（a）所示；如索引的详图画在另外一张图纸上，则圆圈中的“分母”数字表示画详图的那张图纸的编号，如图 2－35（b）中的“4”就表示5号详图画出第4号图纸上。所索引的详图，如采用标准详图时，索引标志如图2－35（c）所示。

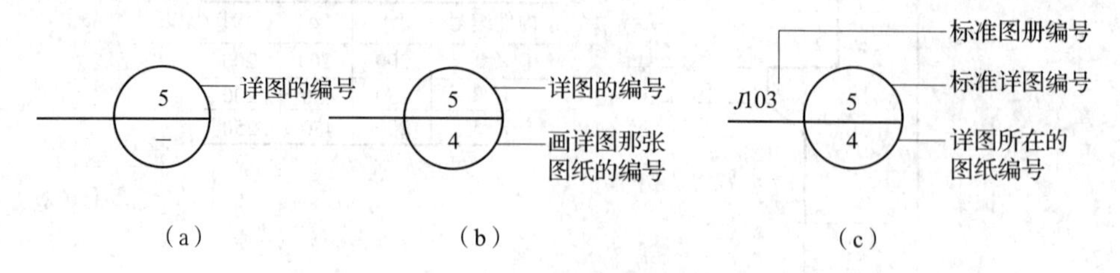


**图 2－35　已有详图的索引标志**

当所索引的详图是局部剖面的详图时，索引标志如图 2－36 所示。引出线一端的粗短线，表示作剖面时的投影方向。粗短线应贯穿所切剖面的全部，圆圈中数字的含义和图2－35 相同。

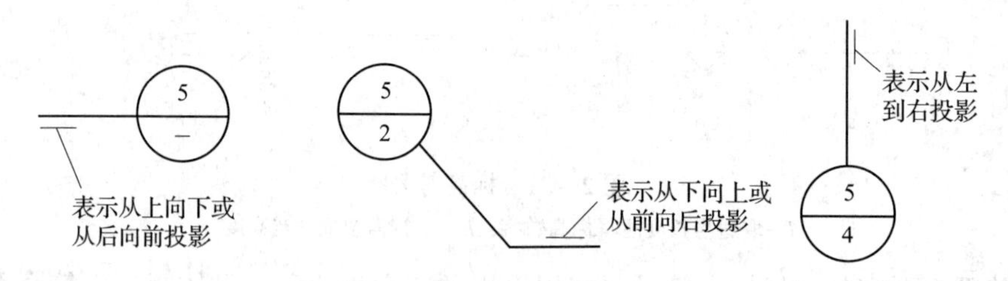


**图 2－36　局部剖面详图的索引标志**

（2）详图标志。在所画的详图上，应采用如图 2－37 所示的详图标志。图 2－37（a）圆圈中的数字“5”表示详图的编号和索引的详图在同一张图纸上。图 2－37（b）圆圈中的“分子”表示详图的编号，“分母”数字“2”则表示被索引的详图所在的图纸编号。

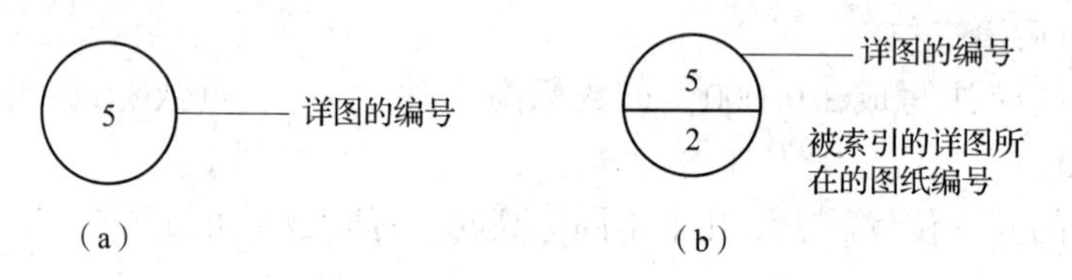


**图 2－37　详图标志**

**7. 其他符号**

对称符号由对称线和两端的两对平行线组成，对称线用细点画线绘制，如图 2－38 所示。指北针的形状如图 2－39 所示，其圆的直径宜为 24mm，用细实线绘制。

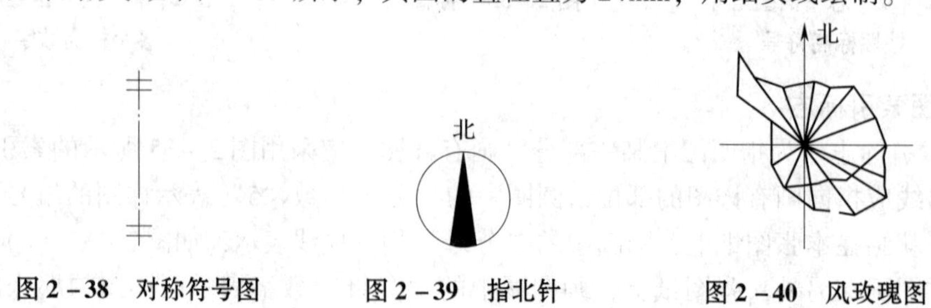


**图 2－38　对称符号图**　　**图 2－39　指北针**　　**图 2－40　风玫瑰图**

风玫瑰是根据当年平均统计的各个方向吹风次数的百分数，按照一定比例绘制的，风的吹向是从外吹向该地区中心的。实线表示全年风向频率，虚线表示按 6 月、7 月、8 月三个月统计的风向频率，如图 2－40 所示。

## 2.1.2 建筑工程施工图常用图例

### 1. 常用建筑材料图例

常用建筑材料图例，见表 2－11。

**表 2－11 常用建筑材料图例**

| 序号 | 名称 | 图例 | 备　注 |
|---|---|---|---|
| 1 | 自然土壤 |  | 包括各种自然土壤 |
| 2 | 夯实土壤 |  | — |
| 3 | 砂、灰土 |  | — |
| 4 | 砂砾石、碎砖三合土 | 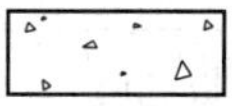 | — |
| 5 | 石材 | 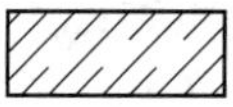 | — |
| 6 | 毛石 | 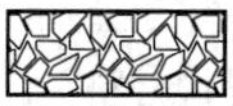 | — |
| 7 | 普通砖 | 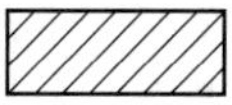 | 包括实心砖、多孔砖、砌块等砌体。断面较窄不易绘出图例线时，可涂红，并在图纸备注中加注说明，画出该材料图例 |
| 8 | 耐火砖 |  | 包括耐酸砖等砌体 |
| 9 | 空心砖 | 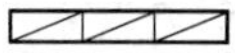 | 指非承重砖砌体 |
| 10 | 饰面砖 | 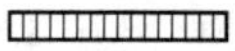 | 包括铺地砖、马赛克、陶瓷锦砖、人造大理石等 |
| 11 | 焦渣、矿渣 | 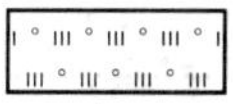 | 包括与水泥、石灰等混合而成的材料 |

续表 2-11

| 序号 | 名称 | 图例 | 备　注 |
| --- | --- | --- | --- |
| 12 | 混凝土 | 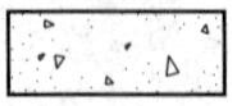  | 1. 本图例指能承重的混凝土及钢筋混凝土;<br>2. 包括各种强度等级、骨料、添加剂的混凝土;<br>3. 在剖面图上画出钢筋时，不画图例线;<br>4. 断面图形小，不易画出图例线时，可涂黑 |
| 13 | 钢筋混凝土 |   |  |
| 14 | 多孔材料 | 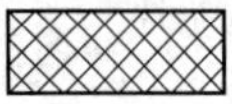  | 包括水泥珍珠岩、沥青珍珠岩、泡沫混凝土、非承重加气混凝土、软木、蛭石制品等 |
| 15 | 纤维材料 | 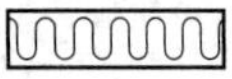  | 包括矿棉、岩棉、玻璃棉、麻丝、木丝板、纤维板等 |
| 16 | 泡沫塑料材料 | 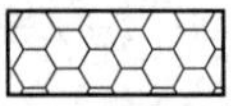  | 包括聚苯乙烯、聚乙烯、聚氨酯等多孔聚合物类材料 |
| 17 | 木材 |   | 1. 上图为横断面，左图为垫木、木砖或木龙骨;<br>2. 下图为纵断面 |
| 18 | 胶合板 | 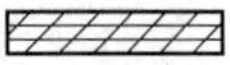  | 应注明为×层胶合板 |
| 19 | 石膏板 | 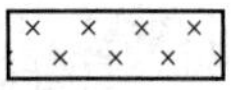  | 包括圆孔、方孔石膏板、防水石膏板、硅钙板、防火板等 |
| 20 | 金属 | 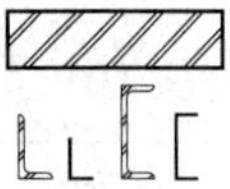  | 1. 包括各种金属;<br>2. 图形小时，可涂黑 |
| 21 | 网状材料 |   | 1. 包括金属、塑料网状材料;<br>2. 应注明具体材料名称 |
| 22 | 液体 | 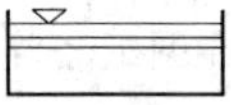  | 应注明具体液体名称 |
| 23 | 玻璃 |   | 包括平板玻璃、磨砂玻璃、夹丝玻璃、钢化玻璃、中空玻璃、夹层玻璃、镀膜玻璃等 |
| 24 | 橡胶 |   | — |
| 25 | 塑料 |   | 包括各种软、硬塑料及有机玻璃等 |
| 26 | 防水材料 |   | 构造层次多或比例大时，采用上图图例 |
| 27 | 粉刷 | 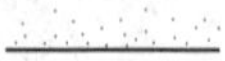  | 本图例采用较稀的点 |

注：1、2、5、7、8、13、14、16、17、18 图例中的斜线、短斜线、交叉斜线等均为45°。

**2. 常用建筑构造及配件图例**

常用建筑构造及配件图例，见表2-12。

**表2-12 建筑构造及配件图例**

| 序号 | 名称 | 图例 | 备注 |
|---|---|---|---|
| 1 | 墙体 | 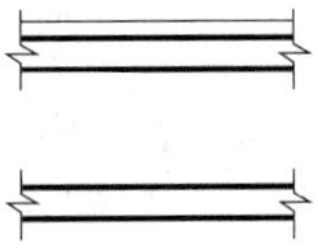 | 1. 上图为外墙，下图为内墙；<br>2. 外墙细线表示有保温层或有幕墙；<br>3. 应加注文字或涂色或图案填充表示各种材料的墙体；<br>4. 在各层平面图中防火墙宜着重以特殊图案填充表示 |
| 2 | 隔断 |  | 1. 加注文字或涂色或图案填充表示各种材料的轻质隔断；<br>2. 适用于到顶与不到顶隔断 |
| 3 | 玻璃幕墙 |  | 幕墙龙骨是否表示由项目设计决定 |
| 4 | 栏杆 |  | — |
| 5 | 楼梯 | 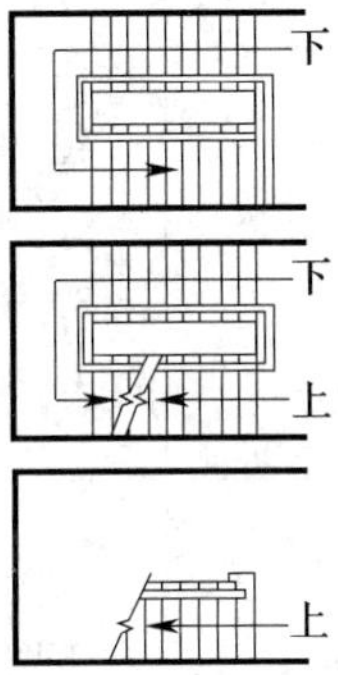 下<br>下<br>上<br>上 | 1. 上图为顶层楼梯平面，中图为中间层楼梯平面，下图为底层楼梯平面；<br>2. 需设置靠墙扶手或中间扶手时，应在图中表示 |
| 6 | 坡道 | 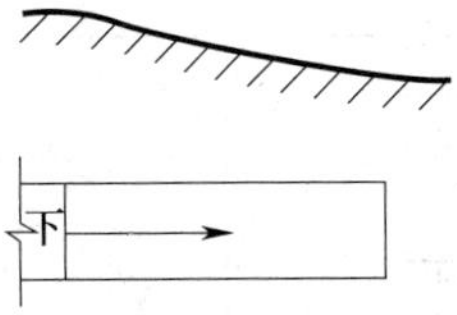 下 | 长坡道 |
| | | 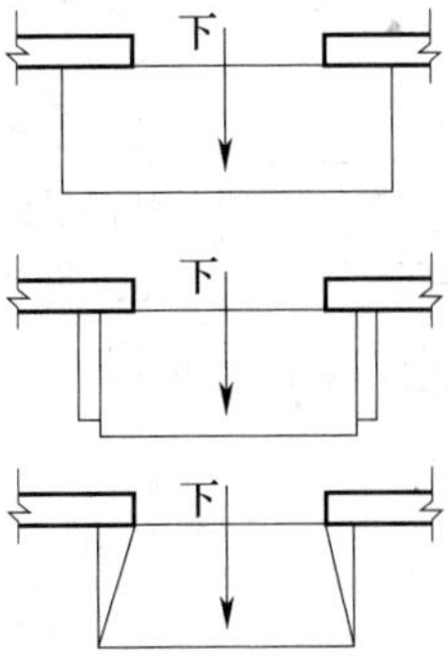 下<br>下<br>下 | 上图为两侧垂直的门口坡道，中图为有挡墙的门口坡道，下图为两侧找坡的门口坡道 |

**续表 2－12**

| 序号 | 名　称 | 图　例 | 备　注 |
|---|---|---|---|
| 7 | 台阶 | 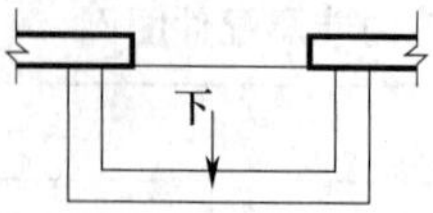 下 | — |
| 8 | 平面高差 | 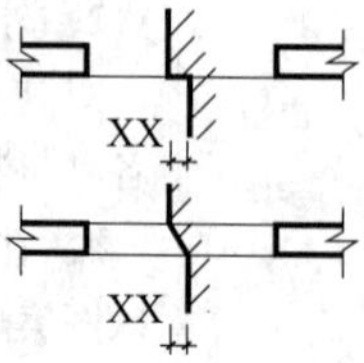 XX<br>XX | 用于高差小的地面或楼面交接处，并应与门的开启方向协调 |
| 9 | 检查口 | | 左图为可见检查口，右图为不可见检查口 |
| 10 | 孔洞 | | 阴影部分亦可填充灰度或涂色代替 |
| 11 | 坑槽 | | — |
| 12 | 墙预留洞、槽 | 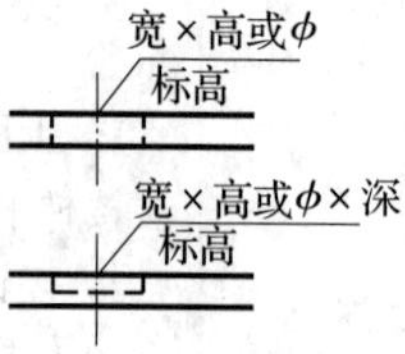 宽×高或$\phi$<br>标高<br>宽×高或$\phi$×深<br>标高 | 1. 上图为预留洞，下图为预留槽；<br>2. 平面以洞（槽）中心定位；<br>3. 标高以洞（槽）底或中心定位；<br>4. 宜以涂色区别墙体和预留洞（槽） |
| 13 | 地沟 | 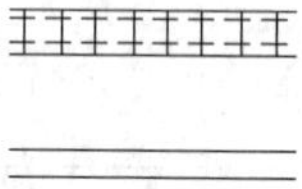 | 上图为有盖板地沟<br>下图为无盖板明沟 |
| 14 | 烟道 | 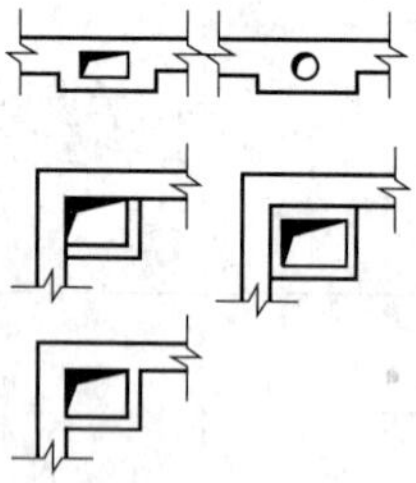 | 1. 阴影部分亦可填充灰度或涂色代替；<br>2. 烟道、风道与墙体为相同材料，其相接处墙身线应连通；<br>3. 烟道、风道根据需要增加不同材料的内衬 |
| 15 | 风道 | 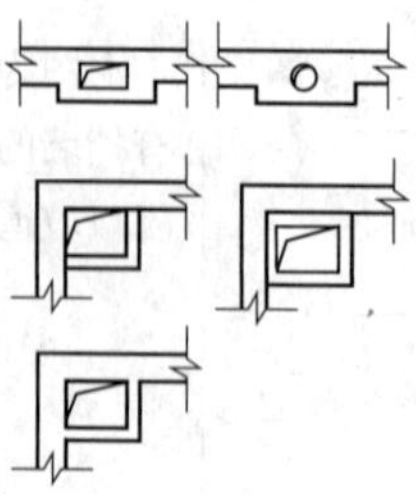 | |

续表 2－12

| 序号 | 名　称 | 图　例 | 备　注 |
| --- | --- | --- | --- |
| 16 | 新建的墙和窗 | 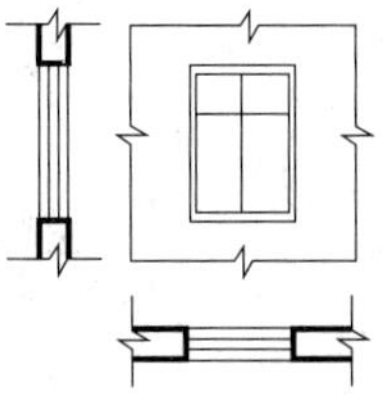 | — |
| 17 | 改建时保留的墙和窗 | 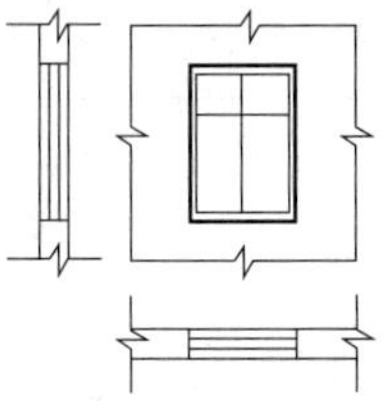 | 只更换窗，应加粗窗的轮廓线 |
| 18 | 拆除的墙 | 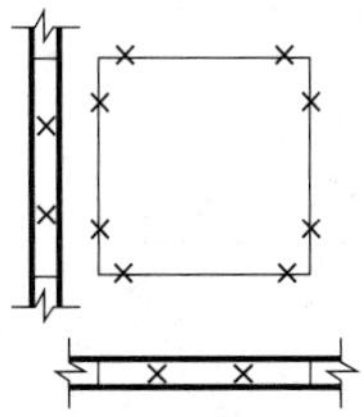 | — |
| 19 | 改建时在原有墙或楼板新开的洞 | 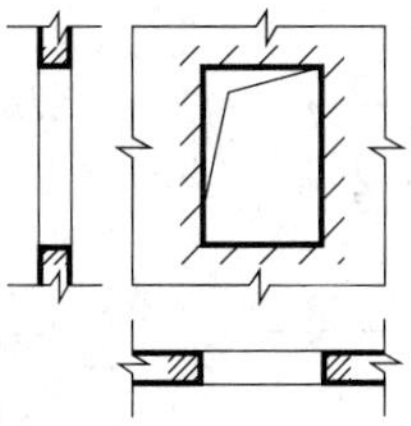 | — |
| 20 | 在原有墙或楼板洞旁扩大的洞 | 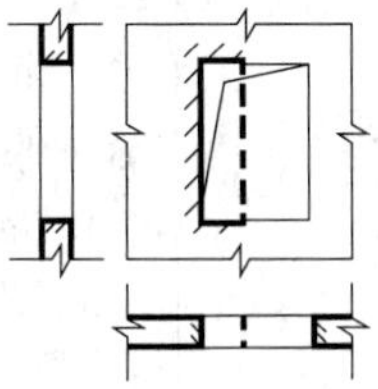 | 图示为洞口向左边扩大 |
| 21 | 在原有墙或楼板上全部填塞的洞 | 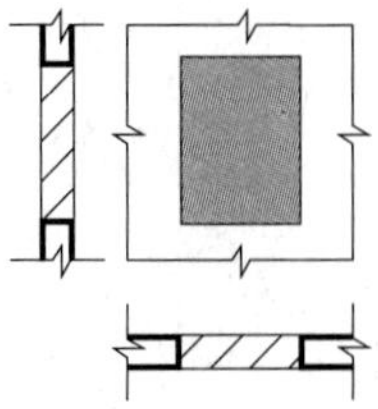 | 全部填塞的洞<br>图中立面填充灰度或涂色 |

**续表 2－12**

| 序号 | 名　称 | 图　例 | 备　注 |
|---|---|---|---|
| 22 | 在原有墙或楼板上局部填塞的洞 | 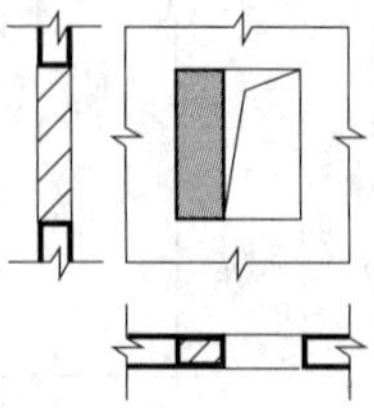 | 左侧为局部填塞的洞，图中立面填充灰度或涂色 |
| 23 | 空门洞 | 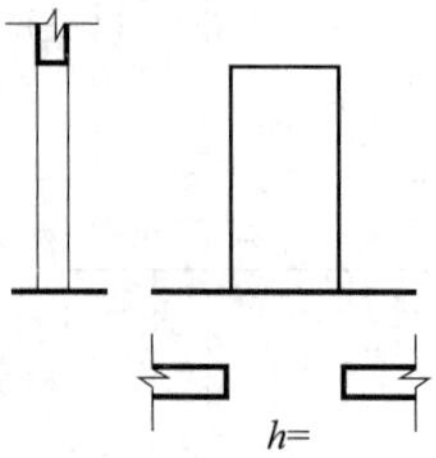 $h=$ | $h$ 为门洞高度 |
| 24 | 单面开启单扇门（包括平开或单面弹簧） | 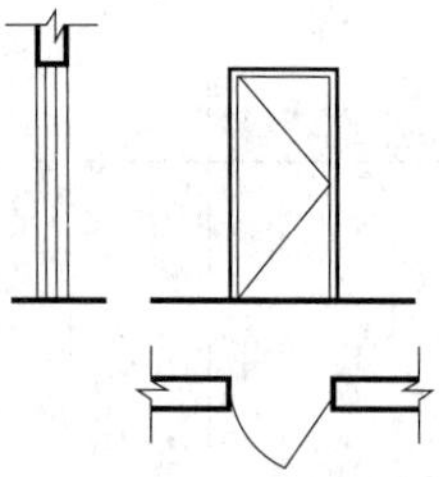 | 1. 门的名称代号用 M 表示；<br>2. 平面图中，下为外，上为内；<br>3. 立面图中，开启线实线为外开，虚线为内开，开启线交角的一侧为安装合页一侧，开启线在建筑立面图中可不表示，在立面大样图中可根据需要绘出；<br>4. 剖面图中，左为外，右为内；<br>5. 附加纱扇应以文字说明，在平、立、剖面图中均不表示；<br>6. 立面形式应按实际情况绘制 |
| | 双面开启单扇门（包括双面平开或双面弹簧） | 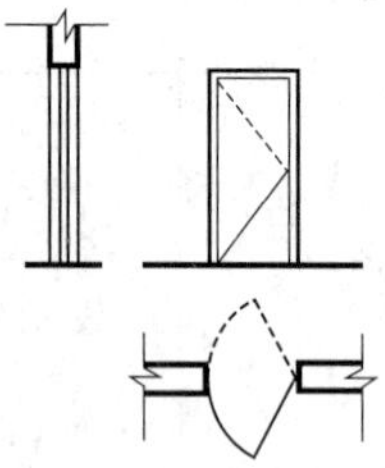 | |
| | 双层单扇平开门 | 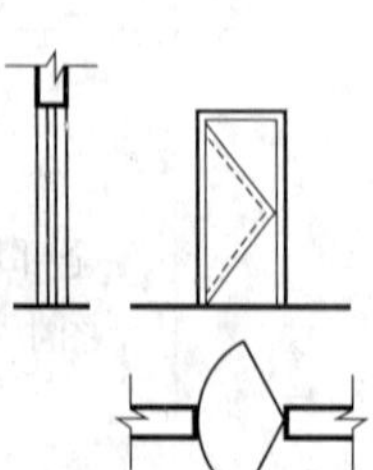 | |

**续表 2－12**

<table>
<tr><th>序号</th><th>名　称</th><th>图　例</th><th>备　注</th></tr>
<tr><td rowspan="3">25</td><td>单面开启双扇门（包括平开或单面弹簧）</td><td>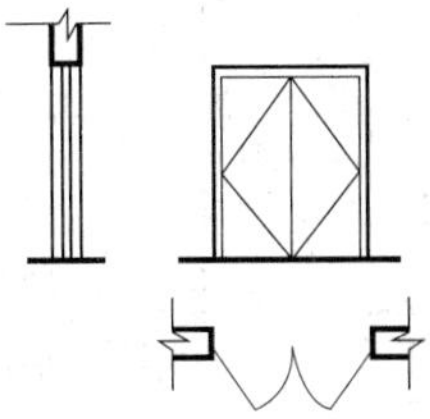</td><td rowspan="3">1. 门的名称代号用 M 表示；<br>2. 平面图中，下为外，上为内；<br>门开启线为 90°、60°或 45°，开启弧线宜绘出；<br>3. 立面图中，开启线实线为外开，虚线为内开，开启线交角的一侧为安装合页一侧，开启线在建筑立面图中可不表示，在立面大样图中可根据需要绘出；<br>4. 剖面图中，左为外，右为内；<br>5. 附加纱扇应以文字说明，在平、立、剖面图中均不表示；<br>6. 立面形式应按实际情况绘制</td></tr>
<tr><td>双面开启双扇门（包括双面平开或双面弹簧）</td><td>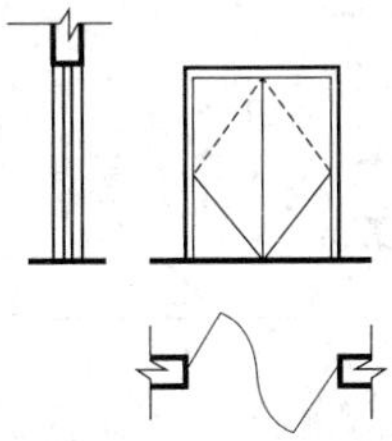</td></tr>
<tr><td>双层双扇平开门</td><td>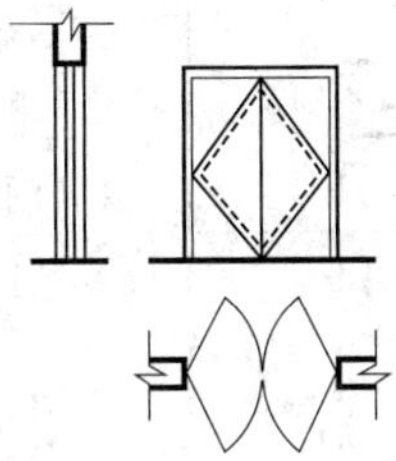</td></tr>
<tr><td rowspan="2">26</td><td>折叠门</td><td>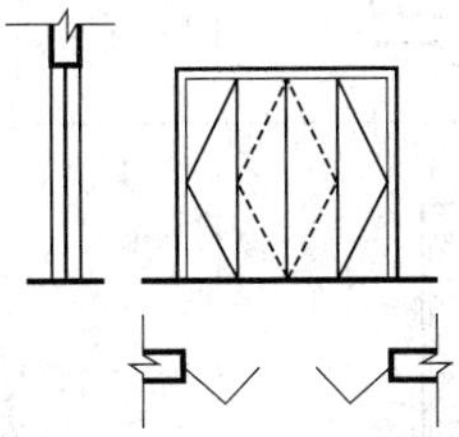</td><td rowspan="2">1. 门的名称代号用 M 表示；<br>2. 平面图中，下为外，上为内；<br>3. 立面图中，开启线实线为外开，虚线为内开，开启线交角的一侧为安装合页一侧；<br>4. 剖面图中，左为外，右为内；<br>5. 立面形式应按实际情况绘制</td></tr>
<tr><td>推拉折叠门</td><td>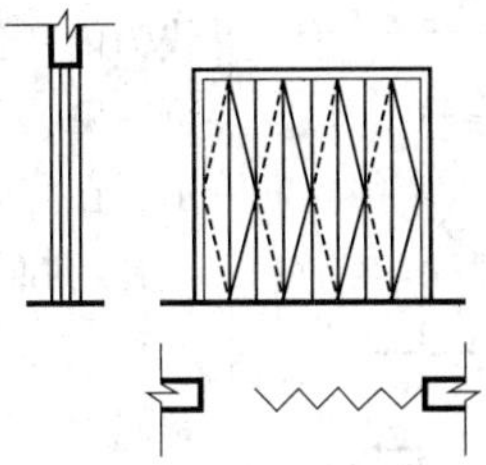</td></tr>
</table>

**续表 2－12**

| 序号 | 名　称 | 图　例 | 备　注 |
| --- | --- | --- | --- |
| 27 | 墙洞外单扇推拉门 | 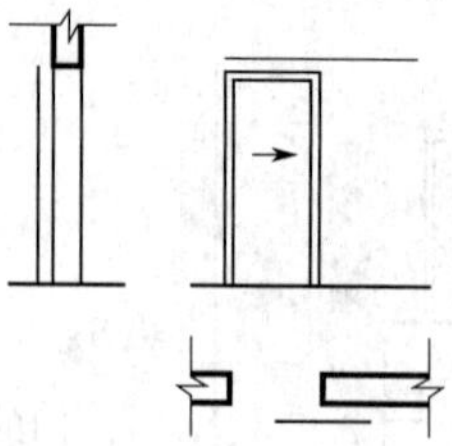  | 1. 门的名称代号用 M 表示；<br>2. 平面图中，下为外，上为内；<br>3. 剖面图中，左为外，右为内；<br>4. 立面形式应按实际情况绘制 |
|  | 墙洞外双扇推拉门 | 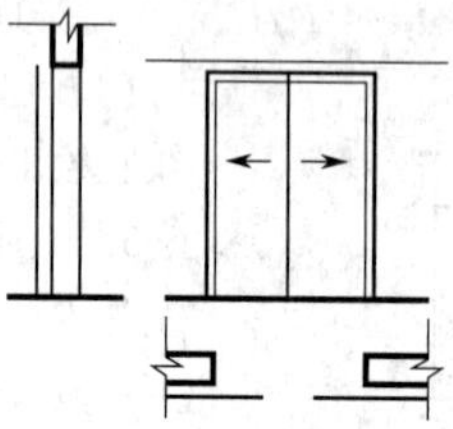  |  |
|  | 墙中单扇推拉门 | 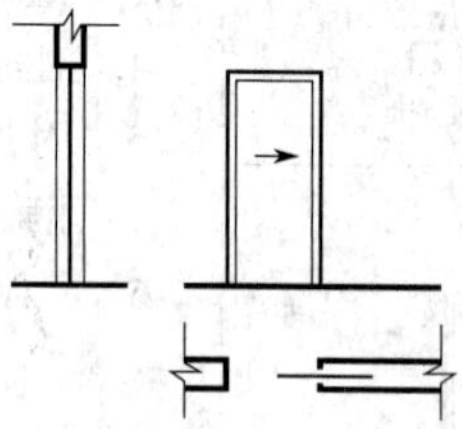  | 1. 门的名称代号用 M 表示；<br>2. 立面形式应按实际情况绘制 |
|  | 墙中双扇推拉门 | 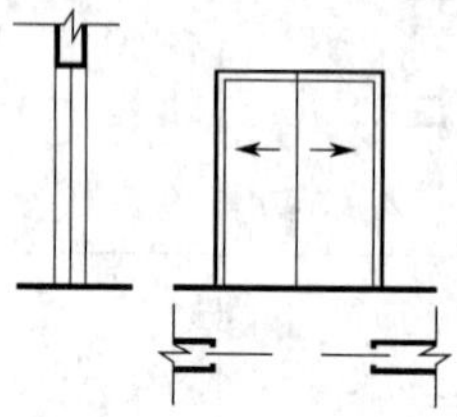  |  |
| 28 | 推杠门 | 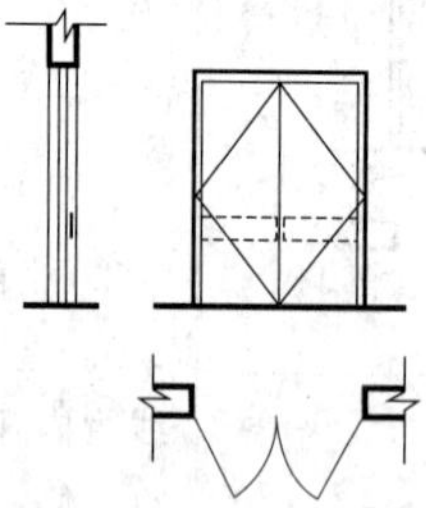  | 1. 门的名称代号用 M 表示；<br>2. 平面图中，下为外，上为内，门开启线为 90°、60°或 45°；<br>3. 立面图中，开启线实线为外开，虚线为内开，开启线交角的一侧为安装合页一侧，开启线在建筑立面图中可不表示，在立面大样图中可根据需要绘出；<br>4. 剖面图中，左为外，右为内；<br>5. 立面形式应按实际情况绘制 |
| 29 | 门连窗 | 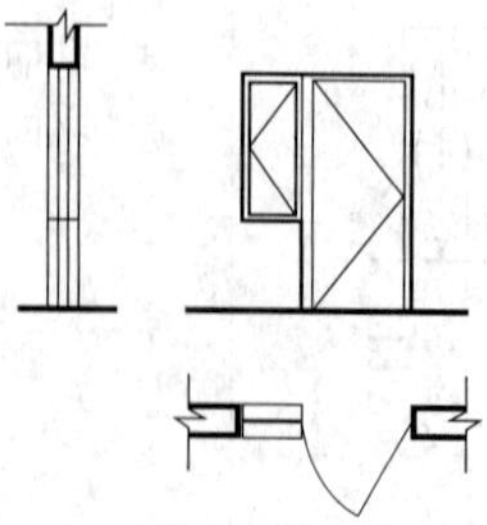  |  |

续表 2－12

| 序号 | 名　　称 | 图　　例 | 备　　注 |
|---|---|---|---|
| 30 | 旋转门 | 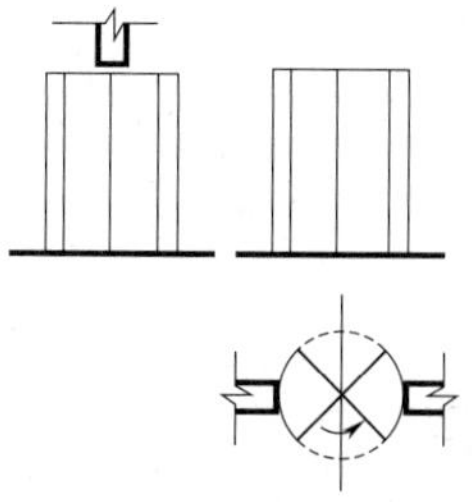 | 1. 门的名称代号用 M 表示；<br>2. 立面形式应按实际情况绘制 |
| | 两翼智能旋转门 | 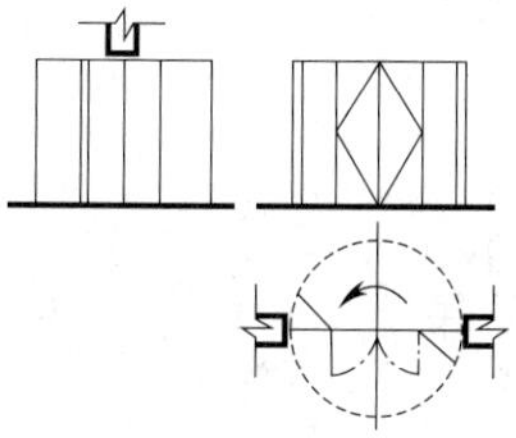 | |
| 31 | 自动门 | 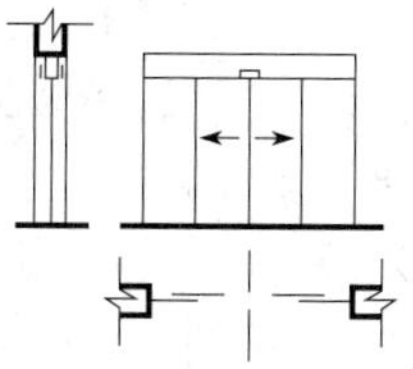 | |
| 32 | 折叠上翻门 | 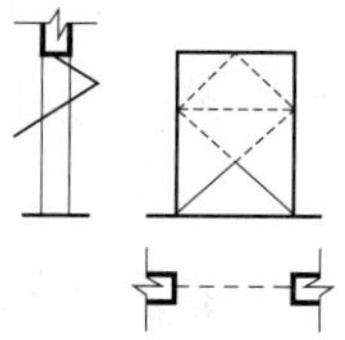 | 1. 门的名称代号用 M 表示；<br>2. 平面图中，下为外，上为内；<br>3. 剖面图中，左为外，右为内；<br>4. 立面形式应按实际情况绘制 |
| 33 | 提升门 | 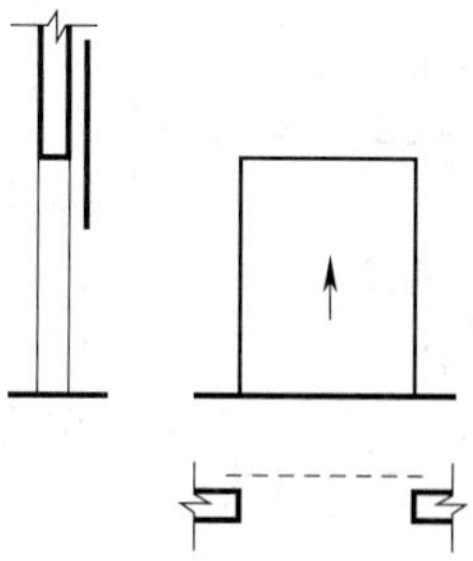 | 1. 门的名称代号用 M 表示；<br>2. 立面形式应按实际情况绘制 |
| 34 | 分节提升门 | 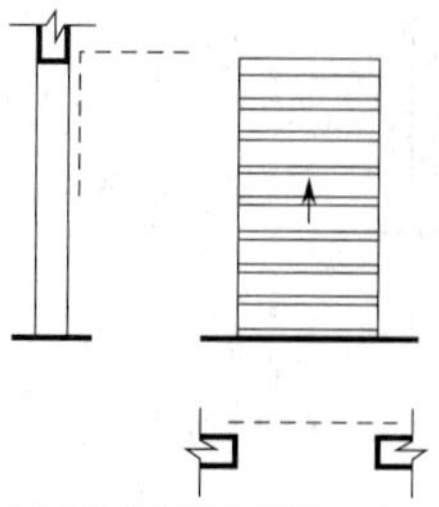 | |

续表 2－12

| 序号 | 名称 | 图例 | 备注 |
| --- | --- | --- | --- |
| 35 | 人防单扇防护密闭门 | | 1. 门的名称代号按人防要求表示；<br>2. 立面形式应按实际情况绘制 |
| | 人防单扇密闭门 | | |
| 36 | 人防双扇防护密闭门 | | |
| | 人防双扇密闭门 | | |
| 37 | 横向卷帘门 | | — |

**续表 2－12**

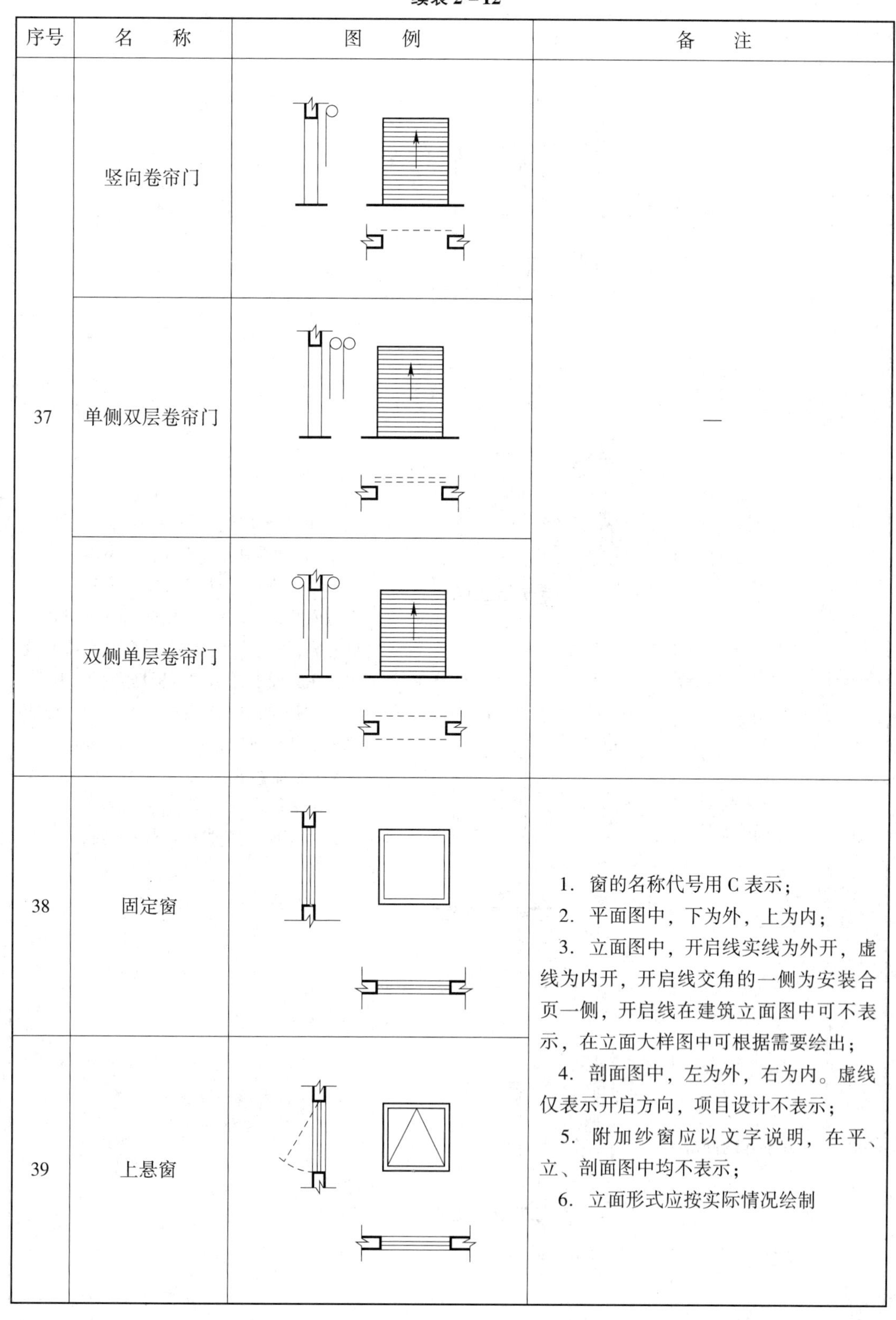

| 序号 | 名　　称 | 图　　例 | 备　　注 |
|---|---|---|---|
| 37 | 竖向卷帘门 | | — |
| | 单侧双层卷帘门 | | |
| | 双侧单层卷帘门 | | |
| 38 | 固定窗 | | 1. 窗的名称代号用 C 表示；<br>2. 平面图中，下为外，上为内；<br>3. 立面图中，开启线实线为外开，虚线为内开，开启线交角的一侧为安装合页一侧，开启线在建筑立面图中可不表示，在立面大样图中可根据需要绘出；<br>4. 剖面图中，左为外，右为内。虚线仅表示开启方向，项目设计不表示；<br>5. 附加纱窗应以文字说明，在平、立、剖面图中均不表示；<br>6. 立面形式应按实际情况绘制 |
| 39 | 上悬窗 | | |

续表 2－12

| 序号 | 名称 | 图例 | 备注 |
|---|---|---|---|
| 39 | 中悬窗 | 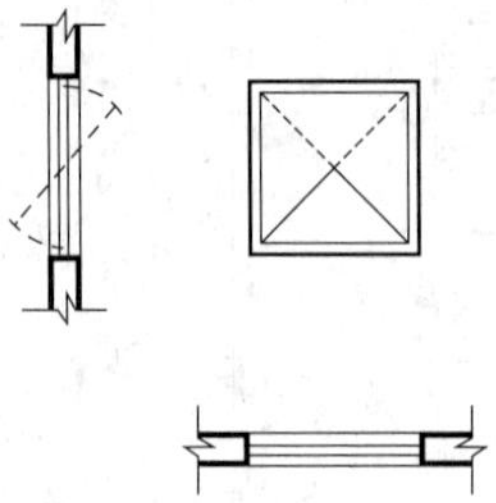 | 1. 窗的名称代号用 C 表示；<br>2. 平面图中，下为外，上为内；<br>3. 立面图中，开启线实线为外开，虚线为内开，开启线交角的一侧为安装合页一侧，开启线在建筑立面图中可不表示，在立面大样图中可根据需要绘出；<br>4. 剖面图中，左为外，右为内。虚线仅表示开启方向，项目设计不表示；<br>5. 附加纱窗应以文字说明，在平、立、剖面图中均不表示；<br>6. 立面形式应按实际情况绘制 |
| 40 | 下悬窗 | 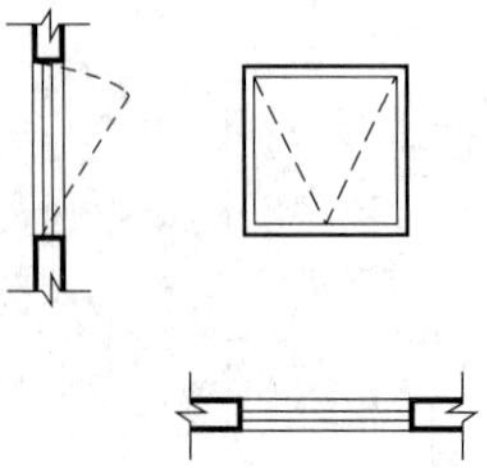 | |
| 41 | 立转窗 | 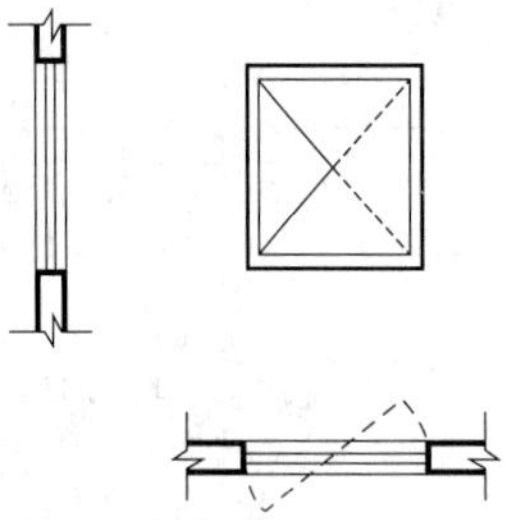 | |
| 42 | 内开平开内倾窗 | 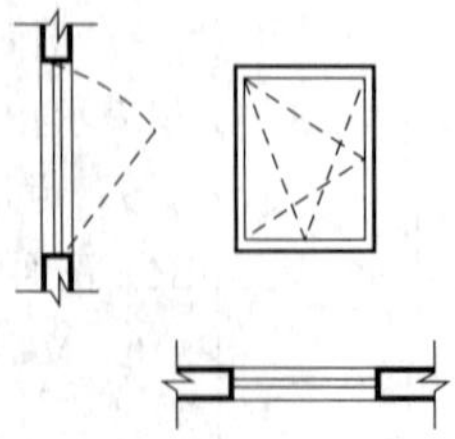 | |

**续表 2－12**

<table>
<tr><th>序号</th><th>名　　称</th><th>图　　例</th><th>备　　注</th></tr>
<tr><td rowspan="3">43</td><td>单层外开平开窗</td><td>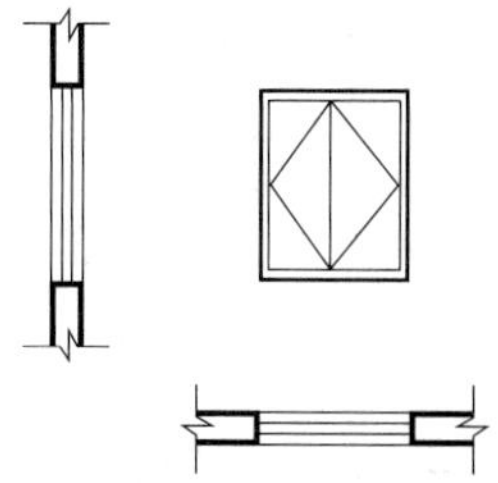</td><td rowspan="3">1. 窗的名称代号用 C 表示；<br>2. 平面图中，下为外，上为内；<br>3. 立面图中，开启线实线为外开，虚线为内开，开启线交角的一侧为安装合页一侧，开启线在建筑立面图中可不表示，在立面大样图中可根据需要绘出；<br>4. 剖面图中，左为外，右为内。虚线仅表示开启方向，项目设计不表示；<br>5. 附加纱窗应以文字说明，在平、立、剖面图中均不表示；<br>6. 立面形式应按实际情况绘制</td></tr>
<tr><td>单层内开平开窗</td><td>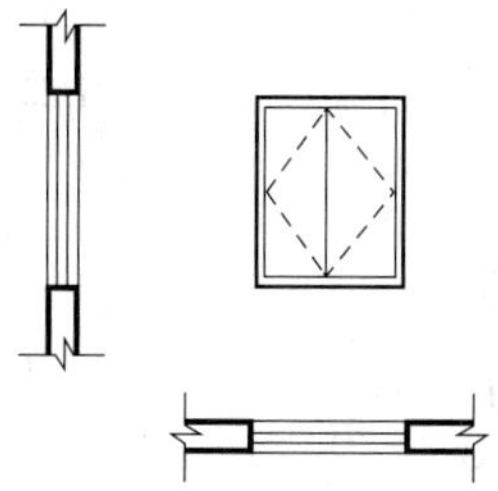</td></tr>
<tr><td>双层内外开平开窗</td><td>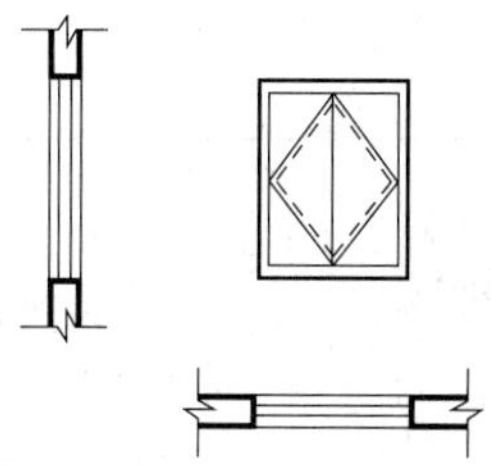</td></tr>
<tr><td rowspan="2">44</td><td>单层推拉窗</td><td>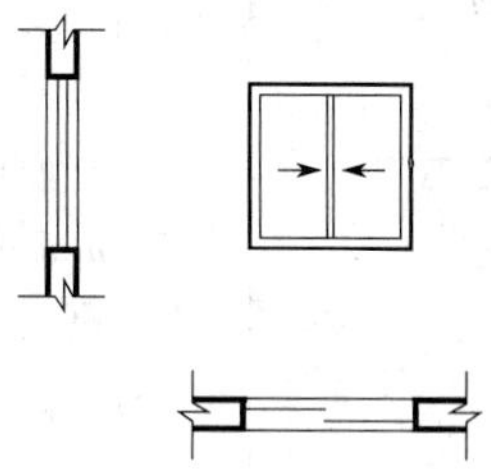</td><td rowspan="2">1. 窗的名称代号用 C 表示；<br>2. 立面形式应按实际情况绘制</td></tr>
<tr><td>双层推拉窗</td><td>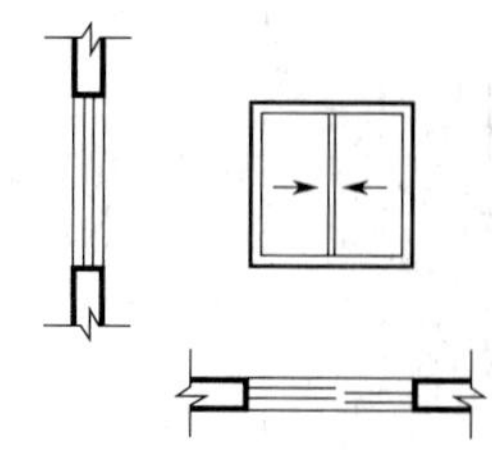</td></tr>
</table>

续表 2－12

<table>
<tr><th>序号</th><th>名　称</th><th>图　例</th><th>备　注</th></tr>
<tr><td>45</td><td>上推窗</td><td> 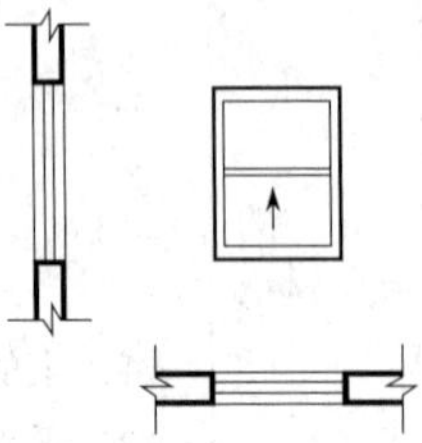</td><td rowspan="2">1. 窗的名称代号用 C 表示；<br>2. 立面形式应按实际情况绘制</td></tr>
<tr><td>46</td><td>百叶窗</td><td></td></tr>
<tr><td>47</td><td>高窗</td><td> 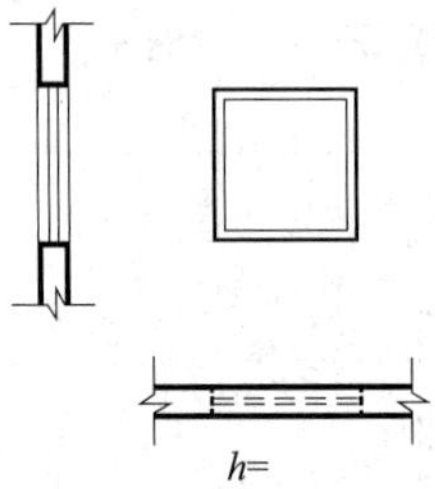$h=$</td><td>1. 窗的名称代号用 C 表示；<br>2. 立面图中，开启线实线为外开，虚线为内开，开启线交角的一侧为安装合页一侧，开启线在建筑立面图中可不表示，在立面大样图中可根据需要绘出；<br>3. 剖面图中，左为外，右为内；<br>4. 立面形式应按实际情况绘制；<br>5. $h$ 表示高窗底距本层地面高度；<br>6. 高窗开启方式参考其他窗型</td></tr>
<tr><td>48</td><td>平推窗</td><td> 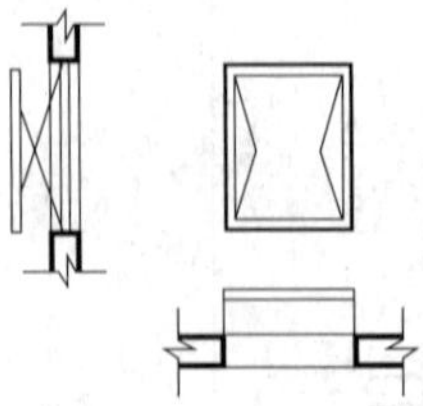</td><td>1. 窗的名称代号用 C 表示；<br>2. 立面形式应按实际情况绘制</td></tr>
</table>

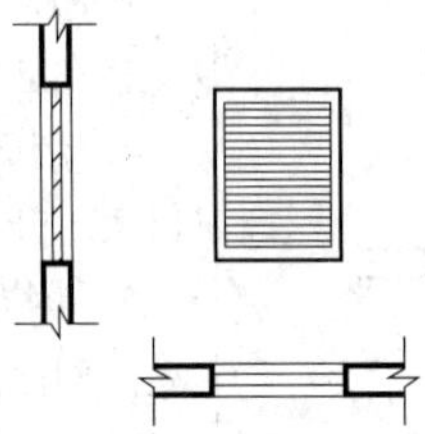

## 2.1.3 建筑总平面图识读

总平面图是描绘新建房屋所在的建设地段或建设小区的地理位置以及周围环境的水平投影图，是新建房屋定位、布置施工总平面图的依据，也是室外水、暖、电等设备管线布置的依据。

**1. 总平面图的用途**

总平面图主要表示新建房屋的位置、朝向，与原有建筑物的关系，以及周围道路、绿化和给水、排水、供电条件等方面的情况。以其作为新建房屋施工定位、土方施工、设备管网平面布置，安排施工时进入现场的材料和构配件堆放场地以及运输道路布置等的依据。

**2. 总平面图的图示内容**

建筑工程总平面图的图示内容应包括以下几个方面：

（1）新建建筑的定位。新建建筑的定位有三种方式：第一种是利用新建建筑与原有建筑或道路中心线的距离确定新建建筑的位置；第二种是利用施工坐标确定新建建筑的位置；第三种是利用大地测量坐标确定新建建筑的位置。

（2）相邻建筑、拆除建筑的位置或范围。

（3）附近的地形、地物情况。

（4）道路的位置、走向以及与新建建筑的联系等。

（5）用指北针或风向频率玫瑰图指出建筑区域的朝向。

（6）绿化规划。

（7）补充图例。若图中采用了建筑制图规范中没有的图例时，则应在总平面图下方详细补充图例，并予以说明。

**3. 总平面图的阅读方法**

（1）先查看总平面图的图名、比例及有关文字说明。由于总平面图包括的区域较大，所以绘制时都用较小比例，常用的比例有1:500、1:1000、1:2000等。总图中的尺寸（如标高、距离、坐标等）宜以米（m）为单位，并应至少取至小数点后两位，不足时以“0”补齐。

（2）了解新建工程的性质和总体布局，如各种建筑物及构筑物的位置、道路和绿化的布置等。由于总平面图的比例较小，各种有关物体均不能按照投影关系如实反映出来，只能用图例的形式进行绘制。要读懂总平面图，必须熟悉总平面图中常用的各种图例。

在总平面图中，为了说明房屋的用途，在房屋的图例内应标注出名称。当图样比例小或图面无足够位置时，也可编号列表编注在图内。在图形过小时，可标注在图形外侧附近。同时，还要在图形的右上角标注房屋的层数符号，一般以数字表示，如14表示该房屋为14层；当层数多时，也可用小圆点数量来表示，如“::”表示为4层。

（3）看新建房屋的定位尺寸。新建房屋的定位方式基本上有两种：一种是以周围其他建筑物或构筑物为参照物。实际绘图时，标明新建房屋与其相邻的原有建筑物或道路中心线的相对位置尺寸。另一种是以坐标表示新建建筑物或构筑物的位置。当新建建筑区域所在地形较为复杂时，为了保证施工放线的准确，常用坐标定位。

（4）了解新建建筑附近的室外地面标高，明确室内外高差。总平面图中的标高均为绝对标高，如标注相对标高，则应注明相对标高与绝对标高的换算关系。建筑物室内地坪，标准建筑图中 ±0.000 处的标高，对不同高度的地坪分别标注其标高，如图 2－41 所示。

（5）看总平面图中的指北针，明确建筑物及构筑物的朝向；有时还要画上风向频率玫瑰图，来表示该地区的常年风向频率。风向频率玫瑰图的画法，如图 2－42 所示。风玫瑰图用于反映建筑场地范围内常年的主导风向和 6 月、7 月、8 月三个月的主导风向（用虚线表示），共有 16 个方向。风向是指从外侧刮向中心。刮风次数多的风，在图上离中心远，称为主导风。明确风向有助于建筑构造的选用及材料的堆场，如有粉尘污染的材料应堆放在下风向等。

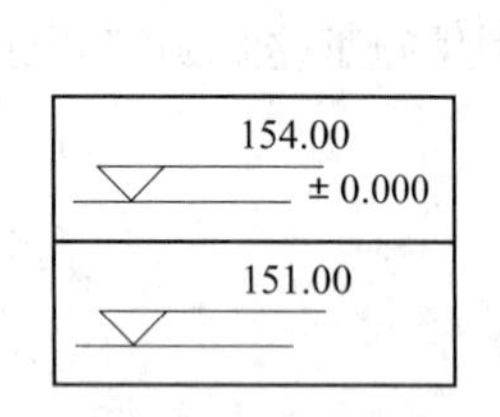


图 2－41 标高

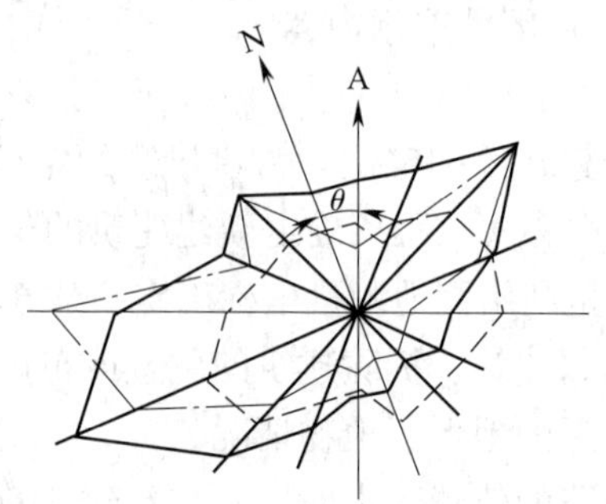


图 2－42 风向频率玫瑰图的画法

## 2.1.4 建筑平面图识读

用一个假想的水平剖切平面沿略高于窗台的位置剖切房屋后，移去上面部分，剩余部分向水平面做正投影所得的水平剖面图，称为建筑平面图，简称平面图。平面图反映新建房屋的平面形状、房间的大小、功能布局、墙柱选用的材料、截面形状和尺寸、门窗的类型及位置等，作为施工时放线、砌墙、安装门窗、室内外装修及编制预算等的重要依据，是建筑施工中的重要图纸。

### 1. 建筑平面图的分类

一般来说，房屋有几层，就应画出几个平面图，并在图的下方注明该层的图名，如底层平面图，二层平面图，三层平面图……顶层平面图。但在实际建筑设计中，多层建筑往往存在许多平面布局相同的楼层，对于这些相同的楼层可用一个平面图来表达这些楼层的平面图，称为“标准层平面图”或“××层平面图”。另外，还应绘制屋顶平面图。

（1）底层平面图。底层平面图也叫一层平面图或首层平面图，是指 ±0.000 地坪所在的楼层的平面图。它除表示该层的内部图形状外，还画有室外的台阶（坡道）、花池、散水和落水管的形状和位置，以及剖面的剖切符号，以便与剖面图对照查阅。为了更加精确地确定房屋的朝向，在底层平面图上应加注指北针，其他层平面图上可以不再标出。

（2）中间标准层平面图。中间标准层平面图除表示本层室内形状外，需要画出本层室外的雨篷、阳台等。

（3）顶层平面图。顶层平面图也可用相应的楼层数命名，其图示内容与中间层平面图的内容基本相同。

（4）屋顶平面图。屋顶平面图是指将房屋的顶部单独向下所做的俯视图。主要是用来表达屋顶形式、排水方式及其他设施的图样。

**2．建筑平面图的内容**

（1）建筑物平面的形状及总长、总宽等尺寸。

（2）建筑物内部各房间的名称、尺寸、大小、承重墙和柱的定位轴线、墙的厚度、门窗的宽度等，以及走廊、楼梯（电梯）、出入口的位置。

（3）各层地面的标高。一层地面标高定为±0.000，并注明室外地坪的绝对标高，其余各层均标注相对标高。

（4）门、窗的编号、位置、数量及尺寸，一般图纸上还有门窗数量表用以配合说明。

（5）室内的装修做法，如地面、墙面及顶棚等处的材料做法。较简单的装修，一般在平面图内直接用文字注明；较复杂的工程应另列房间明细表及材料做法表。

（6）标注尺寸。在平面图中，一般标注三道外部尺寸。最外面一道尺寸为建筑物的总长和总宽，表示外轮廓的总尺寸，又称外包尺寸；中间一道为房间的开间及进深尺寸，表示轴线间的距离，称为轴线尺寸；里面一道尺寸为门窗洞口、墙厚等尺寸，表示各细部的位置及大小，称为细部尺寸。在平面图内还须注明局部的内部尺寸，如内门、内窗、内墙厚及内部设备等尺寸。此外，底层平面图中，还应标注室外台阶、花池、散水等局部尺寸。

（7）其他细部的配置和位置情况，如楼梯、搁板、各种卫生设备等。

（8）室外台阶、花池、散水和雨水管的大小与位置。

（9）在底层平面图上画指北针符号，另外，还要画上剖面图的剖切位置符号和编号，以便与剖面图对照查阅。

**3．建筑平面图的阅读方法**

（1）看图名、比例。从中了解平面图层次、图例及绘制建筑平面图所采用的比例，如1∶50、1∶100、1∶200。

（2）看图中定位轴线编号及其间距。从中了解各承重构件的位置及房间的大小，以便于施工时定位放线和查阅图纸。定位轴线的标注应符合《房屋建筑制图统一标准》GB/T 50001—2010 的规定。

（3）看房屋平面形状和内部墙的分隔情况。从平面图的形状与总长、总宽尺寸，可计算出房屋的用地面积；从图中墙的分隔情况和房间的名称，可了解到房屋内部各房间的分布、用途、数量及其相互间的联系情况。

（4）看平面图的各部分尺寸。在建筑平面图中，标注的尺寸有内部尺寸和外部尺寸两种，主要反映建筑物中房间的开间、进深的大小、门窗的平面位置及墙厚、柱的断面尺寸等。

1）外部尺寸。外部尺寸一般标注三道尺寸，最外一道尺寸为总尺寸，表示建筑物的总长、总宽，即从一端外墙皮到另一端外墙皮的尺寸；中间一道尺寸为定位尺寸，表示轴线尺寸，即房间的开间与进深尺寸；最里一道为细部尺寸，表示各细部的位置及大小，如外墙门窗的大小以及与轴线的平面关系。

2）内部尺寸。用来标注内部门窗洞口和宽度及位置、墙身厚度以及固定设备大小和位置等，一般用一道尺寸线表示。

(5) 看楼地面标高。平面图中标注的楼地面标高为相对标高，而且是完成面的标高。一般在平面图中地面或楼面有高度变化的位置都应标注标高。

(6) 看门窗的位置、编号和数量。图中门窗除用图例画出外，还应注写门窗代号和编号。门的代号通常用“门”的汉语拼音的首子母“M”表示；窗的代号通常用“窗”的汉语拼音的首字母“C”表示，并分别在代号后面写上编号，用于区别门窗类型，统计门窗数量。如M—1、M—2和C—1、C—2等。对一些特殊用途的门窗也有相应的符号进行表示，如FM代表防火门，MM代表密闭防护门，CM代表窗连门。

为了便于施工，一般情况下，在首页图上或在本平面图内，附有门窗表，列出门窗的编号、名称、尺寸、数量及其所选标准图集的编号等内容。

(7) 看剖面的剖切符号及指北针 通过查看图纸中的剖切符号及指北针，可以在底层平面图中了解剖切部位，了解建筑物朝向。

### 2.1.5 建筑立面图识读

在与建筑物立面平行的铅直投影面上所做的投影图称为建筑立面图，简称立面图。一座建筑物是否美观、是否与周围环境协调，主要取决于立面的艺术处理，包括建筑造型与尺度、装饰材料的选用、色彩的选用等内容。在施工图中，立面图主要用于表示建筑物的体形与外貌，表示立面各部分配件的形状和相互关系，表示立面装饰要求及构造做法等。

**1. 立面图的命名**

房屋有多个立面，为便于与平面图对照阅读，每一个立面图下都应标注立面图的名称。立面图有以下三种命名方式：

1）主次命名法将房屋主要出入口或较显著地反映房屋特征的立面图叫作正立面图，其余外墙面的投影分别称为背立面图、左侧立面图、右侧立面图。

2）方位命名法按照房屋外墙面的朝向命名，分别有东立面图、西立面图、南立面图、北立面图等。

3）轴线命名法按照各立面两端的轴线来命名，如①~⑦立面图、⑧~⑥立面图等。在房屋立面图上，相同的门、窗、阳台、外檐装修、构造做法等可在局部重点表示，绘出其完整图形，其余部分只画轮廓线；对较简单的对称式建筑物，在不影响构造处理和施工的情况下，立面图可绘制一半，并在对称轴线处画对称符号。

**2. 立面图的内容**

1）画出室外地面线及房屋的勒脚、台阶、花池、门窗、雨篷、阳台、室外楼梯、墙柱、檐口、屋顶、落水管、墙面分格线等内容。

2）注出外墙各主要部位的标高。如室外地面、台阶顶面、窗台、窗上扣、阳台、雨篷、檐口、女儿墙顶、屋顶水箱间及楼梯间屋顶等的标高。

3）注出建筑物两端的定位轴线及其编号。

4）标注索引符号。

5）用文字说明外墙面装修的材料及其做法。

**3. 立面图的识读方法**

1）看图名、比例。了解该图与房屋哪一个立面相对应及绘图的比例相一致。立面图的绘图比例与平面图绘图比例应一致。

2）看房屋立面的外形、门窗、檐口、阳台、台阶等的形状及位置。在建筑物立面图上，相同的门窗、阳台、外檐装修、构造做法等可在局部重点表示，绘出其完整图形，其余部分只画轮廓线。

3）看立面图中的标高尺寸。立面图中应标注必要的尺寸和标高。注写的标高尺寸部位有室内外地坪、檐口、屋脊、女儿墙、雨篷、门窗、台阶等处的标高。

4）看房屋外墙表面装修的做法和分格线等。在立面图上，外墙表面分格线应表示清楚，应用文字说明各部位所用面材和颜色。

## 2.1.6 建筑剖面图识读

假想用一个平行于投影面的剖切平面，将房屋剖开，移去观察者与剖切平面之间的房屋部分，做出剩余部分的房屋的正投影，所得图样称为建筑剖面图，简称剖面图。建筑剖面图主要表示房屋的内部结构、分层情况、各层高度、楼面和地面的构造以及各配件在垂直方向上的相互关系等内容。在施工中，可作为进行分层、砌筑内墙、铺设楼板和屋面板以及内装修等工作的依据，是与平、立面图相互配合的不可缺少的重要图样之一。

**1. 建筑剖面图的剖切位置与数量**

（1）剖面图的剖切位置　剖面图的剖切部位，应根据图样的用途或设计深度，在平面图上选择能反映全貌、构造特征以及有代表性的部位剖切。一般剖切位置选择房屋的主要部位或构造较为典型的地方如楼梯间等，并应通过门窗洞口。剖面图的图中符号应与底层平面图上的剖切符号相对应。

（2）剖面图的数量　剖面图的数量是根据房屋的具体情况和施工的实际需要决定的。剖面图一般横向，即平行于侧面，必要时也可纵向，即平行于正面。其位置应选择在能反映出房屋内部构造的比较复杂和典型的部位，并应通过门窗洞的位置。若为多层房屋，剖切面应选择在楼梯间或层高不同、层数不同的部位。

**2. 建筑剖面图的内容**

1）表示被剖切到的墙、柱、门窗洞口及其所属定位轴线。剖面图的比例应与平面图、立面图的比例一致，因此，在1∶100的剖面图中一般也不画材料图例，而用粗实线表示被剖切到的墙、梁、板等轮廓线，被剖断的钢筋混凝土梁板等应涂黑表示。

2）表示室内底层地面、各层楼面及楼层面、屋顶、门窗、楼梯、阳台、雨篷、防潮层、踢脚板、室外地面、散水、明沟及室内外装修等剖到或能见到的内容。

3）标出尺寸和标高。在剖面图中，要标注相应的标高及尺寸，其规定如下：

①标高：应标注被剖切到的所有外墙门窗口的上下标高，室外地面标高，檐口、女儿墙顶以及各层楼地面的标高。

②尺寸：应标注门窗洞口高度、层间高度及总高度，室内还应注出内墙上门窗洞口的

高度，以及内部设施的定位、定形尺寸。

4）表示楼地面、屋顶各层的构造。一般可用多层共用引出线说明楼地面、屋顶的构造层次和做法。如果另画详图或已有构造说明（如工程做法表），则在剖面图中用索引符号引出说明。

**3. 剖面图的识读方法**

1）看图名、比例。根据图名与底层平面图对照，确定剖切平面的位置及投影方向，从中了解该图所画出的是房屋的哪一部分的投影。剖面图的绘图比例通常与平面图、立面图一致。

2）看房屋内部的构造、结构形式和所用建筑材料等内容，如各层梁板、楼梯、屋面的结构形式、位置及其与墙（柱）的相互关系等。

3）看房屋各部位竖向尺寸。图中，竖向尺寸包括高度尺寸和标高尺寸。高度尺寸应标出房屋墙身垂直方向分段尺寸，如门窗洞口、窗间墙等的高度尺寸；标高尺寸主要是标注出室内外地面、各层楼面、阳台、楼梯平台、檐口、屋脊、女儿墙、雨篷、门窗、台阶等处的标高。

4）看楼地面、屋面的构造。在剖面图中表示楼地面、屋面的多层构造时，通常用通过各层的引出线，按其构造顺序加文字说明来表示。有时这一内容放在墙身剖面详图中表示。

## 2.1.7 建筑详图识读

**1. 建筑详图的内容**

建筑详图也可以是平、立、剖面图中局部的放大图。对于某些建筑构造或构件的通用做法，可直接引用国家或地方制定的标准图集（册）或通用图集（册）中的大样图，不必另画详图。常见的建筑详图包括墙身剖面图和楼梯、阳台、雨篷、台阶、门窗、卫生间、厨房以及内外装饰等详图。

1）墙身剖面详图主要用以详细表达地面、楼面、屋面和檐口等处的构造，楼板与墙体的连接形式，以及门窗洞口、窗台、勒脚、防潮层、散水和雨水口等细部构造做法。平面图与墙身剖面详图配合，作为砌墙、室内外装饰、门窗立口的重要依据。

2）楼梯详图表示楼梯的结构型式、构造做法、各部分的详细尺寸、材料和做法，是楼梯施工放样的主要依据。它包括楼梯平面图和楼梯剖面图。

**2. 建筑详图识读方法**

（1）墙身详图。墙身详图是在建筑剖面图上从上至下连续放大的节点详图。通常多取建筑物的外墙部位，方便完整、清楚地表达房屋的屋面、楼层、地面和檐口构造，楼板与墙面的连接、门窗顶、窗台和勒脚、散水等处构造的情况，所以墙身详图是建筑剖面图的局部放大图。

多层房屋中，若各层的构造情况一样时，可以只画底层、顶层、中间层来表示。往往在窗洞中间处用折断线断开，通过剖面图直接索引出。有时也可不画整个墙身的详图，而是把各个节点详图分别单独绘制，这时的各个节点详图应当按顺序依次排在同一张图上，以便读图。

（2）檐口节点剖面详图。檐口节点剖面详图主要表达顶层窗过梁、遮阳或雨篷、屋顶（根据实际情况画出它的构造与构配件，例如屋面梁、屋面板、室内顶棚、天沟、雨水管、架空隔热层、女儿墙及其压顶）等的构造和做法。

（3）窗洞节点剖面详图。窗台节点剖面详图主要表达窗台的构造，及内外墙面的做法。

**3. 楼梯详图**

（1）楼梯的组成及形式。楼梯是楼层垂直交通的必要设施。它由平台、梯段和栏杆（或栏板）扶手组成。常见的楼梯平面形式包括三种：单跑楼梯（上下两层之间只有一个梯段）、双跑楼梯（上下两层之间有两个梯段、一个中间平台）、三跑楼梯（上下两层之间有三个梯段、两个中间平台）。

楼梯间详图包括楼梯间平面图、剖面图、踏步栏杆等详图。主要反映楼梯的类型、结构形式、构造和装修等。楼梯间详图应当尽可能安排在同一张图纸上，以方便阅读。

（2）楼梯平面图。

1）楼梯平面图的形成。楼梯平面图中画一条与踢面线成30°的折断线（构成梯段的踏步中与楼地面平行的面称为踏面，与楼地面垂直的面称为踢面）。各层下行梯段不予剖切。而且楼梯间平面图则为房屋各层水平剖切后的向下正投影，如同建筑平面图，中间几层构造一致时，也可以只画一个标准层平面图。所以楼梯平面详图通常只画出底层、中间层和顶层三个平面图。

2）楼梯平面图图示特点。各层楼梯平面图最好上下对齐（或左右对齐），这样既便于阅读又便于尺寸标注和省略重复尺寸。平面图上应当标注该楼梯间的轴线编号、开间和进深尺寸，楼地面和中间平台的标高及梯段长、平台宽等细部尺寸。梯段长度尺寸标为：踏面数×踏面宽=梯段长。

（3）楼梯剖面图。

1）楼梯剖面图的形成。楼梯剖面图常用1:50的比例画出。其剖切位置应当选择在通过第一跑梯段及门窗洞口，并且向未剖切到的第二跑梯段方向投影。

剖到梯段的步级数可以直接看到，未剖到梯段的步级数因被栏板遮挡或者因梯段为暗步梁板式等原因而不可见时，可用虚线表示，也可直接从其高度尺寸上看出该梯段的步级数。

多层或高层建筑的楼梯间剖面图，若中间若干层构造一样，可用一层表示这相同的若干层剖面，此层的楼面和平台面的标高可以看出所代表的若干层情况。

2）楼梯剖面图示内容。

①水平方向应当标注被剖切墙的轴线编号、轴线尺寸以及中间平台宽、梯段长等细部尺寸。

②竖直方向应当标注被剖切墙的墙段、门窗洞口尺寸以及梯段高度、层高尺寸。梯段高度应标成：步级数×踢面高=梯段高。

③标高及详图索引：楼梯间剖面图上应当标出各层楼面、地面、平台面以及平台梁下口的标高。若需要画出踢步、扶手等的详图，则应标出其详图索引符号和其他尺寸，例如栏杆（或栏板）高度。

# 2.2 建筑工程材料

## 2.2.1 建筑材料概述

### 1. 建筑材料的定义和分类

由于涉及面广泛，建筑材料在概念上并没有明确而又统一的界定，一般是指在建筑工程中组成建筑物及构筑物各部分实体的各种材料。

建筑材料的种类繁多，随着材料科学和材料工业的不断发展，各种类型的新型建筑材料不断涌现。为了便于应用和研究，可从不同角度进行分类，常见的有按组成成分分类（表2－13）和按使用功能分类（表2－14）两种分类方法。

**表2－13 建筑材料按组成成分分类**

| 分类 | | | 实例 |
|---|---|---|---|
| 无机材料 | 金属材料 | 黑色金属 | 普通钢材、低合金钢、合金钢、非合金钢 |
| | | 有色金属 | 铝、铝合金、铜、铜合金 |
| | 非金属材料 | 天然石材 | 毛石、料石、石板材、碎石、卵石、砂 |
| | | 烧土制品 | 烧结砖、瓦、陶器、炻器、瓷器 |
| | | 玻璃及熔融制品 | 玻璃、玻璃棉、岩棉、铸石 |
| | | 胶凝材料 | 气硬性：石灰、石青、菱苦土、水玻璃<br>水硬性：各类水泥 |
| | | 混凝土类 | 砂浆、混凝土、硅酸盐制品 |
| 有机材料 | 植物质材料 | | 木材、竹板、植物纤维及其制品 |
| | 合成高分子材料 | | 塑料、橡胶、胶黏剂、有机涂料 |
| | 沥青材料 | | 石油沥青、沥青制品 |
| 复合材料 | 金属－非金属复合 | | 钢筋混凝土、预应力混凝土、钢纤维混凝土 |
| | 非金属－有机复合 | | 沥青混凝土、聚合物混凝土、玻纤增强塑料、水泥刨花板 |

**表2－14 建筑材料按使用功能分类**

| 分类 | 定义 | 实例 |
|---|---|---|
| 建筑结构材料 | 构成基础、柱、梁、框架、屋架、板等承重系统的材料 | 砖、石材、钢材、钢筋混凝土、木材 |
| 墙体材料 | 构成建筑物内、外承重墙体及内分隔墙体的材料 | 石材、砖、空心砖、加气混凝土、各种砌块、混凝土墙板、石膏板及复合墙板 |

续表 2－14

| 分　类 | 定　义 | 实　例 |
| --- | --- | --- |
| 建筑功能材料 | 不作为承受荷载，且具有某种特殊功能的材料 | 1. 保温隔热材料（绝热材料）：膨胀珍珠岩及其制品、膨胀蛭石及其制品、加气混凝土；<br>2. 吸声材料：毛毡、棉毛织品、泡沫塑料；<br>3. 采光材料：各种玻璃；<br>4. 防水材料：沥青及其制品、树脂基防水材料；<br>5. 防腐材料：煤焦油、涂料；<br>6. 装饰材料：石材、陶瓷、玻璃、涂料、木材 |
| 建筑器材 | 为了满足使用要求，而与建筑物配套的各种设备 | 1. 电工器材及灯具<br>2. 水暖及空调器材<br>3. 环保器材<br>4. 建筑五金 |

**2. 建筑材料在建筑工程中的地位和作用**

建筑材料是一切建筑工程的物质基础。要发展建筑业，就必须发展建筑材料工业。可见，建筑材料工业是国民经济重要的基础工业之一。

(1) 建筑材料是建筑工程的物质基础。建筑材料不仅用量大，而且有很强的经济性，它直接影响工程的总造价。所以，在建筑过程中恰当地选择和合理地使用建筑材料，不仅能提高建筑物质量及其寿命，而且对降低工程造价也有着重要的意义。

(2) 建筑材料的发展赋予了建筑物鲜明的时代特征和风格。中国古代以木架构为代表的宫廷建筑、西方古典建筑的石材廊柱、当代以钢筋混凝土和型钢为主体材料的超高层建筑，都体现了鲜明的时代感。

(3) 建筑设计理论的不断进步和施工技术的革新，不但受到建筑材料发展的制约，同时也受到其发展的推动。大跨度预应力结构、薄壳结构、悬索结构、空间网架结构、节能建筑、绿色建筑的出现，无疑都与新材料的产生密切相关。

(4) 建筑材料的质量如何，直接影响建筑物的坚固性、适用性及耐久性。因此，建筑材料只有具有足够的强度以及与使用环境条件相适应的耐久性，才能使建筑物具有足够的使用寿命，并可以最大限度地减少维修费用。

建筑材料的发展是随着人类社会生产力的不断发展和人民生活水平的不断提高而向前发展的。现代科学技术的发展，使生产力水平不断提高，人民生活水平不断改善，这将要求建筑材料的品种与性能更加完备，不仅要求其经久耐用，而且要求建筑材料具有轻质、高强、美观、保温、吸声、防水、防震、防火、节能等功能。

### 2.2.2 建筑材料的基本性质

建筑材料是用于建造建筑物或构筑物的所有物质的总称。建筑材料种类繁多，为了便于研究和使用，通常从不同的角度加以分类，见表 2－15。

表 2－15 建筑材料的分类

| 序号 | 分类依据 | 主要内容 |
| --- | --- | --- |
| 1 | 按用于建筑物的部位分 | 基础材料、墙体材料、屋面材料、地面材料、顶棚材料等 |
| 2 | 按材料的作用分 | 结构材料、砌筑材料、防水材料、装饰材料、保温绝热材料等 |
| 3 | 按材料的成分分 | 无机材料、有机材料、复合材料等 |

建筑材料的性质各异。通常我们将一些材料共同具有的性质，称为材料的基本性质。归纳起来，材料的基本性质有物理性质、力学性质、化学性质、耐久性质、装饰性质等方面。

**1. 材料的物理性质**

(1) 材料状态参数与结构特征。

1) 材料的状态参数。

①密度：材料的密度是指材料在绝对密实状态下单位体积的质量，可用下式计算：

$$\rho = \frac{m}{V} \tag{2-1}$$

式中：$\rho$——材料的密度（$g/cm^3$）；

$m$——材料在干燥状态下的质量（g）；

$V$——材料在绝对密实状态下的体积（$cm^3$）。

材料的绝对密实体积是指材料内固体物质所占的体积，不包括材料内部孔隙的体积。实际除个别材料（金属、玻璃、单矿物）外，大多数材料是多孔的。也就是说自然状态下多孔材料的体积 $V_0$ 是由固体物质的体积 $V$ 和孔隙体积 $V_k$ 两部分组成的。

为了测定材料的绝对密实体积，按测定密度的标准方法规定，将干燥的试样磨成粉末（通过900孔/$cm^2$筛）。称量一定质量的粉末，置于装有液体的李氏瓶中测量其绝对体积，如图2－43所示。绝对体积等于被粉末排出的液体体积。

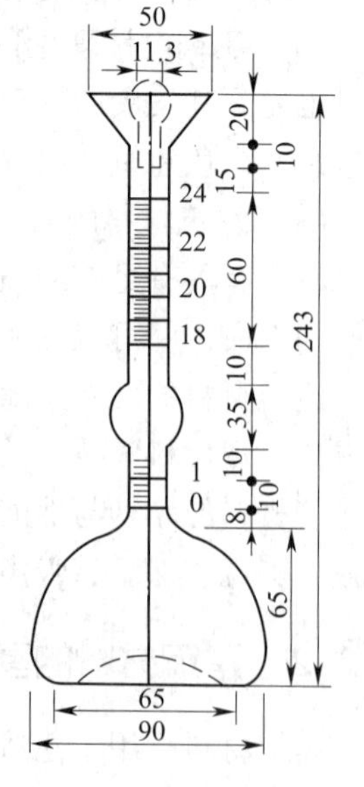

图 2－43 李氏瓶示意图

如果材料是比较密实的（如石子、砂子等），可不必磨成细粉，而直接用排水法求得其绝对体积的近似值。这样所得的密度称为视密度。

②表观密度（俗称容重）：表观密度（又称体积密度）是指材料在自然状态下单位体积的质量。可用下式计算：

$$\rho_0 = \frac{m}{V_0} \tag{2-2}$$

式中：$\rho_0$——表观密度（$g/cm^3$ 或 $kg/m^3$）；

$m$——材料的质量（g 或 kg）；

$V_0$——材料在自然状态下的体积（$cm^3$或 $m^3$）。

材料在自然状态下的体积是指包含材料内部孔隙的表观体积。当材料的孔隙内含有水分时，其质量和体积均将有所变化。故测定表观密度时，应注明含水情况。在烘干状态下的表观密度，称为干表观密度。

③堆积密度：堆积密度是指粉状、颗粒状或纤维状材料在堆积状态下，单位体积的质量。按下式计算：

$$\rho_0' = \frac{m}{V_0'} \tag{2-3}$$

式中：$\rho_0'$——堆积密度（$g/cm^3$或 $kg/m^3$）；

$m$——材料的质量（g 或 kg）；

$V_0'$——材料的堆积体积（$cm^3$或 $m^3$）。

材料在堆积状态下的体积不但包括材料的表观体积，而且还包括颗粒间的空隙体积。其值的大小不但取决于材料颗粒的表观密度，而且还与堆积的密实程度有关，与材料的含水状态有关。

在建筑工程中，计算材料用量、构件自重、配料计算、确定堆放空间以及运输量时，经常要用到材料的密度、表观密度和堆积密度等数据。

2）材料的结构特征。

①密实度：材料的密实度是指材料体积内被固体物质所充实的程度，即材料的密实体积与自然体积之比。可按下式计算：

$$D = \frac{V}{V_0} \times 100\% = \frac{\rho_0}{\rho} \times 100\% \tag{2-4}$$

由上式可知，凡含孔隙的固体材料其密实度均小于 1。固体物质所占比率越高，材料就越密实。对同种材料来说，较密实的材料，其强度较高，吸水性较小，导热性较好。

②孔隙率：材料的孔隙率是指材料中孔隙体积占材料总体积的百分率，可按下式计算：

$$P = \frac{V_0 - V}{V_0} \times 100\% = \frac{V_k}{V_0} \times 100\% = 1 - \frac{V}{V_0} \times 100\% = 1 - \frac{\rho_0}{\rho} \times 100\% \tag{2-5}$$

材料的孔隙率与密实度是从两个不同的方面反映了材料的同一性质。孔隙率的大小对材料的物理力学性质均有影响。一般来说，孔隙率越小，则材料的强度越高，容重越大。此外，孔隙的构造和大小对材料的性能影响也较大。孔隙按构造可分为连通孔与封闭孔两类，按其孔径大小可分为细微孔和粗大孔两类。

对于松散颗粒材料，如砂、石等的致密程度应用“空隙率”表示。空隙率是指散粒材料颗粒间的空隙体积占总体积的百分率。计算时，式中的容重应为堆积密度；密度应为视密度。

（2）材料与水有关的性质。

1）亲水性和憎水性。材料在空气中与水接触时，根据其能否被润湿，可把材料分为亲水性材料和憎水性材料两类。

润湿，就是水被材料表面吸附的过程，它和材料本身的性质有关。如果材料分子与水分子间的相互作用力大于水分子本身之间的作用力，则材料表面就能被水所润湿。此时，在材料、水和空气三相的交点处，沿水滴表面所引的切线与材料表面所成的夹角（称为润湿角）$\theta$，角$\theta$愈小，润湿性愈好，若角$\theta$为零，则表示材料完全被水所润湿。一般认为，当润湿角$\theta<90°$，如图2-44（a）所示，这种材料称为亲水性材料。反之，如果材料分子与水分子间的相互作用力小于水分子本身之间的作用力，那么表示材料表面不能被水所润湿，此时$\theta>90°$，如图2-44（b）所示，这种材料称为憎水性材料。大多数建筑材料，如砖、混凝土、砂浆、木材等都是亲水性材料，而沥青、石蜡等则属于憎水性材料。

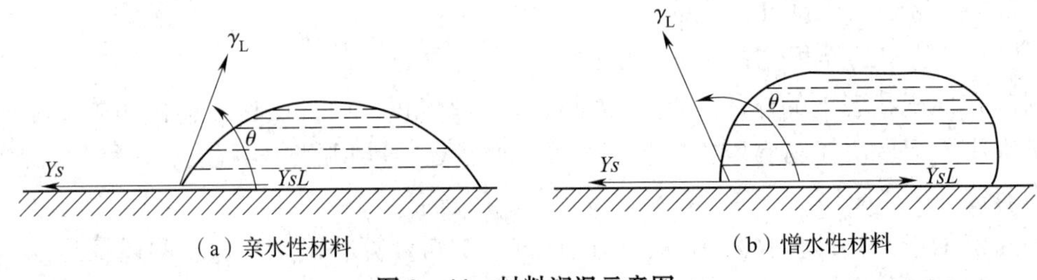

（a）亲水性材料　（b）憎水性材料

**图2-44　材料润湿示意图**

2）吸水性。吸水性是指材料能在水中吸收水分的性质。其大小用吸水率表示。吸水率有质量吸水率和体积吸水率两种表示方法，可分别按下列公式计算：

①质量吸水率（$W_m$）：

$$W_m = \frac{m_1 - m}{m} \times 100\% \tag{2-6}$$

式中：$m_1$——材料吸水达饱和时的质量（g）；

$m$——材料烘干至恒重时的质量（g）；

$W_m$——材料的质量吸水率（%）。

②体积吸水率（$W_v$）：

$$W_v = \frac{m_1 - m}{V_0} \times 100\% \tag{2-7}$$

式中：$W_v$——材料的体积吸水率（%）；

$V_0$——材料在自然状态下的体积（$cm^3$）。

常温下将水的密度看作$1g/cm^3$，所以，材料所吸收的水的质量在数值上等于其体积。

材料的吸水性不仅取决于材料本身是亲水的还是憎水的，也与其孔隙率的大小和孔隙特征有关。一般说来，孔隙率越大，吸水率越大。如果材料具有细微而连通的孔隙，其吸水率就大。若是封闭孔隙，水分就难以渗入。粗大的孔隙，水分虽然容易渗入，但仅能润湿孔壁表面，而不易在孔隙内留存。所以，具有封闭或粗大孔隙的材料，它的吸水率往往较小。

3）吸湿性。材料在潮湿的空气中吸收水分的性质称为吸湿性。吸湿性大小可用含水率 $W_H$表示。

含水率即材料所含水的质量占材料干燥质量的百分率，可按下式计算：

$$W_H = \frac{m_1 - m}{m} \times 100\% \tag{2-8}$$

式中：$m_1$——材料含水时的质量（g）；

$m$——材料干燥至恒重时的质量（g）；

$W_H$——材料的含水率（%）。

材料的吸湿性大小，除与材料本身的成分、组织构造等因素有关外，还与周围的湿度、温度有关。气温越低，相对湿度越大，材料的吸湿性也就越大。

4）耐水性。耐水性是指材料在长期的饱和水作用下不破坏，其强度也不显著降低的性质。耐水性的大小用软化系数表示，可按下式计算：

$$K_P = \frac{f_2}{f_1} \tag{2-9}$$

式中：$K_p$——材料的软化系数；

$f_1$——材料在饱和水状态下的抗压强度（MPa）；

$f_2$——材料在干燥状态下的抗压强度（MPa）。

材料的软化系数变化范围在0～1之间。软化系数值越大，耐水性越好。一般材料，随着含水率的增加，水分会渗入材料微粒间缝隙内，降低微粒之间的结合力。同时会软化材料中的不耐水成分，使强度降低。所以，用于严重受水侵蚀或潮湿环境中的重要建筑物，不宜采用软化系数小于0.85的材料。

5）抗冻性。抗冻性是指材料在吸水饱和状态下，经受多次冻结和融化作用（冻融循环）而不破坏，同时也不严重降低强度的性质。材料的抗冻性用抗冻等级表示。

抗冻等级是在材料试件浸水饱和后，在－15℃的温度下冻结，再在20℃的水中融化（这样为一个冻融循环）。当试件承受反复冻融循环后，其质量损失不超过5%，强度损失不超过25%时，试件承受的最多冻融循环次数，即为该材料的抗冻等级。表示为F10、F15等。抗冻等级越高，则材料的抗冻性能越好。

对于寒冷地区、冬季设计温度低于－15℃的重要工程所用的结构材料、覆面材料，其抗冻性必须符合要求。抗冻性良好的材料，对于抵抗温度变化、干湿交替等破坏作用的性能也较强。所以，抗冻性常作为评价材料耐久性的一个重要指标。

材料的抗冻性大小与材料本身的组织构造、强度、吸水性、耐水性等因素有关。

6）抗渗性。抗渗性是指材料抵抗水、油等液体压力作用渗透的性质。材料的抗渗性用渗透系数表示，材料的渗透系数越大，表明材料的抗渗性越差。

材料的抗渗性也可用抗渗等级$P_n$来表示。抗渗等级是以规定的试件，在标准的试验方法下所能承受的最大水压力来表示。如$P_2$、$P_4$、$P_6$等，分别表示材料能承受0.2MPa、0.4MPa、0.6MPa水压而不渗透。

材料的抗渗性大小主要取决于材料本身的孔隙率和孔隙特征。一般来说，绝对密实或具有封闭孔隙的材料，就不会产生透水现象。而孔隙率较大和孔隙连通的材料则抗渗性较差。地下建筑、水工构筑物和防水工程，均要求有较高的抗渗性。根据所处环境的最大水力梯度，提出不同的抗渗指标。

（3）材料与热有关的性质。

1）导热性。材料传导热量的能力称为导热性，其大小用导热系数表示，即：

$$\lambda = \frac{QS}{At(T_2 - T_1)} \tag{2-10}$$

式中：$\lambda$——导热系数［W/（m·K）］；

$Q$——传导的热量（J）；

$A$——热传导面积（$m^2$）；

$S$——材料的厚度（m）；

$t$——热传导时间（s）；

$T_2 - T_1$——材料两侧温差（K）。

导热系数是评定材料绝热性的重要指标。其值越小，则材料的绝热性越好。

材料导热系数的大小，受本身的物质构成、密实程度、构造特征、环境的温湿度及热流方向的影响。通常，金属材料的导热系数最大，无机非金属材料次之，有机材料最小；相同组成时，晶态比非晶态材料的导热系数大些；密实性大的材料，导热系数亦大；在孔隙率相同时，具有微细孔或封闭孔构造的材料，其导热系数偏小。此外，材料含水，导热系数会明显增大；材料在高温下的导热系数比常温下大些；顺纤维方向的导热系数也会大些。

2）耐热性（亦称耐高温性或耐火性）。材料长期在高温作用下，不失去使用功能的性质称为耐热性。材料在高温作用下会发生性质的变化而影响材料的正常使用。

①受热变质：一些材料长期在高温作用下会发生材质的变化。如二水石膏在65～140℃脱水成为半水石膏；石英在573℃由$\alpha$石英转变为$\beta$石英，同时体积增大2%；石灰石、大理石等碳酸盐类矿物在900℃以上分解；可燃物常因在高温下急剧氧化而燃烧，如木材长期受热则会发生碳化，甚至燃烧。

②受热变形：材料受热作用要发生热膨胀导致结构破坏。材料受热膨胀大小常用线胀系数表示。普通混凝土膨胀系数为$10 \times 10^{-6}$，钢材为$(10 \sim 12) \times 10^{-6}$，因此，它们能组成钢筋混凝土共同工作。普通混凝土在300℃以上，由于水泥石脱水收缩，骨料受热膨胀，因而，混凝土长期在300℃以上工作会导致结构破坏。钢材在350℃以上时，其抗拉强度显著降低，会使钢结构产生过大的变形而失去稳定。

3）耐燃性。材料对火焰和高温的抵抗力称为材料的耐燃性。耐燃性是影响建筑物防火、建筑结构耐火等级的一项因素。《建筑内部装修设计防火规范》GB 50222—1995按建筑材料的燃烧性能不同将其分为4类。

①非燃烧材料（A级）：在空气中受到火烧或高温作用时不起火、不碳化、不微燃的材料，如钢铁、砖、石等。用非燃烧材料制作的构件称作非燃烧体。钢铁、铝、玻璃等材料受到火烧或高热作用会发生变形、熔融，所以虽然是非燃烧材料，但不是耐火的材料。

②难燃材料（B1级）：在空气中受到火烧或高温高热作用难起火、难微燃、亦难碳化，当火源移走后，已有的燃烧或微燃立即停止的材料，如经过防火处理的木材和刨花板等。

③可燃材料（B2级）：在空气中受到火烧或高温高热作用时立即起火或微燃，且火

源移走后仍继续燃烧的材料，如木材。用这种材料制作的构件称为燃烧体，使用时应做防燃处理。

④易燃材料（B3 级）：在空气中受到火烧或高温作用时立即起火，并迅速燃烧，且离开火源后仍继续迅速燃烧的材料，如部分未经阻燃处理的塑料、纤维织物等。

材料在燃烧时放出的烟气和毒气对人体的危害极大，远远超过火灾本身。因此对建筑内部进行施工时，应尽量避免使用燃烧时放出大量浓烟和有毒气体的材料。国家标准中对用于建筑物内部各部位的建筑材料的燃烧等级作了严格的规定。

**2. 材料的力学性质**

（1）材料的强度　材料在外力（荷载）作用下抵抗破坏的能力称为强度。强度值是以材料受外力破坏时，单位面积上所承受的力表示。建筑材料在建筑物上所受的外力，主要有拉力、压力、剪力及弯曲等。材料抵抗这些外力破坏的能力，分别称为抗拉、抗压、抗剪和抗弯（抗折）等强度。强度的分类和计算公式，见表 2－16。

**表 2－16　强度的分类、受力举例和计算公式**

| 强度类别 | 举例 | 计算公式 |
| --- | --- | --- |
| 抗压强度（MPa） | 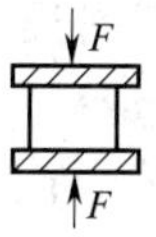 | $f=F/A$　（2－11） |
| 抗拉强度（MPa） | 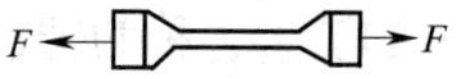 | |
| 抗剪强度（MPa） | 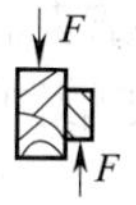 | |
| 抗弯强度（MPa） | 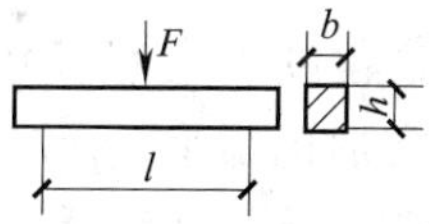 | $f=3FL/(2bh^2)$（2－12） |

注：$f$—材料强度（MPa）；$F$—破坏荷载（N）；$A$—受荷面积（$mm^2$）；$L$—跨度（mm）；$b$、$h$—试件宽度和高度（mm）。

对于以强度为主要指标的材料，通常按材料强度值的高低划分成若干等级，称为材料的强度等级或标号。材料的强度与材料的成分、结构及构造等有关。构造紧密、孔隙率较小的材料，由于其质点间的联系较强，材料的有效受力面积较高，所以其强度较高。如硬质木材的强度就要高于软质木材的强度。具有层次或纤维状构造的材料在不同的方向受力时所表现出的强度性能不同，如木材的强度就有横纹强度和顺纹强度之分。

在工程的设计与施工时，了解材料的强度特性，对于掌握材料的其他性能，合理选用材料，正确进行设计和控制工程质量，是十分重要的。

（2）材料的硬度。硬度是材料表面能抵抗其他较硬物体压入或刻划的能力。不同材料的硬度测定方法不同。木材、混凝土、钢材等的硬度常用钢球压入法测定，如布氏硬度（HBS、HBW）、肖氏硬度（HS）、洛氏硬度（HR）等。但石材有时也按刻划法（又称莫氏硬度）测定，即将矿物硬度分为 10 级，其硬度递增的顺序为：滑石 1，石膏 2，方解石

3，萤石4，磷灰石15，正长石6，石英7，黄玉8，刚玉9，金刚石10。一般硬度大的材料耐磨性较强，但不易加工，也可根据硬度的大小，间接推算出材料的强度。

(3) 材料的耐磨性。耐磨性是材料表面抵抗磨损的能力，常用磨损率表示。可用下式计算：

$$N = \frac{m_1 - m_2}{A} \tag{2-13}$$

式中：$N$——材料的磨损率（$g/cm^2$）；

$m_1$、$m_2$——材料磨损前、后的质量（g）；

$A$——试件受磨面积（$cm^2$）。

材料的耐磨性与硬度、强度及内部构造有关，材料的硬度越大，则材料的耐磨性越高，材料的磨损率有时也用磨损前后的体积损失来表示；材料的耐磨性也可用耐磨次数来表示。地面、路面、楼梯踏步及其他受较强磨损作用的部位，需选用具有较高硬度和耐磨性的材料。

(4) 材料的变形性。

1) 弹性。材料在外力作用下产生变形，外力取消后变形即行消失，材料能够完全恢复到原来形状的性质，称为材料的弹性。这种完全恢复的变形，称为弹性变形。材料的弹性变形与荷载成正比。

2) 塑性。在外力作用下材料产生变形，在外力取消后，有一部分变形不能恢复，这种性质称为材料的塑性。这种不能恢复的变形，称为塑性变形。

钢材在弹性极限内接近于完全弹性材料，其他建筑材料多为非完全弹性材料。这种非完全弹性材料在受力时，弹性变形和塑性变形同时产生，外力取消后，弹性变形可以消失，而塑性变形不能消失。

3) 脆性。指材料受力达到一定程度后突然破坏，而破坏时并无明显塑性变形的性质。其特点是材料在接近破坏时，变形仍很小。混凝土、玻璃、砖、石材及陶瓷等属于脆性材料。它们抵抗冲击作用的能力差，抗拉强度低，但是抗压强度较高。

4) 韧性。指材料在冲击、振动荷载的作用下，材料能够吸收较大的能量，同时也能产生一定的变形而不致破坏的性质。对用作桥梁、地面、路面及吊车梁等材料，都要求具有较高的抗冲击韧性。

(5) 材料的耐久性。材料长期抵抗各种内外破坏因素或腐蚀介质的作用，保持其原有性质的能力称为材料的耐久性。材料的耐久性是材料的一项综合性质，一般包括有耐磨性、耐擦性、耐水性、耐热性、耐光性、抗渗性、抗老化性、耐溶蚀性、耐玷污性等。材料的组成和性质不同、工程的重要性及所处环境不同，则对材料耐久性项目的要求及耐久性年限的要求也不同。如潮湿环境的建筑物要求材料具有一定的耐水性；北方地区的建筑物所用材料须具有一定的抗冻性；地面用材料须具有一定的硬度和耐磨性。耐久性寿命的长短是相对的，如对花岗石要求其耐久性寿命为数十年至数百年以上，而对质量好的涂料则要求其耐久性寿命为10~15年。

影响耐久性的主要因素可分为两个方面：外部因素和内部因素。

1) 外部因素。外部因素是影响耐久性的主要因素，主要包括：

①化学作用：包括各种酸、碱、盐及其水溶液，各种腐蚀性气体，对材料具有化学腐蚀作用。

②生物作用：包括菌类、昆虫等，可使材料产生腐朽、虫蛀等而破坏。

③机械作用：包括冲击、疲劳荷载、各种气体、液体及固体引起的磨损与磨耗等。实际工程中，材料受到的外界破坏因素往往是两种以上因素同时作用。金属材料常由化学和电化学作用引起腐蚀和破坏；无机非金属材料常由化学作用、溶解、冻融、风蚀、温差、湿差、摩擦等其中某些因素或综合作用而引起破坏；有机材料常由生物作用、溶解、化学腐蚀、光、热、电等作用而引起破坏。

2）内部因素。内部因素也是造成材料耐久性下降的根本原因。内部因素主要包括材料的组成、结构与性质。当材料的组成易溶于水或其他液体，或易与其他物质产生化学反应时，则材料的耐水性、耐化学腐蚀性较差；无机非金属脆性材料在温度剧变时，易产生开裂，即耐急冷急热性差；晶体材料较同组成的非晶体材料的化学稳定性高；当材料的孔隙率，特别是开口孔隙率较大时，则材料的耐久性往往较差。

### 2.2.3　建筑结构材料

**1．胶凝材料**

胶凝材料，又称胶结材料，是用来把块状、颗粒状或纤维状材料粘结为整体的材料。建筑上使用的胶凝材料按其化学组成可分为有机的和无机的两大类。

有机胶凝材料是以天然或合成的高分子化合物（如沥青、树脂、橡胶等）为基本组分的胶凝材料。

无机胶凝材料，也叫矿物胶凝材料，是以无机化合物为主要成分，掺入水或适量的盐类水溶液（或含少量有机物的水溶液），经一定的物理化学变化过程产生强度和粘结力，可将松散的材料胶结成整体，也可将构件结合成整体。

无机胶凝材料可按硬化的条件不同分为气硬性胶凝材料和水硬性胶凝材料两类。气硬性胶凝材料是只能在空气中凝结、硬化、保持和发展强度的胶凝材料，如石灰、石膏；水硬性胶凝材料则既能在空气中硬化，更能在水中凝结、硬化、保持并继续发展其强度的胶凝材料，如各种水泥。

**2．建筑钢材**

（1）钢材的分类。钢材的分类，见表2－17。

**表2－17　钢材的分类**

| 序号 | 分类依据 | 内容 |
|---|---|---|
| 1 | 按化学成分分类 | 碳素钢。碳素钢按含碳量分为低碳钢（含碳量 <0.25%）、中碳钢（含碳量0.25%～0.6%）和高碳钢（含碳量 >0.6%） |
| | | 合金钢。合金钢按合金的含量分为低合金钢（合金元素总量 <5%）、中合金钢（含金元素总量5%～10%）和高合金钢（合金元素总量 >10%） |

续表 2－17

| 序号 | 分类依据 | 内容 |
| --- | --- | --- |
| 2 | 按品质分类 | 包括普通碳素钢（含硫量≤0.045%～0.050%，含磷量≤0.045%）、优质碳素钢（含硫量≤0.035%，含磷量≤0.035%）、高级优质钢（含硫量≤0.025%，含磷量≤0.025%）、特级优质钢（含硫量≤0.015%，含磷量≤0.025%） |
| 3 | 按用途分类 | 结构钢。主要用作工程结构构件及机械零件构件的钢 |
|  |  | 工具钢。主要用作各种量具、刀具及模具的钢 |
|  |  | 特殊钢。具有特殊物理、化学或机械性能的钢，如不锈钢、耐酸钢和耐热钢等 |
| 4 | 按脱氧程度分类 | 沸腾钢。炼钢时加入锰铁进行脱氧、脱氧很不完全，因此称为沸腾钢，代号为“F”。沸腾钢广泛用于一般的建筑工程 |
|  |  | 镇静钢。炼钢时一般采用硅铁、锰铁和铝锭等作脱氧剂、脱氧充分，这种钢水铸锭时能平静地充满锭模并冷却凝固，基本无 CO 气泡产生，因此称为镇静钢，代号为“Z”（可省略）。镇静钢适用于预应力混凝土等重要结构工程 |
|  |  | 特殊镇静钢。比镇静钢脱氧程度更充分彻底的钢，其质量最好。适用于特别重要的结构工程，代号为“TZ”（可省略） |
|  |  | 半镇静钢。脱氧程度介于沸腾钢和镇静钢之间，质量较好的钢，代号为“B” |

注：建筑施工中常用的是普通碳素钢中的低碳钢和合金钢中的低合金高强度结构钢。

（2）钢材锈蚀及防治措施

1）钢材的锈蚀。钢材的锈蚀是指钢材表面与周围介质发生作用而引起破坏的现象。锈蚀可分为化学锈蚀和电化学锈蚀两类。

①化学锈蚀：化学锈蚀是指钢材与周围介质（如氧气、二氧化碳和水等）发生化学反应，生成疏松的氧化物而产生的锈蚀。

②电化学锈蚀：电化学锈蚀是指钢材与电解质溶液接触而产生电流，形成微电池而引起的锈蚀。它是建筑钢材在存放和使用中发生锈蚀的主要形式。钢材发生电化学锈蚀的必要条件是水和氧气的存在。

2）钢筋混凝土中钢筋锈蚀。普通混凝土为强碱性环境，埋入混凝土中的钢筋处于碱性介质条件而形成碱性钢筋保护膜，只要混凝土表面没有缺陷，里面的钢筋是不会锈蚀的。但如果制作的混凝土构件不密实，环境中水和空气能进入混凝土内部，或者混凝土保护层厚度小或发生了严重的碳化，使混凝土失去了碱性保护作用，特别是混凝土内氯离子含量过大，使钢筋表面的保护膜被氧化，也会发生钢筋锈蚀现象。

对于普通混凝土、轻骨料混凝土和粉煤灰混凝土，为了防止钢筋锈蚀，在施工中应确保混凝土的密实度以及钢筋保护层的厚度。在二氧化碳浓度高的工业区采用硅酸盐水泥或普通水泥，限制含氯盐外加剂的掺量，并使用钢筋防锈剂（如亚硝酸钠）；预应力混凝土应禁止使用含氯盐的骨料和外加剂；对于加气混凝土等，可以在钢筋表面涂环氧树脂或镀锌。

3）钢材锈蚀的防治措施。钢材的锈蚀既有内因（材质），也有外因（环境介质条件），因此要防治或减少钢材的锈蚀必须从钢材本身的易腐蚀性，隔离环境中的侵蚀性介质或改变钢材表面状况方面入手。

①表面刷漆：表面刷漆是钢结构防止锈蚀的常用方法。刷漆通常有底漆、中间漆和面漆三道。底漆要求有较好的附着力和防锈能力，常用的有红丹、环氧富锌漆、云母氧化铁和铁红环氧底漆等。中间漆为防锈漆，常用的有红丹、铁红等。面漆要求有较好的牢度和耐候性能保护底漆不受损伤或风化，常用的有灰铅、醇酸磁漆和酚醛磁漆等。

钢材表面涂刷漆时，通常为一道底漆、一道中间漆和两道面漆。要求高时可增加一道中间漆或面漆。使用防锈涂料时，应注意钢构件表面除锈，注意底漆、中间漆和面漆的匹配。

②表面镀金属：用耐腐蚀性好的金属，以电镀或喷镀的方法覆盖在钢材的表面，提高钢材的耐腐蚀能力。常用方法有镀锌、镀锡、镀铜和镀铬等。

③采用耐候钢：耐候钢即耐大气腐蚀钢，是在碳素钢和低合金钢中加入少量的铜、铬、镍、钼等合金元素而制成。耐候钢既有致密的表面腐蚀保护，又有良好的焊接性能，其强度级别与常用碳素钢和低合金钢一致，技术指标相近。

**3. 墙体材料**

（1）砌墙砖。按生产工艺可分为烧结砖和非烧结砖；按砖的孔洞率、孔洞尺寸大小和数量可分为普通砖、多孔砖和空心砖；按主要原料命名又分为黏土砖（N）、页岩砖（Y）、粉煤灰砖（F）、煤矸石砖（M）等。

（2）砌块。砌块是用于砌筑的人造块状材料，外形多为直角六面体，也有其他异型的。砌块系列中主规格的长度、宽度、高度有一项或一项以上分别大于365mm、240mm、115mm，但高度不大于长度或宽度的6倍，长度不超过高度的3倍。

常用建筑砌块有普通混凝土小型空心砌块、轻骨料小型空心砌块、加气混凝土砌块。

（3）墙用板材。

1）轻钢龙骨石膏板隔墙。轻钢龙骨石膏板隔墙具有施工简便，轻、薄、坚固、阻燃、保温、隔声等特点。龙骨分竖向的主龙骨和横向的副龙骨，常用厚度有65mm、75mm等，两边用自攻钉（就是木螺钉）固定石膏板在主龙骨上。龙骨间可以填充岩棉等保温隔音材料。这种墙多用在公共场所的隔墙。缺点是不能在墙上钉钉子。

2）纤维水泥平板。建筑用纤维水泥平板是以纤维和水泥为主要原料，经制浆、成坯、养护等工序制成的板材。按所用的纤维品种分：有石棉水泥板、混合纤维水泥板与无石棉纤维水泥板三类；按产品所用水泥的品种分：有普通水泥板与低碱度水泥板两类；按产品的密度分：有高密度板（加压板）、中密度板（非加压板）与轻板（板中含有轻质骨料）三类。纤维水泥平板的品种与规格，见表2－18。

表2-18 纤维水泥平板的品种与规格

<table>
<tr><th colspan="2" rowspan="2">品 种</th><th rowspan="2">主 要 材 料</th><th colspan="3">规格（mm）</th></tr>
<tr><th>长</th><th>宽</th><th>厚</th></tr>
<tr><td rowspan="2">石棉水泥平板</td><td>加压板</td><td rowspan="2">温石棉、普通水泥</td><td rowspan="3">1000~3000</td><td rowspan="3">800、900、1000、1200</td><td rowspan="3">4~25</td></tr>
<tr><td>非加压板</td></tr>
<tr><td colspan="2">石棉水泥轻板</td><td>温石棉、普通水泥、膨胀珍珠岩</td></tr>
<tr><td rowspan="2">维纶纤维增强水泥平板</td><td>A型板</td><td>高弹模维纶纤维、普通水泥</td><td rowspan="2">1800、2400、3000</td><td rowspan="2">900、1200</td><td rowspan="2">4~25</td></tr>
<tr><td>B型板</td><td>高弹模维纶纤维、普通水泥、膨胀珍珠岩</td></tr>
<tr><td rowspan="2">纤维增强低碱度水泥平板</td><td>TK板</td><td>中碱玻璃纤维、温石棉、低碱度硫铝酸盐水泥</td><td rowspan="2">1200、1800、2400、2800</td><td rowspan="2">800、900、1200</td><td rowspan="2">4、5、6</td></tr>
<tr><td>NTK板</td><td>抗碱玻璃纤维、低碱度硫铝酸盐水泥</td></tr>
<tr><td>玻璃纤维增强水泥轻质板</td><td>GRC轻板</td><td>低碱度水泥、抗碱玻璃纤维、轻质无机填充</td><td>1200~3000</td><td>800~1200</td><td>4、5、6、8</td></tr>
</table>

各类纤维水泥板均具有防水、防潮、防蛀、防霉与可加工性好等特点，而表观密度不小于1.7g/cm$^3$、吸水率不大于20%的加压板，因强度高、抗渗性和抗冻性好、干缩率低，经表面涂覆处理后可用作外墙面板。非加压板与轻板则主要用于隔墙和吊顶。

3）钢丝网架水泥夹芯板。钢丝网架水泥夹芯板是由三维空间焊接钢丝网架，内填泡沫塑料板或半硬质岩棉板构成的网架芯板，表面经施工现场喷抹水泥砂浆后形成的复合墙板。

4）双层钢网细陶粒混凝土空心隔墙板。双层钢网细陶粒混凝土空心隔墙板以细陶粒为轻质硬骨料，以快硬水泥为胶凝材料，内配置双层镀锌低碳冷拔钢丝网片，采用成组立模成型，大功率振动平台集中振动，单元式蒸养窑低温蒸汽养护而成。

双层钢网细陶粒混凝土空心隔墙板具有表面光洁平整、密实度高、抗弯强度高、质轻、不燃、耐水、吸水率低、收缩小、不变形、安装穿线方便等特点。广泛应用于住宅和公共建筑的内隔墙和分隔墙。

5）增强水泥空心板条隔墙板。增强水泥空心板条隔墙板有标准板、门框板、窗框板、门上板、窗上板、窗下板及异形板。标准板用于一般隔墙，其他的板按工程设计规定的规格进行加工。

6）石膏砌块。石膏砌块，条板质轻；高强，不龟裂，不变形；耐火极限最高可达4h；隔热能力比混凝土高5倍；单层隔声可达46dB；具有呼吸功能，对室内湿度有良好调节作用；无气味，无污染，不产生任何放射性和有害物质；易施工。

**4. 建筑砂浆**

建筑砂浆由无机胶凝材料、细骨料和水，有时也掺入某些掺合料组成。它常用于砌筑砌体（如砖、石、砌块）结构，建筑物内外表面（如墙面、地面、顶棚）的抹面，大型墙板、砖石墙的勾缝，以及装饰材料的粘结等。

建筑砂浆根据用途不同可分为砌筑砂浆、抹面砂浆。抹面砂浆包括普通抹面砂浆、装饰抹面砂浆和特种砂浆。根据胶凝材料的不同可分为水泥砂浆、石灰砂浆和混合砂浆。

（1）砌筑砂浆　砌筑砂浆指将砖、石、砌块等粘结成为砌体的砂浆。它起着传递荷载的作用，是砌体的重要组成部分。

（2）抹面砂浆　凡涂抹在建筑物或建筑构件表面的砂浆，统称为抹面砂浆。按抹面砂浆功能的不同，可将抹面砂浆分为普通抹面砂浆、装饰砂浆和具有某些特殊功能的抹面砂浆（如防水砂浆、绝热砂浆、吸声砂浆、耐酸砂浆等）。

抹面砂浆应具有良好的和易性、较高的粘结力及较高的耐水性和强度。

1）普通抹面砂浆。普通抹面砂浆是建筑工程中用量最大的抹面砂浆。其功能主要是保护墙体、地面不受风雨及有害杂质的侵蚀，提高防潮、防腐蚀、抗风化性能，增加耐久性；同时可使建筑物达到表面平整、清洁和美观的效果。

抹面砂浆一般分为两层或三层进行施工。各层砂浆要求不同，因此每层所选用的砂浆也不一样。底层砂浆起粘结基层的作用，要求砂浆应具有良好的和易性和较高的粘结力，因此底层砂浆的保水性要好，否则水分易被基层材料吸收而影响砂浆的粘结力。基层表面粗糙些有利于与砂浆的粘结。中层抹灰主要是为了找平，有时可省去不用。面层抹灰主要为了平整美观，因此应选细砂。

用于砖墙的底层抹灰，多用石灰砂浆；用于板条墙或板条顶棚的底层抹灰多用混合砂浆或石灰砂浆；混凝土墙、梁、柱、顶板等底层抹灰多用混合砂浆、麻刀石灰浆或纸筋石灰浆。

在容易碰撞或潮湿的地方，应采用水泥砂浆。如墙裙、踢脚板、地面、雨篷、窗台以及水池等处。

各种抹面砂浆的配合比，可参考表 2－19。

**表 2－19　各种抹面砂浆配合比**

| 材　　料 | 配合比（体积比） | 应 用 范 围 |
|---|---|---|
| 石灰:砂 | 1:2～1:4 | 用于砖石墙表面（檐口、勒脚、女儿墙以及潮湿房间的墙除外） |
| 石灰:黏土:砂 | 1:1:4～1:1:8 | 干燥环境的墙表面 |
| 石灰:石膏:砂 | 1:0. 4:2～1:1:3 | 用于不潮湿房间木质表面 |
| 石灰:石膏:砂 | 1:0. 6:24～1:1:3 | 用于不潮湿房间的墙及顶棚 |
| 石灰:石膏:砂 | 1:2:2～1:2:4 | 用于不潮湿房间的线脚及其他修饰工程 |
| 石灰:水泥:砂 | 1:0. 5:4. 5～1:1:5 | 用于檐口、勒脚、女儿墙外脚以及比较潮湿的部位 |
| 水泥:砂 | 1:3～1:2. 5 | 用于浴室、潮湿车间等墙裙、勒脚等或地面基层 |
| 水泥:砂 | 1:2～1:1. 5 | 用于地面、顶棚或墙面面层 |
| 水泥:砂 | 1:0. 5～1:1 | 用于混凝土地面随时压光 |
| 水泥:石膏:砂:锯末 | 1:1:3:5 | 用于吸声粉刷 |
| 水泥:白石子 | 1:2～1:1 | 用于水磨石（打底用 1:2. 5 水泥砂浆） |

2）装饰砂浆。装饰砂浆是指直接用于建筑物内外表面，以提高建筑物装饰艺术性为主要目的的抹面砂浆。装饰砂浆的底层和中层抹灰与普通抹面砂浆基本相同，主要是装饰砂浆的面层，要选用具有一定颜色的胶凝材料和骨料以及采用某种特殊的操作工艺，使表面呈现出各种不同的色彩、线条与花纹等装饰效果。

装饰砂浆所采用的胶凝材料有普通水泥、矿渣水泥、火山灰水泥和白水泥、彩色水泥，或在常用的水泥中掺加耐碱矿物颜料配成彩色水泥以及石灰、石膏等。骨料常采用大理石、花岗石等带颜色的细石渣或玻璃、陶瓷碎粒。

3）特种砂浆。

①防水砂浆：防水砂浆是一种抗渗性高的砂浆。防水砂浆层也叫刚性防水层，适用于不受振动和具有一定刚度的混凝土或砖石砌体的表面，对于变形较大或可能发生不均匀沉陷的建筑物，都不宜采用刚性防水层。

防水砂浆按其组成成分可分为多层抹面水泥砂浆（也叫五层抹面法或四层抹面法）、掺防水剂防水砂浆、膨胀水泥防水砂浆及掺聚合物防水砂浆4类。

常用的防水剂有氯化物金属盐类防水剂、水玻璃类防水剂和金属皂类防水剂等。

氯化物金属盐类防水剂主要由氯化钙、氯化铝等金属盐和水按一定比例配成的有色液体。配合比为氯化铝:氯化钙:水 =1:10:11，掺量一般为水泥质量的3% ~5%。这种防水剂在水泥凝结硬化过程中生成不透水的复盐，起促进结构密实作用，从而提高砂浆的抗渗性能。

水玻璃类防水剂是以水玻璃为基料，加入2种或4种矾的水溶液，也叫二矾或四矾防水剂，其中四矾防水剂凝结速度快，一般不超过1min。适用于防水堵漏，不能用于大面积施工。

金属皂类防水剂是由硬脂酸、氨水、氢氧化钾（或碳酸钾）和水按一定比例混合加热皂化而成的有色浆状物。这种防水剂掺入混凝土或水泥砂浆中，起堵塞毛细通道和填充微小孔隙的作用，增加砂浆的密实性，使砂浆具有防水性。但由于憎水物质属非胶凝性的，会使砂浆强度降低。故其掺量不宜过多，一般为水泥质量的3%左右。

防水砂浆的防渗效果在很大程度上取决于施工质量，所以施工时要严格控制原材料质量和配合比。防水砂浆层一般分4层或5层施工，每层约5mm厚，每层在初凝前压实一遍，最后一层要进行压光。抹完后要加强养护，防止脱水过快造成干裂。总之，刚性防水层必须保证砂浆的密实性，对施工操作要求高，否则难以获得理想的防水效果。

②保温砂浆：保温砂浆也叫绝热砂浆，是采用水泥、石灰、石膏等胶凝材料与膨胀珍珠岩或膨胀蛭石、陶砂等轻质多孔骨料按一定比例配合制成的砂浆。保温砂浆具有轻质、保温隔热、吸声等特点，可用于屋面保温层、保温墙壁以及供热管道保温层等处。

常用的保温砂浆有水泥膨胀珍珠岩砂浆、水泥膨胀蛭石砂浆、水泥石灰膨胀蛭石砂浆等。

③吸声砂浆：一般绝热砂浆是由轻质多孔骨料制成的，都具有吸声性能。另外，也可以用水泥、石膏、砂、锯末按体积比为1:1:3:5配制成吸声砂浆，或在石灰、石膏砂浆中掺入玻璃纤维、矿棉等松软纤维材料制成。吸声砂浆主要用于室内墙壁和平顶的吸声。

④耐酸砂浆：耐酸砂浆是用水玻璃（硅酸钠）与氟硅酸钠拌制而成的，有时也可掺

入石英岩、花岗岩、铸石等粉状细骨料。水玻璃硬化后具有很好的耐酸性能。耐酸砂浆多用作衬砌材料、耐酸地面和耐酸容器的内壁防护层。

**5. 混凝土**

混凝土是由胶凝材料、水、粗、细骨料按一定的比例配合、拌制为混合料，经硬化而成的人造石材。混凝土的分类见表2-20。

**表2-20 混凝土的分类**

| 序号 | 分类依据 | 内容 |
| --- | --- | --- |
| 1 | 按胶凝材料分类 | 水泥混凝土、沥青混凝土、聚合物混凝土等 |
| 2 | 按表观密度分类 | 重混凝土、普通混凝土、轻混凝土及特轻混凝土等 |
| 3 | 按用途分类 | 结构混凝土、防水混凝土、耐热混凝土、装饰混凝土等 |
| 4 | 按生产和施工方法分类 | 泵送混凝土、压力灌浆混凝土、喷射混凝土和预拌混凝土（商品混凝土）等 |
| 5 | 按抗压强度分类 | 普通混凝土、高强混凝土、超高强混凝土等 |

## 2.2.4 建筑功能材料

**1. 防水材料**

防水材料是保证房屋建筑中能够防止雨水、地下水与其他水分侵蚀渗透的重要组成部分，是建筑工程中不可缺少的建筑材料。

（1）沥青材料。沥青材料是由一些极其复杂的高分子碳氢化合物和这些碳氢化合物的非金属（氧、硫、氮）衍生物所组成的黑色或黑褐色的固体、半固体或液体的混合物。

沥青属于憎水性有机胶凝材料，其结构致密几乎完全不溶于水和不吸水，与混凝土、砂浆、木材、金属、砖、石料等材料有非常好的粘结能力；具有较好的抗腐蚀能力，能抵抗一般酸、碱、盐等的腐蚀；具有良好的电绝缘性。

1）沥青的分类。沥青根据其在自然界中获得的方式，可分为地沥青和焦油沥青两大类。

①地沥青：地沥青是天然存在的或由石油精制加工得到的沥青材料，包括天然沥青和石油沥青。天然沥青是石油在自然条件下，长时间经受地球物理因素作用而形成的产物。石油沥青是石油原油经蒸馏等工艺提炼出各种轻质油及润滑油后的残留物，再进一步加工得到的产物。

②焦油沥青：焦油沥青是利用各种有机物（烟煤、木材、页岩等）干馏加工得到的焦油，再经分馏加工提炼出各种轻质油后而得到的产品。

建筑工程中最常用的主要是石油沥青和煤沥青。

2）石油沥青的选用。选用沥青材料时，应根据工程性质（房屋、道路、防腐）及当地气候条件，所处工作环境（屋面、地下）来选择不同牌号的沥青。在满足使用要求的前提下，尽量选用较大牌号的石油沥青，以保证正常使用条件下，石油沥青有较长的使用年限。

①道路石油沥青：道路石油沥青主要在道路工程中作胶凝材料，用来与碎石等矿质材料共同配制成沥青混凝土、沥青砂浆等，沥青拌和物用于道路路面或车间地面等工程。一般情况下，道路石油沥青牌号越高，则黏性越小（即针入度越大），塑性越好（即延度越大），温度敏感性越大（即软化点越低）。

②建筑石油沥青：建筑石油沥青针入度小（黏性较大），软化点较高（耐热性较好），但延伸度较小（塑性较小），主要用作制造油纸、油毡、防水涂料和沥青嵌缝膏。他们绝大部分用于屋面及地下防水、沟槽防水防腐及管道防腐等工程。

③普通石油沥青：普通石油沥青含有害成分的蜡较多，石蜡熔点低，粘结力差，易产生流淌现象。当采用普通石油沥青粘结材料时，随时间增长，沥青中的石蜡会向胶结层表面渗透，在表面形成薄膜，使沥青粘结层的耐热性和粘结力降低。故在建筑工程中一般不宜直接使用普通石油沥青。

（2）其他防水材料。

1）橡胶型防水材料。橡胶是有机高分子化合物的一种，具有高聚物的特征与基本性质，是一种弹性体。其最主要的特性是在常温下具有显著的高弹性能，即在外力作用下能很快发生变形，变形可达百分之数百，当外力除去后，又会恢复到原来的状态，而且保持这种性质的温度区间范围很大。

橡胶在阳光、热、空气（氧和臭氧）或机械力的反复作用下，表面会出现变色、变硬、龟裂、发黏，同时机械强度降低，这种现象称为老化。为了防止老化，一般加入防老化剂，如蜡类、二苯基对苯二胺等。

橡胶包括天然橡胶和合成橡胶两类。

天然橡胶主要由橡胶树的浆汁中取得的。在橡胶树的浆汁中加入少量的醋酸、氧化锌或氟硅酸钠即行凝固，凝固体经压制后成为生橡胶，再经硫化处理则得到软质橡胶（熟橡胶）。

合成橡胶也叫人造橡胶。生产过程一般可以看作由两步组成：首先将基本原料制成单体，而后将单体经聚合、缩合作用合成为橡胶。

2）树脂型防水材料。以合成树脂为主要成分的防水材料，称为树脂型防水材料。如氯化聚乙烯防水卷材、聚氯乙烯防水卷材、聚氨酯密封膏、聚氯乙烯接缝膏等。

（3）防水卷材。防水卷材是建筑工程防水材料的重要品种之一。防水卷材的品种较多，性能各异。但无论何种防水卷材，要满足建筑防水工程的要求，均需具备以下性能：

1）耐水性。耐水性指在水的作用下和被水浸润后其性能基本不变，在压力水作用下具有不透水性，常用不透水性、吸水性等指标表示。

2）温度稳定性。温度稳定性指在高温下不流淌、不起泡、不滑动，低温下不脆裂的性能。即在一定温度变化下保持原有性能的能力。常用耐热度、耐热性等指标表示。

3）机械强度、延伸性和抗断裂性。机械强度、延伸性和抗断裂性指防水卷材承受一定荷载、应力或在一定变形的条件下不断裂的性能。常用拉力、拉伸强度和断裂伸长率等指标表示。

4）柔韧性。柔韧性指在低温条件下保持柔韧的性能。它对保证易于施工、不脆裂十分重要。常用柔度、低温弯折性等指标表示。

5）大气稳定性。大气稳定性指在阳光、热、臭氧及其他化学侵蚀介质等因素的长期综合作用下抵抗侵蚀的能力。常用耐老化性、热老化保持率等指标表示。

各类防水卷材的选用应充分考虑建筑的特点、地区环境条件、使用条件等多种因素，结合材料的特性和性能指标来选择。

（4）防水涂料。防水涂料是一种流态或半流态物质，涂布在基层表面，经溶剂或水分挥发或各组分间的化学反应，形成有一定弹性和一定厚度的连续薄膜，使基层表面与水隔绝，起到防水、防潮作用。

防水涂料固化成膜后的防水涂膜具有良好的防水性能，特别适合于各种复杂、不规则部位的防水，能形成无接缝的完整防水膜。它大多采用冷施工，不必加热熬制，既减少了环境污染，又便于施工操作。此外，涂布的防水涂料既是防水层的主体，又是胶粘剂，因而施工质量容易保证，维修也较简单。但是，防水涂料须采用刷子或刮板等逐层涂刷（刮），故防水膜的厚度较难保持均匀一致。防水涂料广泛适用于工业与民用建筑的屋面防水工程、地下室防水工程和地面防潮、防渗等。

防水涂料按液态类型可分为溶剂型、水乳型和反应型三种；按成膜物质的主要成分可分为沥青类、高聚物改性沥青类和合成高分子类。

防水涂料的品种很多，各品种之间的性能差异很大，但无论何种防水涂料，要满足防水工程的要求，必须具备如下性能：

1）固体含量指防水涂料中所含固体比例。由于涂料涂刷后其中的固体成分形成涂膜，因此固体含量多少与成膜厚度及涂膜质量密切相关。

2）耐热度指防水涂料成膜后的防水薄膜在高温下不发生软化变形、不流淌的性能。它反映防水涂膜的耐高温性能。

3）柔性指防水涂料成膜后的膜层在低温下保持柔韧的性能。它反映防水涂料在低温下的施工和使用性能。

4）不透水性指防水涂料在一定水压（静水压或动水压）和一定时间内不出现渗漏的性能；是防水涂料满足防水功能要求的主要质量指标。

5）延伸性指防水涂膜适应基层变形的能力。防水涂料成膜后必须具有一定的延伸性，以适应由于温差、干湿等因素造成的基层变形，保证防水效果。

（5）防水油膏。防水油膏是一种非定型的建筑密封材料，也叫密封膏、密封胶、密封剂，是溶剂型、乳液型、化学反应型等黏稠状的材料。防水油膏与被粘基层应具有较高的粘结强度，具备良好的水密性和气密性，良好的耐高低温性和耐老化性性能，一定的弹塑性和拉伸（压缩循环性能）。以适应屋面板和墙板的热胀冷缩、结构变形、高温不流淌、低温不脆裂的要求，保证接缝不渗漏、不透气的密封作用。

防水油膏的选用，应考虑它的粘结性能和使用部位。密封材料与被粘基层的良好粘结，是保证密封的必要条件。因此，应根据被粘基层的材质、表面状态和性质来选择粘结性良好的防水油膏；建筑物中不同部位的接缝，对防水油膏的要求不同，如室外的接缝要求较高的耐候性，而伸缩缝则要求较好的弹塑性和拉伸（压缩循环性能）。

常用的防水油膏有：沥青嵌缝油膏、塑料油膏、聚氨酯密封膏、聚硫密封膏和硅酮密封膏等。

（6）防水粉。防水粉是一种粉状的防水材料。它是利用矿物粉或其他粉料与有机憎水剂、抗老剂和其他助剂等采用机械力化学原理，使基料中的有效成分与添加剂经过表面化学反应和物理吸附作用，生成链状或网状结构的拒水膜，包裹在粉料的表面，使粉料由亲水材料变成憎水材料，达到防水效果。

防水粉主要有两种类型：一种以轻质碳酸钙为基料，通过与脂肪酸盐作用形成长链憎水膜包裹在粉料表面；另一种是以工业废渣为基料，利用其中有效成分与添加剂发生反应，生成网状结构拒水膜，包裹其表面。这两种粉末即为防水粉。

防水粉施工时是将其以一定厚度铺于屋面，利用颗粒本身的憎水性和粉体的反毛细管压力，达到防水效果，再覆盖隔离层和保护层即可组成松散型防水体系。这种防水体系具有三维自由变形的特点，不会发生其他防水材料由于变形引起本身开裂而丧失抗渗性能的现象。但必须精心施工，铺撒均匀以保证质量。

防水粉具有松散、应力分散、透气不透水、不燃、抗老化、性能稳定等特点，适用于屋面防水、地面防潮，地铁工程的防潮、抗渗等。缺点是露天风力过大时施工困难，建筑节点处理稍难，立面防水不好解决。

**2. 绝热材料**

绝热材料是指热导率低于0.175W/（m·K）的材料。在建筑与装饰工程中用于控制室内热量外流的材料称保温材料，把防止室外热量进入室内的材料称隔热材料。保温、隔热材料统称为绝热材料。绝热材料通常是轻质、疏松、多孔、纤维状的材料。

（1）分类。绝热材料一般可按材质、使用温度、形态和结构来分类。

按材质可分为有机绝热材料（如聚苯乙烯泡沫塑料、聚氯乙烯泡沫塑料、胺酯泡沫塑料等）、无机绝热材料（如石棉、玻璃纤维、泡沫玻璃混凝土、硅酸钙等）和金属绝热材料三类。

按形态又可分为多孔状绝热材料（如泡沫塑料、泡沫玻璃、泡沫橡胶、轻质耐火材料等）、纤维状绝热材料、粉末状绝热材料（如硅藻土、膨胀珍珠岩等）和层状绝热材料四种。纤维状绝热材料可按材质分为有机纤维、无机纤维、金属纤维和复合纤维等。

（2）常用绝热材料。

1）岩棉、矿渣棉及其制品。岩棉、矿渣棉及其制品是以玄武岩、辉绿岩、高炉矿渣等为主要原料，经高温熔化、成棉等工序制成的松散纤维材料。以高炉矿渣等工业废渣为主要原料制成的叫矿渣棉；以玄武岩、辉绿岩等为主要原料制成的叫岩棉，或统称为矿物棉。

岩棉制品主要有岩棉板、岩棉缝毡、岩棉保温带、岩棉管壳等，矿渣棉制品主要有粒状棉、矿棉板、矿棉缝毡、矿棉保温带、矿棉管壳等。

岩棉和矿渣棉的质量分为优等品、一等品和二等品三个等级。

岩棉和矿渣棉制品质量轻，绝热和吸声性能良好，具有耐热性、不燃性和化学稳定性，在建筑与装饰工程中应用非常广泛。

2）膨胀珍珠岩。膨胀珍珠岩为白色颗粒，内部为蜂窝状结构，具有轻质、绝热、吸声、无毒、无臭味、不燃烧等特性，既可作绝热材料，也可作吸声材料，还可作工业滤料，是一种用途相当广泛的材料。

3）膨胀蛭石。膨胀蛭石的主要特征是：体积密度为 80 ~ 900kg/m$^3$，热导率为 0.046 ~ 0.07W/（m·K），可在 1000 ~ 1100℃温度下使用，不蛀、不腐，但吸水率较大。

膨胀蛭石的用途：膨胀蛭石可以呈松散状铺设于墙壁、楼板、屋面等夹层中，作为绝热、隔声之用，使用时应注意防潮，以免吸水后影响绝热功能；膨胀蛭石也可以与水泥、水玻璃等胶凝材料配合，浇制成板，用于墙、楼板和屋面板等构件的绝热。

4）泡沫塑料。泡沫塑料是以各种树脂为基料，加入发泡剂等辅助材料，经加热发泡制成，具有质轻、绝热、吸声、防振等性能。主要品种有聚苯乙烯泡沫塑料、聚氨酯泡沫塑料等，可制成平板、管壳、珠粒等制品。

泡沫塑料具有优良的性能，价格低廉，在建筑工程中应用较多。可作复合墙板及屋面板的夹芯层，制冷设备、冷藏设备和包装的绝热材料。

**3. 防火材料**

（1）防火涂料。防火涂料能有效延长可燃材料的引燃时间，阻止非可燃结构材料表面温度升高而引起强度急剧丧失，阻止或延缓火焰的蔓延和扩展，为人们争取到灭火和疏散的宝贵时间。

防火涂料按防火原理可分为非膨胀型涂料和膨胀型涂料两种。非膨胀型防火涂料是由不燃性或难燃性合成树脂、难燃剂和防火填料组成，其涂层不易燃烧。膨胀型防火涂料是在上述配方基础上加入成碳剂、脱水成碳催化剂、发泡剂等成分制成，在高温和火焰作用下，这些成分迅速膨胀形成比原涂料厚几十倍的泡沫状碳化层，从而阻止高温对基材的传导作用，使基材表面温度降低。

防火涂料可用于钢材、木材、混凝土等材料，常用的阻燃剂有：含磷化合物和含卤素化合物等（如氯化石蜡等）。

（2）木材的防火。木材防火是指将木材经过具有阻燃性能的化学物质处理后，变成难燃的材料，以达到遇小火能自熄，遇大火能延缓或阻滞燃烧蔓延，从而赢得扑救的时间。

木材防火处理的方法有表面涂敷法和溶液浸注法两种。

1）表面涂敷法。在木材的表面涂敷防火材料，既能起到防火作用，又可有防腐蚀和装饰作用。木材防火涂料主要有溶剂型防火涂料和水乳型防火涂料。

2）溶液浸注法。包括常压浸注和加压浸注两种，加压浸注吸入阻燃剂的量及吸入深度大大高于常压浸注。浸注处理前，要求木材达到干燥，并经过初步加工成型，以免防火处理后再进行大量锯、刨等加工，造成阻燃剂的浪费。阻燃剂的常用品种有磷－氨系、硼系、卤系，还有铝、镁、锑等金属的氧化物或氢氧化物等。

（3）钢结构的防火。钢结构必须采用防火涂料进行涂饰，才能达到《建筑设计防火规范》GB 50016—2006 的要求。

根据涂层厚度及特点将钢结构防火涂料分为两类：

1）B 类。薄涂型钢结构防火涂料，涂层厚度为 2 ~ 7mm，有一定装饰效果，高温时涂层膨胀增厚耐火隔热，耐火极限可达 0.5 ~ 1.5h，也叫钢结构膨胀防火涂料。

2）H 类。厚涂型钢结构防火涂料，涂层厚度一般在 8 ~ 50mm，粒状表面，密度较小，热导率低，耐火极限可达 0.5 ~ 3h，也叫钢结构防火隔热涂料。

除钢结构防火涂料外，其他基材也有专用防火涂料品种，如木结构防火涂料、混凝土楼板防火隔热涂料等。

**4. 建筑玻璃、陶瓷及石材**

（1）建筑玻璃。

1）平板玻璃。按生产方法不同，可分为普通平板玻璃和浮法玻璃。

①普通平板玻璃：是用石英砂岩粉、硅砂、钾化石、纯碱、芒硝等原料，按一定比例配置，经熔窑高温熔融，通过垂直引上法或平拉法、压延法生产出来的透明无色的平板玻璃。普通平板玻璃按外观质量分为特选品、一等品、二等品三类。

②浮法玻璃：是用海砂、石英砂岩粉、纯碱、白云石等原料，按一定比例配制，经熔窑高温熔融，玻璃液从池窑连续流出并浮在金属液面上，摊成厚度均匀平整、经过抛光的玻璃带，冷却硬化后脱离金属液，再经退火切割而成的透明无色平板玻璃。浮法玻璃按外观质量分为优等品、一级品、合格品三类。

平板玻璃是建筑玻璃中生产量最大、使用最多的一种，主要用于门窗，具有采光、围护、保温、隔声等作用，也是进一步加工成其他技术玻璃的原片。

2）装饰平板玻璃。

①花纹玻璃：按加工方法的不同，可分为压花玻璃和喷花玻璃两种。

②磨砂玻璃：磨砂玻璃也叫毛玻璃、暗玻璃，是用机械喷砂、手工研磨或氢氟酸溶蚀等方法将普遍平板玻璃表面处理成均匀毛面。由于表面粗糙，使光线产生漫射，只有透光性而不能透视，并能使室内光线变得和缓而不刺目。常用于需要隐秘的浴室等处的窗玻璃。

③彩绘玻璃：彩绘玻璃是家居装修中采用较多的一种装饰玻璃。彩绘玻璃图案丰富，能较自如地创造出一种赏心悦目的和谐氛围。

④刻花玻璃：刻花玻璃是由平板玻璃经涂漆、雕刻、围蜡与酸蚀、研磨而成。主要用于高档厕所的室内屏风或隔断。

⑤镭射玻璃：镭射玻璃采用特种工艺处理，使一般的普通玻璃构成全息光栅或几何光栅。它在光源的照射下，会产生物理衍射的七彩光，同一感光点和面随光源入射角的变化，能让人感受到光谱分光的颜色变化。

镭射玻璃不仅能用来装饰桌面、茶几、柜橱、屏风等，还可用来装饰居室的墙、顶、角等空间。

3）安全玻璃。安全玻璃是指与普遍玻璃相比，具有力学强度高、抗冲击能力强的玻璃。主要品种有钢化玻璃、夹丝玻璃、夹层玻璃和钛化玻璃。安全玻璃被击碎时，碎片不会伤人，并具有防盗、防火的功能。按生产时所用的玻璃原片不同，安全玻璃具有一定的装饰效果。

①钢化玻璃：钢化玻璃是平板玻璃的二次加工产品，也叫强化玻璃。钢化玻璃主要用作建筑物的门窗、隔墙、幕墙和采光屋面以及电话亭、车、船、设备等门窗、观察孔等。

②夹丝玻璃：夹丝玻璃又叫防碎玻璃或钢丝玻璃。它是由压延法生产，即在玻璃熔融状态将经预热处理的钢丝或钢丝网压入玻璃中间，经退火、切割而成。夹丝玻璃表面可以是压花的或磨光的，颜色可以制成无色透明或彩色的。

夹丝玻璃安全性和防火性好。其作为防火材料，通常用于防火门窗；作为非防火材料，可用于易受到冲击的地方或者玻璃飞溅可能导致危险的地方，如振动较大的厂房、天棚、高层建筑、仓库门窗、地下采光窗等。夹丝玻璃可以切割，但当切断玻璃时，需要对裸露在外的金属丝进行防锈处理。

③夹层玻璃：夹层玻璃是在两片或多片玻璃原片之间，用PVB（聚乙烯醇丁醛）树脂胶片，经过加热、加压黏合而成的平面或曲面的复合玻璃制品。用于夹层玻璃的原片可以是普通平板玻璃、浮法玻璃、钢化玻璃、彩色玻璃、吸热玻璃或反射玻璃。

夹层玻璃的透明性好，抗冲击性能要比一般平板玻璃高好几倍，用多层普通玻璃或钢化玻璃复合起来，可制成防弹玻璃。由于PVB胶片的黏合作用，玻璃即使破碎时，碎片也不会飞扬伤人。通过采用不同的原片玻璃，夹层玻璃还可具有耐久、耐热、耐湿等性能。

夹层玻璃安全性较高，一般在建筑上用作高层建筑门窗、天窗和商店、银行、珠宝的橱窗、隔断等。

④钛化玻璃：钛化玻璃又叫永不碎铁甲箔膜玻璃，是将钛金箔膜紧贴在任意一种玻璃基材之上，使之结合成一体的新型玻璃。钛化玻璃具有高抗碎能力，高防热及防紫外线等功能。不同的基材玻璃与不同的钛金箔膜，可组合成不同色泽、不同性能、不同规格的钛化玻璃。

4）节能型装饰玻璃。常用的节能装饰玻璃有吸热玻璃、热反射玻璃和中空玻璃等。

①吸热玻璃：吸热玻璃是能吸收大量红外线辐射能，并保持较高可见光透过率的平板玻璃。吸热玻璃有灰色、茶色、蓝色、绿色、古铜色、青铜色、粉红色和金黄色等。吸热玻璃也可进一步加工制成磨光、钢化、夹层或中空玻璃。

吸热玻璃与普通平板玻璃相比有以下特点：吸收太阳辐射热；吸收太阳可见光，减弱太阳光的强度，起到反眩作用；具有一定的透明度，并能吸收一定的紫外线。

②热反射玻璃：热反射玻璃是有较高的热反射能力而又保持良好透光性的平板玻璃，它是采用热解法、真空蒸镀法、阴极溅射法等，在玻璃表面涂以金、银、铜、铝、铬、镍和铁等金属或金属氧化物薄膜，或采用电浮法等离子交换方法，以金属离子置换玻璃表层原有离子而形成热反射膜。热反射玻璃也叫镜面玻璃，有金色、茶色、灰色、紫色、褐色、青铜色和浅蓝色等。

热反射玻璃的热反射率高，常用它制成中空玻璃或夹层玻璃，以增加其绝热性能。镀金属膜的热反射玻璃还有单向透像的作用，即白天能在室内看到室外景物，而室外看不到室内的景象。

③中空玻璃：中空玻璃是在两片或多片玻璃中间，用注入干燥剂的铝框或胶条，将玻璃隔开，四周用胶接法密封，中空部分具备降低热传导系数的效果，所以中空玻璃具有节能、隔音的功能。中空玻璃主要用于需要采暖、空调、防止噪声或结露以及需要无直射阳光的建筑物上，广泛用于住宅、饭店、宾馆、办公楼、学校、医院、商店等需要室内空调的场合。

（2）建筑陶瓷。

1）陶瓷。

①陶瓷的概念：传统上，陶瓷是指以黏土及其天然矿物为原料，经过粉碎混炼、成

型、焙烧等工艺过程所制得的各种制品，也叫“普通陶瓷”。广义上，陶瓷是指用陶瓷生产方法制造的无机非金属固体材料和制品的统称。

②陶瓷的分类：陶瓷制品包括普通陶瓷（传统陶瓷）和特种陶瓷（新型陶瓷）两大类。普通陶瓷根据其用途不同又可分为日用陶瓷、建筑卫生陶瓷、化工陶瓷、化学陶瓷、电瓷及其他工业用陶瓷。特种陶瓷又可分为结构陶瓷和功能陶瓷两大类。在建筑与装饰工程中，常用的陶瓷制品有陶瓷砖、釉面砖、陶瓷墙地砖、陶瓷锦砖等。

2）陶瓷砖。

①概念：陶瓷砖是指由黏土或其他无机非金属原料经成型、煅烧等工艺处理，用于装饰与保护建筑物、构筑物墙面及地面的板状或块状的陶瓷制品，也叫陶瓷饰面砖。

②分类：陶瓷砖按使用部位不同可分为内墙砖、外墙砖、室内地砖、室外地砖、广场地砖和配件砖；按其表面是否施釉可分为有釉砖和无釉砖；按其表面形状可分为平面装饰砖和立体装饰砖。平面装饰砖是指正面为平面的陶瓷砖，立体装饰砖是指正面呈凹凸纹样的陶瓷砖。

3）釉面砖。釉面砖指吸水率大于10%小于20%的正面施釉的陶瓷砖，主要用于建筑物、构筑物内墙面，因此也叫釉面内墙砖。釉面砖采用瓷土或耐火黏土低温烧成，坯体呈白色，表面施透明釉、乳浊釉、无光釉、花釉、结晶釉等艺术装饰釉。

①分类：釉面砖按釉层色彩可分为单色、花色和图案砖。

②特点：釉面砖不仅强度较高、防潮、耐污、耐腐蚀、易清洗、变形小，具有一定的抗急冷急热性能，而且表面光亮细腻、色彩和图案丰富、风格典雅，具有很好的装饰性。主要用作厨房、浴室、厕所、盥洗室、实验室、医院、游泳池等场所的室内墙面和台面的饰面材料。

4）陶瓷墙地砖。陶瓷墙地砖具有强度高、致密坚实、耐磨、吸水率小、抗冻、耐污染、易清洗、耐腐蚀、经久耐用等特点。陶瓷墙地砖按其表面是否施釉可分为彩釉强地砖和无釉墙地砖。

①彩釉砖：彩釉砖是彩釉陶瓷墙地砖的简称，是以陶土为主要原料，配料制浆后，经半干压成型、施釉、高温焙烧制成的饰面陶瓷砖。彩釉砖的平面形状分正方形和长方形两种，厚度一般为8～12mm。

彩釉砖结构致密，抗压强度较高，易清洁，装饰效果较好，广泛应用于各类建筑物的外墙、柱的饰面和地面装饰，由于墙、地两用，也被称为彩色墙地砖。

用于不同部位的墙地砖应考虑不同的要求。用于寒冷地区时，应选用吸水率尽可能小、抗冻性能好的墙地砖。

②无釉砖：无釉砖是无釉墙地砖的简称，是以优质瓷土为主要原料的基料喷雾料加一种或数种着色喷雾料（单色细颗粒）经混匀、冲压、烧成所得的制品。这种制品再加工后分抛光和不抛光两种。无釉砖吸水率较低，常为无釉瓷质砖、无釉炻瓷砖、无釉细炻砖范畴。

无釉瓷质砖抛光砖富丽堂皇，适用于商场、宾馆、饭店、游乐场、会议厅、展览馆等的室内外地面和墙面的装饰。无釉的细炻砖、炻质砖，是专用于铺地的耐磨砖。

5）陶瓷锦砖。陶瓷锦砖俗称马赛克，是由各种颜色、多种几何形状的小块瓷片铺贴在牛皮纸上形成色彩丰富、图案繁多的装饰砖，因此也叫纸皮砖。所形成的一张张的产品，称为“联”。

陶瓷锦砖质地坚实、色泽图案多样、吸水率极小、耐酸、耐碱、耐磨、耐水、耐压、耐冲击、易清洗、防滑。陶瓷锦砖色泽美观稳定，可拼出风景、动物、花草及各种图案。

陶瓷锦砖在室内装饰中，可用于浴厕、厨房、阳台、客厅、起居室等处的地面，也可用于墙面。在工业及公共建筑装饰工程中，陶瓷锦砖也被广泛用于内墙、地面，亦可用于外墙。

（3）建筑石材。建筑石材是指具有可锯切、抛光等加工性能，在建筑物上作为饰面材料的石材，分为天然石材和人造石材两大类。天然石材是指天然大理石和花岗岩，人造石材则包括水磨石、人造大理石、人造花岗岩和其他人造石材。

1）天然石材。凡是从天然岩体中开采的，具有装饰功能并能加工成板状或块料的岩石，都叫天然装饰石材。

①天然大理石（简称大理石）：天然大理石是石灰石与白云岩在地壳中经高温高压作用下重新结晶、变质而成。纯大理石为白色，也叫汉白玉。如果在变质过程中混入其他杂质，则它结晶后呈带斑，为有花纹和色彩的层状结构。如含碳呈玫瑰色、橘红色，含铁、铜、镍则成绿色。

a. 规格。大理石分定型和不定型两类。定型板材由国家统一编号或企业自定规格或代号，主要形状有长方形、正方形。不定型板材的规格由设计部门与生产厂家共同商定。

b. 质量标准。包括力学性质指标和装饰性能指标两类，其中装饰性能是主要评价指标。大理石板材按质量指标分为一级品和二级品两个等级。

c. 特性。表观密度为 2500 ~ 2600kg/m$^3$；吸水率 < 1%；抗压强度较高（100 ~ 300MPa）；质地坚实但硬度不大，比花岗岩易于雕琢和磨光；颜色多样，斑纹多彩，装饰效果极佳；一般使用年限为 75 年至几百年。

大理石板材不宜作建筑外饰面材料。

d. 用途。大理石板材主要用于室内墙面、柱面、栏杆、楼梯踏步、花饰雕刻等，也有少部分用于室外装饰，但应作适当的处理。

②天然花岗石：花岗石板材是从火成岩中开采的典型深成岩石，经过切片，加工磨光，修边后成为不同规格的石板。它的主要结构物质是长石、石英石和少量云母，属于酸性石材。其颜色与光泽由长石、云母及暗色矿物提供，有粉红底黑点、画皮、白底黑色、灰白色、纯黑及各种花色。

a. 品种。花岗石板材的品种按产地、花纹、颜色特征确定，也可按加工方法分为：机刨板材、粗磨板材、细磨板材、磨光板材。

b. 特性。花岗石板材的表观密度为 2300 ~ 2800kg/m$^3$，抗压强度高为 120 ~ 300MPa，空隙率小为 0.19% ~ 0.36%，吸水率低为 0.1% ~ 0.3%，传热快，其颜色以深色斑点为主，与其他颜色相混可使外观稳重大方，质地坚硬，耐磨、耐酸、耐冻，使用年限长。但花岗石不耐火。

c. 用途。花岗岩适用于除天花板以外的所有部件的装饰，是一种高级装饰材料。

2）人造石材。人造装饰石材是天然大理石、花岗石碎块、石屑、石粉作为填充材料，由不饱和聚酯或水泥为黏结剂，经搅拌成型、研磨、抛光等工艺制成与天然大理石、花岗石相似的材料。

人造装饰板材重量轻，强度高，厚度薄；花纹图案可由设计控制决定；有较好的加工性，能制成弧形、曲面；耐腐蚀、抗污染性较强；能仿天然大理石、花岗石、玉石及玛瑙石等，是理想的饰面石材。

①人造大理石：人造大理石按生产所用材料不同可分为水泥型人造大理石、树脂型人造大理石、复合型人造大理石、烧结人造大理石。

人造大理石的性能：

a. 装饰性。人造大理石表面光泽度高、花色可模仿天然大理石和花岗岩，色泽美观，装饰效果好。

b. 物理性能。人造大理石的物理性能基本能达到天然大理石的要求。

c. 表面抗污性能。人造大理石对醋、酱油、食油、鞋油、机油、口红、红汞、红蓝墨水均不着色或轻微着色，可用碘酒拭去。

d. 耐久性。分耐骤冷骤热试验，烘烤情况和可加工性必须合格。

②预制水磨石板：预制水磨石板是以普通混凝土为底层、以添加颜料的白水泥或彩色水泥与各种大理石粉末拌制的混凝土为面层，经过成型、养护、研磨抛光上蜡等工序制成的。

预制水磨石板的规格除按设计要求进行特殊加工外，主要形状有正方形、长方形、六边形等，厚度为 20～28mm（内配粗铁线筋）。

## 2.3 建筑结构基本知识

### 2.3.1 建筑结构的基本概念

建筑是供人们生产、生活和进行其他活动的房屋或场所。各种建筑都离不开梁、板、墙、柱和基础等构件，它们相互连接形成建筑的骨架。建筑中由若干构件连接而成的能承受作用的平面或空间体系称为建筑结构，简称结构。

**1. 建筑结构的组成**

建筑结构由水平构件（板、梁）、竖向构件（墙、柱）和基础三大部分组成。这些组成构件由于位置不同，承受荷载状况不同，作用也各不相同。

**2. 建筑结构的分类**

（1）按所用材料分类。按照承重结构所用的材料不同，建筑结构可分为混凝土结构、砌体结构、钢结构和木结构。

（2）按承重结构类型分类。按照组成建筑主体结构的形式和受力体系不同，建筑结构可分为砖混结构、排架结构、框架结构、剪力墙结构、框架—剪力墙结构以及筒体结构等。

（3）其他分类方法。

1）按使用功能分：建筑结构，如住宅、公共建筑等；特种结构，如烟囱、水塔和挡土墙等；地下结构，如隧道、人防工事和地下建筑等。

2）按照建筑物的外形特点，可以分为单层结构、多层结构、高层结构、大跨结构和高耸结构（如电视塔）。

3）按照建筑结构的施工方法，可分为现浇结构、预制装配式结构、预制与现浇相结合的装配整体式结构和预应力混凝土结构等。

## 2.3.2 混凝土结构

以混凝土为主制成的结构称混凝土结构，包括素混凝土结构、钢筋混凝土结构和预应力混凝土结构等。

**1. 钢筋混凝土材料的力学性能**

（1）钢筋的性能及要求。

1）钢筋的类型。

①按加工方法不同分类：分为热轧钢筋、热处理钢筋、冷加工钢筋、钢丝和钢绞线等。其中，热轧钢筋按其强度不同分为 HPB300、HRB335、HRB400 和 HRB500 四个等级。

②按化学成分不同分类：分为碳素钢筋和普通低合金钢筋。

③按有无屈服点分类：分为有屈服点的钢筋（软钢，如热轧钢筋和冷拉钢筋）和无屈服点的钢筋（如钢丝和热处理钢筋）。

④按外形不同分类：分为光圆钢筋和变形钢筋。

2）混凝土结构对钢筋的要求。强度高；塑性好；可焊性好；与混凝土之间具有良好的粘结力。

3）钢筋的选用。混凝土结构的钢筋应按下列规定选用：

①纵向受力普通钢筋宜采用 HRB400、HRB500、HRBF400、HRBF500 钢筋，也可采用 HPB300、HRB335、HRBF335、RRB400 钢筋。

②梁、柱纵向受力普通钢筋应采用 HRB400、HRB500、HRBF400、HRBF500 钢筋。

③箍筋宜采用 HRB400、HRBF400、HPB300、HRB500、HRBF500 钢筋，也可采用 HRB335、HRBF335 钢筋。

④预虚力筋宜采用预应力钢丝、钢绞线和预应力螺纹钢筋。

（2）混凝土的力学性能。

1）混凝土的强度。混凝土的强度指标有立方体抗压强度$f_{cu}$、轴心抗压强度$f_c$、轴心抗拉强度$f_t$。混凝土强度等级应按立方体抗压强度标准值确定。立方体抗压强度标准值系指按标准方法制作、养护的边长为 150mm 的立方体试件，在 28d 或设计规定龄期以标准试验方法测得的具有 95% 保证率的抗压强度值。

《混凝土结构设计规范》GB 50010—2010 规定的混凝土强度等级有 C15、C20、C25、C30、C35、C40、C45、C50、C55、C60、C65、C70、C75 和 C80，共 14 个等级。

2）混凝土的变形。混凝土的变形分为两类，一类称为混凝土的受力变形，包括一次短期加荷的变形，荷载长期作用下的变形等；另一类称为混凝土的包括混凝土由于收缩、膨胀和温度变化产生的变形等。

3）混凝土的选用。素混凝土结构的混凝土强度等级不应低于 C15；钢筋混凝土结构的混凝土强度等级不应低于 C20；采用强度等级 400MPa 及以上的钢筋时，混凝土强度等级不应低于 C25。

预应力混凝土结构的混凝土强度等级不宜低于 C40，且不应低于 C30。

承受重复荷载的钢筋混凝土构件，混凝土强度等级不应低于 C30。

（3）钢筋与混凝土之间的粘结　钢筋和混凝土是两种性质不同的材料，其所以能有效地共同工作，主要是由于：两者之间具有良好的粘结力；两者的温度线膨胀系数接近；混凝土对钢筋起保护作用。

**2. 钢筋混凝土受弯构件的构造**

受弯构件是承受弯矩和剪力作用的构件。建筑物中大量的梁、板都是典型的受弯构件。受弯构件的破坏有两种可能：一种是由弯矩作用引起的破坏，破坏截面与构件的纵轴线垂直，称为正截面破坏；另一种是由弯矩和剪力共同作用而引起的破坏，破坏截面是倾斜的，称为斜截面破坏。为了保证受弯构件不发生正截面破坏，构件必须要有足够的截面尺寸及配置一定数量的纵向受力钢筋；为了保证受弯构件不发生斜截面破坏，构件必须有足够的截面尺寸及配置一定数量的箍筋和弯起钢筋。

设计受弯构件时，需要进行正截面受弯承载力计算、斜截面受剪承载力计算、构件变形和裂缝宽度的验算，并满足各种构造要求。

（1）梁的一般构造要求。

1）梁的截面形式和尺寸。梁的截面形式有矩形、T 形、工字形、L 形、倒 T 形及花篮形。

梁的截面宽度 $b$ 一般可根据梁的高度 $h$ 来确定。一般矩形截面，$h/b=2\sim3$，T 形截面，$h/b=2.5\sim4$。

为了统一模板尺寸便于施工，梁的截面尺寸一般取为：

梁高 $h$ = 250mm，300mm，…，800mm，以 50mm 的模数递增，800mm 以上则以 100mm 的模数递增。

梁宽 $b$ = 120mm，150mm，180mm，200mm，220mm，250mm，以后以 50mm 的模数递增。

2）梁的支撑长度。梁在砖墙或砖柱上的支撑长度 $a$，应满足梁内受力钢筋在支座处的锚固要求，并满足支座处砌体局部抗压承载力的要求。当梁高 $h\leqslant500$mm 时，$a\geqslant180\sim240$mm；当梁高 $h>500$mm 时，$a\geqslant370$mm。当梁支撑在钢筋混凝土梁（柱）上时，其支撑长度 $a\geqslant180$mm。

3）梁的钢筋。一般钢筋混凝土梁中，通常配有纵向受力钢筋、箍筋、弯起钢筋及架立钢筋。当梁的腹板高度 $h_w\geqslant450$mm 时，还应设置梁侧构造钢筋。

①纵向受力钢筋：纵向受为钢筋的作用主要是用来承受由弯矩在梁内产生的拉力，所以，这种钢筋应放置在梁的受拉一侧。

纵向受力钢筋的直径：当梁高 $h\geqslant300$mm 时，不应小于 10mm；当梁高 $h<300$mm 时，不应小于 8mm。通常采用 12～25mm，一般不宜大于 28mm。同一构件中钢筋直径的种类宜少，两种不同直径的钢筋，其直径相差不宜小于 2mm，以便于肉眼识别其大小，避免

施工时发生差错。

梁下部纵向受力钢筋的净距不得小于25mm和$d$；上部纵向受力钢筋的净距不得小于30mm和$1.5d$；各排钢筋之间的净距不应小于25mm和$d$（$d$为钢筋的最大直径）。

梁内纵向受力钢筋的根数，一般不应少于两根，只有当梁宽小于100mm时，可取一根$h$；当钢筋根数较多必须排成两排时，上下排钢筋应当对齐，以利于浇注和捣实混凝土。

②架立钢筋：架立钢筋的作用是固定箍筋的正确位置和形成钢筋骨架，还可以承受由于混凝土收缩及温度变化产生的拉力。布置在梁的受压区外缘两侧，平行于纵向受拉钢筋，如在受压区有受压纵向钢筋时，受压钢筋可兼作架立钢筋。

架立钢筋的直径：当梁的跨度小于4m时，不宜小于8mm；当梁的跨度等于4～6m时，不宜小于10mm；当梁的跨度大于6m时，不宜小于12mm。

③箍筋：混凝土梁宜采用箍筋作为承受剪力的钢筋。梁中箍筋的配置应符合下列规定：

a．按承载力计算不需要箍筋的梁，当截面高度大于300mm时，应沿梁全长设置构造箍筋；当截面高度$h=150\sim300$mm时，可仅在构件端部$l_0/4$范围内设置构造箍筋，$l_0$为跨度。但当在构件中部$l_0/2$范围内有集中荷载作用时，则应沿梁全长设置箍筋。当截面高度小于150mm时，可以不设置箍筋。

b．截面高度大于800mm的梁，箍筋直径不宜小于8mm；对截面高度不大于800mm的梁，不宜小于6mm。梁中配有计算需要的纵向受压钢筋时，箍筋直径尚不应小于$d/4$，$d$为受压钢筋最大直径。

c．梁中箍筋的最大间距$V$应符合表2－21的规定。

**表2－21　梁中箍筋的最大间距（mm）**

| 梁高$h$ | $V>0.7f_tbh_0+0.05N_{p0}$ | $V\leqslant0.7f_tbh_0+0.05N_{p0}$ |
|---|---|---|
| $150<h\leqslant300$ | 150 | 200 |
| $300<h\leqslant500$ | 200 | 300 |
| $500<h\leqslant800$ | 250 | 350 |
| $h>800$ | 300 | 400 |

d．当梁中配有按计算需要的纵向受压钢筋时，箍筋应符合以下规定：

- 箍筋应做成封闭式，且弯钩直线段长度不应小于$5d$，$d$为箍筋直径。
- 箍筋的间距不应大于$15d$，并不应大于400mm。当一层内的纵向受压钢筋多于5根且直径大于18mm时，箍筋间距不应大于$10d$，$d$为纵向受压钢筋的最小直径。
- 当梁的宽度大于400mm且一层内的纵向受压钢筋多于3根时，或当梁的宽度不大于400mm但一层内的纵向受压钢筋多于4根时，应设置复合箍筋。

④弯起钢筋：在采用绑扎骨架的钢筋混凝土梁中，承受剪力的钢筋应优先采用箍筋。当采用弯起钢筋时，弯起角宜取45°或60°；在弯终点外应留有平行于梁轴线方向的锚固长度，且在受拉区不应小于$20d$，在受压区不应小于$10d$，$d$为弯起钢筋的直径；梁底层钢筋中的角部钢筋不应弯起，顶层钢筋中的角部钢筋不应弯下。

⑤梁侧构造钢筋：梁侧构造钢筋的作用是为了避免温度变化、混凝土收缩在梁中部可能引起的拉力使混凝土产生裂缝。

当梁的腹板高度 $h_w$≥450mm 时，在梁的两个侧面应沿高度配置纵向构造钢筋，每侧纵向构造钢筋（不包括梁上、下部受力钢筋及架立钢筋）的截面面积不应小于腹板截面面积 $bh_w$的 0.1%，且其间距不宜大于 200mm。梁侧构造钢筋应用拉筋联系，拉筋直径与箍筋相同，间距常取箍筋间距的两倍。

（2）板的一般构造要求。

1）板的厚度。现浇混凝土板的尺寸宜符合下列规定：

板的跨厚比：钢筋混凝土单向板不大于 30，双向板不大于 40；无梁支撑的有柱帽板不大于 35，无梁支撑的无柱帽板不大于 30，预应力板可适当增加；当板的荷载、跨度较大时宜适当减小。

现浇钢筋混凝土板的厚度不应小于表 2－22 规定的数值。

**表 2－22 现浇钢筋混凝土板的最小厚度**

| 板的类型 | | 厚度（mm） |
|---|---|---|
| 单向板 | 屋面板 | 60 |
| | 民用建筑楼板 | 60 |
| | 工业建筑楼板 | 70 |
| | 行车道下的楼板 | 80 |
| 双向板 | | 80 |
| 密肋楼盖 | 面板 | 50 |
| | 肋高 | 250 |
| 悬臂版（根部） | 悬臂长度不大于 500mm | 60 |
| | 悬臂长度 1200mm | 100 |
| 无梁楼盖 | | 150 |
| 现浇空心楼盖 | | 200 |

2）板的支撑长度。现浇板在砖墙上的支撑长度一般不小于板厚及 120mm，且应满足受力钢筋在支座内的锚固长度要求。预制板的支撑长度，在墙上不宜小于 100mm；在钢筋混凝土梁上不宜小于 80mm；在钢屋架或钢梁上不宜小于 60mm。

3）板的钢筋。单向板中通常布置两种钢筋，即受力钢筋和分布钢筋。受力钢筋沿板的跨度方向在受拉区布置；分布钢筋在受力钢筋的内侧与受力钢筋垂直布置。

板中受力钢筋的间距，当板厚不大于 150mm 时不宜大于 200mm；当板厚大于 150mm 时不宜大于板厚的 1.5 倍，且不宜大于 250mm。

**3. 钢筋混凝土受压构件的构造**

（1）材料强度等级。为了充分发挥混凝土材料的抗压性能，减小构件的截面尺寸，节约钢材，宜采用强度等级较高的混凝土，一般采用 C25、C30、C35 和 C40。必要时可采用强度等级更高的混凝土。

由于受到混凝土受压最大应变的限制，高强度钢筋不能充分发挥作用，因此不宜采用高强度钢筋。纵向钢筋一般采用 HRB335 级、HRB400 级和 RRB400 级。箍筋一般采用 HPB300 级、HRB335 级，也可采用 HRB400 级钢筋。

（2）截面形式及尺寸。为了方便施工，轴心受压构件截面一般为正方形或圆形，偏心受压构件截面可采用矩形。当截面长边超过 600～800mm 时，为节省混凝土及减轻自重，也常采用 T 字形截面。

对于方形和矩形截面柱，其截面尺寸不宜小于 250mm×250mm。为避免长细比过大，常取 $h \geqslant l_0/25$ 和 $b \geqslant l_0/30$，此处 $l_0$为柱的计算长度，$h$ 和 $b$ 分别为截面的长短边边长，偏心受压柱长短边比值一般为 1.5～3。对工字形截面柱翼缘厚度不宜小于 120mm，腹板厚度不宜小于 100mm。此外，为了施工支模方便，当 $h \leqslant 800$mm 时，截面尺寸以 50 为模数；当 $h>800$mm 时，以 100mm 为模数。

（3）纵向钢筋。柱内纵向钢筋，除了与混凝土共同受力，提高柱的抗压承载力外，还可改善混凝土破坏的脆性性质，减小混凝土徐变，承受混凝土收缩和温度变化引起的拉力。

轴心受压柱的纵向钢筋应沿截面周边均匀、对称布置；偏心受压柱则在和弯矩作用方向垂直的两个侧边布置。为了增加骨架的刚度，减少箍筋的用量，最好选用直径较粗的纵向钢筋，通常直径采用 12～32mm。同时矩形截面柱根数不应少于 4 根，圆形截面柱不应少于 6 根（以不少于 8 根为宜）。

纵向受力钢筋直径不宜小于 12mm；全部纵向钢筋的配筋率不宜大于 5%。

柱中纵向钢筋的净间距不应小于 50mm，且不宜大于 300mm。

偏心受压柱的截面高度不小于 600mm 时，在柱的侧面上应设置直径不小于 10mm 的纵向构造钢筋，并相应设置复合箍筋或拉筋。

圆柱中纵向钢筋不宜少于 8 根，不应少于 6 根，且宜沿周边均匀布置。

在偏心受压柱中，垂直于弯矩作用平面的侧面上的纵向受力钢筋以及轴心受压柱中各边的纵向受力钢筋，其中距不宜大于 300mm。

对于水平浇筑的预制柱，纵向钢筋的最小净间距可按《混凝土结构设计规范》GB 50010—2010 有关于梁的相关规定取用。

（4）箍筋　箍筋不但可以保证纵向钢筋位置的正确，防止纵向钢筋压曲，而且对混凝土受压后的侧向膨胀起约束作用，偏心受压柱中剪力较大时还可以起到抗剪作用。因此，柱及其他受压构件中的箍筋应做成封闭式。

柱内箍筋间距不应大于 400mm 及构件截面的短边尺寸，同时不应大于 $15d$（$d$ 为纵向钢筋的最小直径）。此外，柱内纵向钢筋搭接范围内箍筋间距当为受拉时不应大于 $5d$，且不应大于 100mm；当为受压时不应大于 $10d$，且不应大于 200mm。

柱内箍筋直径不应小于 $d/4$，且不应小于 6mm（$d$ 为纵向钢筋的最大直径）。

当柱中全部纵向钢筋的配筋率超过 3% 时，箍筋直径不宜小于 8mm，间距不应大于纵向钢筋最小直径的 10 倍，且不应大于 200mm。箍筋可焊成封闭环式，或在箍筋末端做成不小于 135°的弯钩，弯钩末端平直段长度不应小于 10 倍箍筋直径。

当柱截面短边尺寸大于 400mm，且各边纵向钢筋多于 3 根时，或当柱截面短边未超过400mm，但各边纵向钢筋多于4根时，应设置复合箍筋。

在配有螺旋式或焊接环式间接钢筋的柱中，如计算中考虑间接钢筋的作用，则间接钢筋的间距不应大于80mm及$d_{cor}/5$（$d_{cor}$按间接钢筋内表面确定的核心截面直径），且不应小于40mm。间接钢筋的直径要求同普通箍筋。

**4. 钢筋混凝土结构的构造规定**

（1）伸缩缝。钢筋混凝土结构伸缩缝的最大间距可按表2－23确定。

**表2－23　钢筋混凝土结构伸缩缝最大间距（m）**

| 结构类别 | | 室内或土中 | 露天 |
|---|---|---|---|
| 排架结构 | 装配式 | 100 | 70 |
| 框架结构 | 装配式 | 75 | 50 |
| | 现浇式 | 55 | 35 |
| 剪力墙结构 | 装配式 | 65 | 40 |
| | 现浇式 | 45 | 30 |
| 挡土墙、底下是墙壁等类构件 | 装配式 | 40 | 30 |
| | 现浇式 | 30 | 20 |

注：1. 装配整体式结构的伸缩缝间距，可根据结构的具体情况取表中装配式结构与现浇式结构之间的数值。
2. 框架－剪力墙结构或框架－核心筒结构房屋的伸缩缝间距，可根据结构的具体情况取表中框架结构与剪力墙结构之间的数值。
3. 当屋面无保温或隔热措施时，框架结构、剪力墙结构的伸缩缝间距宜按表中露天栏的数值取用。
4. 现浇挑檐、雨罩等外露结构的局部伸缩缝间距不宜大于12m。

1）对下列情况，表2－23中的伸缩缝最大间距宜适当减小：

①柱高（从基础顶面算起）低于8m的排架结构。

②屋面无保温、隔热措施的排架结构。

③位于气候干燥地区、夏季炎热且暴雨频繁地区的结构或经常处于高温作用下的结构。

④采用滑模类工艺施工的各类墙体结构。

⑤混凝土材料收缩较大，施工期外露时间较长的结构。

2）如有充分依据对下列情况，表2－23中的伸缩缝最大间距可适当增大：

①采取减小混凝土收缩或温度变化的措施。

②采用专门的预加应力或增配构造钢筋的措施。

③采用低收缩混凝土材料，采取跳仓浇筑、后浇带、控制缝等施工方法，并加强施工养护。

当伸缩缝间距增大较多时，尚应考虑温度变化和混凝土收缩对结构的影响。

（2）钢筋的锚固。当计算中充分利用钢筋的抗拉强度时，受拉钢筋的锚固应符合下列要求：

1）基本锚固长度应按下列公式计算。

①普通钢筋：

$$l_{ab} = \alpha \frac{f_y}{f_t} d \qquad (2-14)$$

②预应力筋：

$$l_{ab} = \alpha \frac{f_{py}}{f_t} d \qquad (2-15)$$

式中：$l_{ab}$——受拉钢筋的基本锚固长度；

$f_y$、$f_{py}$——普通钢筋、预应力钢筋的抗拉强度设计值；

$f_t$——混凝土轴心抗拉强度设计值，当混凝土强度等级高于 C60 时，按 C60 考虑；

$d$——锚固钢筋的直径；

$a$——锚固钢筋的外形系数，按表 2－24 取用。

**表 2－24　锚固钢筋的外形系数 $\alpha$**

| 钢筋类型 | 光圆钢筋 | 带肋钢筋 | 螺旋肋钢丝 | 三股钢绞线 | 七股钢绞线 |
|---|---|---|---|---|---|
| $\alpha$ | 0.16 | 0.14 | 0.13 | 0.16 | 0.17 |

注：光圆钢筋末端应做 180°弯钩，弯后平直段长度不应小于 $3d$，但作受压钢筋时可不做弯钩。

2）受拉钢筋的锚固长度应根据锚固条件按下列公式计算，且不应小于 200mm。

$$l_a = \zeta_a l_{ab} \qquad (2-16)$$

式中：$l_a$——受拉钢筋的锚固长度；

$l_{ab}$——受拉钢筋的基本锚固长度；

$\zeta_a$——锚固长度修正系数，对普通钢筋按照《混凝土结构设计规范》GB 50010—2010 相关规定取用，当多于一项时，可按连乘计算，但不应小于 0.6；对预应力筋，可取 1.0。

梁柱节点中纵向受拉钢筋的锚固要求应按《混凝土结构设计规范》GB 50010—2010 相关规定执行。

3）当锚固钢筋的保护层厚度不大于 $5d$ 时，锚固长度范围内应配置横向构造钢筋，其直径不应小于 $d/4$；对梁、柱、斜撑等构件间距不应大于 $5d$，对板、墙等平面构件间距不应大于 $10d$，且均不应大于 100mm，此处 $d$ 为锚固钢筋的直径。

纵向受拉普通钢筋的锚固长度修正系数应按下列规定取用：

①当带肋钢筋的公称直径大于 25mm 时取 1.10。

②环氧树脂涂层带肋钢筋取 1.25。

③施工过程中易受扰动的钢筋取 1.10。

④当纵向受力钢筋的实际配筋面积大于其设计计算面积时，修正系数取设计计算面积与实际配筋面积的比值，但对有抗震设防要求及直接承受动力荷载的结构构件，不应考虑此项修正。

⑤锚固钢筋的保护层厚度为 $3d$ 时修正系数可取 0.80，保护层厚度为 $5d$ 时修正系数可取 0.70，中间按内插取值，此处 $d$ 为锚固钢筋的直径。

当纵向受拉普通钢筋末端采用弯钩或机械锚固措施时，包括弯钩或锚固端头在内的锚固长度（投影长度）可取为基本锚固长度 $l_{ab}$ 的 60% 弯钩和机械锚固的形式（图 2－45）和技术要求应符合表 2－25 的规定。

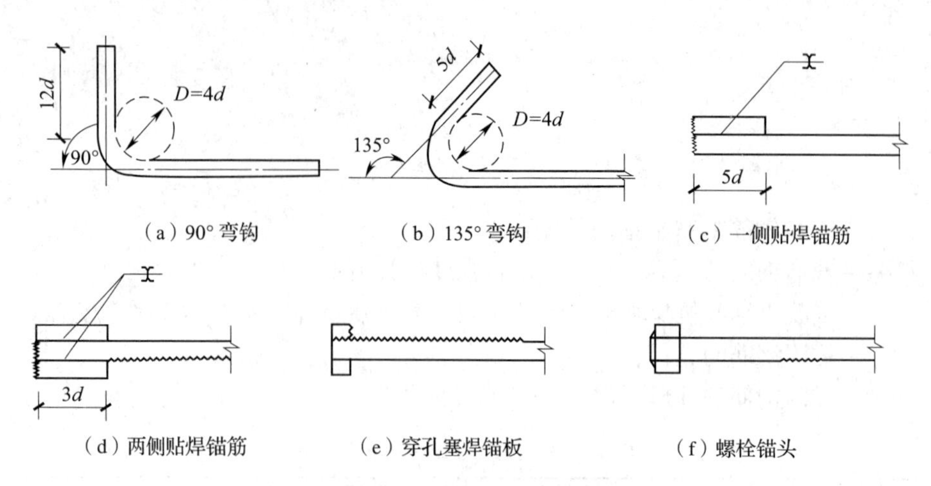


（a）90° 弯钩　（b）135° 弯钩　（c）一侧贴焊锚筋

（d）两侧贴焊锚筋　（e）穿孔塞焊锚板　（f）螺栓锚头

**图 2-45　弯钩和机械锚固的形式及技术要求**

**表 2-25　钢筋弯钩和机械锚固的形式和技术要求**

| 锚 固 形 式 | 技 术 要 求 |
|---|---|
| 90°弯钩 | 末端 90°弯钩，弯钩内径 4$d$，弯后直段长度 12$d$ |
| 135°弯钩 | 末端 135°弯钩，弯钩内径 4$d$，弯后直段长度 12$d$ |
| 一侧贴焊锚筋 | 末端一侧贴焊长 5$d$ 同直径钢筋 |
| 两侧贴焊锚筋 | 末端两侧贴焊长 3$d$ 同直径钢筋 |
| 焊端锚板 | 末端与厚度 $d$ 的锚板穿孔塞焊 |
| 螺栓锚头 | 末端旋入螺栓锚头 |

注：1. 焊缝和螺纹长度应满足承载力要求。
2. 螺栓锚头和焊接锚板的承压净面积不应小于锚固钢筋截面积的 4 倍。
3. 螺栓锚头的规格应符合相关标准的规定。
4. 螺栓锚头和焊接锚板的钢筋净间距不宜小于 4$d$，否则应考虑群锚效应的不利影响。
5. 截面角部的弯钩和一侧贴焊锚筋的布筋方向宜向截面内侧偏置。

混凝土结构中的纵向受压钢筋，当计算中充分利用其抗压强度时，锚固长度不应小于相应受拉锚固长度的 70%。

受压钢筋不应采用末端弯钩和一侧贴焊锚筋的锚固措施。

受压钢筋锚固长度范围内的横向构造钢筋应符合《混凝土结构设计规范》GB 50010—2010 的相关规定。

承受动力荷载的预制构件，应将纵向受力普通钢筋末端焊接在钢板或角钢上，钢板或角钢应可靠地锚固在混凝土中。钢板或角钢的尺寸应按计算确定，其厚度不宜小于 10mm。

其他构件中受力普通钢筋的末端也可通过焊接钢板或型钢实现锚固。

（3）钢筋的连接。

1）钢筋连接可采用绑扎搭接、机械连接或焊接。机械连接接头及焊接接头的类型及质量应符合国家现行有关标准的规定。

混凝土结构中受力钢筋的连接接头宜设置在受力较小处。在同一根受力钢筋上宜少设接头。在结构的重要构件和关键传力部位，纵向受力钢筋不宜设置连接接头。

2）轴心受拉及小偏心受拉杆件的纵向受力钢筋不得采用绑扎搭接；其他构件中的钢筋采用绑扎搭接时，受拉钢筋直径不宜大于 25mm，受压钢筋直径不宜大于 28mm。

3）同一构件中相邻纵向受力钢筋的绑扎搭接接头宜互相错开。钢筋绑扎搭接接头连接区段的长度为 1.3 倍搭接长度，凡搭接接头中点位于该连接区段长度内的搭接接头均属于同一连接区段。同一连接区段内纵向受力钢筋搭接接头面积百分率为该区段内有搭接接头的纵向受力钢筋与全部纵向受力钢筋截面面积的比值。当直径不同的钢筋搭接时，按直径较小的钢筋计算。

位于同一连接区段内的受拉钢筋搭接接头面积百分率：对梁类、板类及墙类构件，不宜大于 25%；对柱类构件，不宜大于 50%。当工程中确有必要增大受拉钢筋搭接接头面积百分率时，对梁类构件，不宜大于 50%；对板、墙、柱及预制构件的拼接处，可根据实际情况放宽。

并筋采用绑扎搭接连接时，应按每根单筋错开搭接的方式连接。接头面积百分率应按同一连接区段内所有的单根钢筋计算。并筋中钢筋的搭接长度应按单筋分别计算。

4）纵向受拉钢筋绑扎搭接接头的搭接长度，应根据位于同一连接区段内的钢筋搭接接头面积百分率按下列公式计算，且不应小于 300mm。

$$l_l = \zeta_l l_a \tag{2-17}$$

式中：$l_l$——纵向受拉钢筋的搭接长度；

$l_a$——受拉钢筋的锚固长度；

$\zeta_l$——纵向受拉钢筋搭接长度修正系数，按表 2－26 取用。当纵向搭接钢筋接头面积百分率为表的中间值时，修正系数可按内插取值。

**表 2－26 纵向受拉钢筋搭接长度修正系数**

| 纵向搭接钢筋接头面积百分率（%） | ≤25 | 50 | 100 |
|---|---|---|---|
| $\zeta_l$ | 1.2 | 1.4 | 1.6 |

5）构件中的纵向受压钢筋当采用搭接连接时，其受压搭接长度不应小于第 4）条纵向受拉钢筋搭接长度的 70%，且不应小于 200mm。

6）在梁、柱类构件的纵向受力钢筋搭接长度范围内的横向构造钢筋应符合《混凝土结构设计规范》GB 50010—2010 的相关要求；当受压钢筋直径大于 25mm 时，尚应在搭接接头两个端面外 100mm 的范围内各设置两道箍筋。

7）纵向受力钢筋的机械连接接头宜相互错开。钢筋机械连接区段的长度为 35$d$，$d$ 为连接钢筋的较小直径。凡接头中点位于该连接区段长度内的机械连接接头均属于同一连接区段。

位于同一连接区段内的纵向受拉钢筋接头面积百分率不宜大于 50%；但对板、墙、柱及预制构件的拼接处，可根据实际情况放宽。纵向受压钢筋的接头百分率可不受限制。

机械连接套筒的保护层厚度宜满足有关钢筋最小保护层厚度的规定。机械连接套筒的横向净间距不宜小于25mm；套筒处箍筋的间距仍应满足相应的构造要求。

直接承受动力荷载结构构件中的机械连接接头，除应满足设计要求的抗疲劳性能外，位于同一连接区段内的纵向受力钢筋接头面积百分率不应大于50%。

8）细晶粒热轧带肋钢筋以及直径大于28mm的带肋钢筋，其焊接应经试验确定；余热处理钢筋不宜焊接。

纵向受力钢筋的焊接接头应相互错开。钢筋焊接接头连接区段的长度为35$d$且不小于500mm，$d$为连接钢筋的较小直径，凡接头中点位于该连接区段长度内的焊接接头均属于同一连接区段。

纵向受拉钢筋的接头面积百分率不宜大于50%，但对预制构件的拼接处，可根据实际情况放宽。纵向受压钢筋的接头百分率可不受限制。

9）需进行疲劳验算的构件，其纵向受拉钢筋不得采用绑扎搭接接头，也不宜采用焊接接头，除端部锚固外不得在钢筋上焊有附件。

当直接承受吊车荷载的钢筋混凝土吊车梁、屋面梁及屋架下弦的纵向受拉钢筋采用焊接接头时，应符合下列规定：

①应采用闪光接触对焊，并去掉接头的毛刺及卷边。

②同一连接区段内纵向受拉钢筋焊接接头面积百分率不应大于25%，焊接接头连接区段的长度应取为45$d$，$d$为纵向受力钢筋的较大直径。

③疲劳验算时，焊接接头应符合《混凝土结构设计规范》GB 50010—2010疲劳应力幅限值的规定。

（4）纵向受力钢筋的最小配筋率。

1）钢筋混凝土结构构件中纵向受力钢筋的配筋百分率$\rho_{min}$不应小于表2－27规定的数值。

**表2－27 纵向受力钢筋的最小配筋百分率$\rho_{min}$（%）**

| 受力类型 | | | 最小配筋百分率 |
| --- | --- | --- | --- |
| 受压构件 | 全部纵向钢筋 | 强度等级500MPa | 0.50 |
| | | 强度等级400MPa | 0.55 |
| | 强度等级300MPa、335MPa | | 0.60 |
| | 一侧纵向钢筋 | | 0.20 |
| 受弯构件、偏心受拉、轴心受拉构件一侧的受拉钢筋 | | | 0.20和$45f_t/f_y$中的较大值 |

注：1. 受压构件全部纵向钢筋最小配筋百分率，当采用C60以上强度等级的混凝土时，应按表中增加0.10。

2. 板类受弯构件（不包括悬臂板）的受拉钢筋，当采用强度等级400MPa、500MPa的钢筋时，其最小配筋百分率应允许采用0.15和$45f_t/f_y$中的较大值。

3. 偏心受拉构件中的受压钢筋，应按受压构件一侧纵向钢筋考虑。

4. 受压构件的全部纵向钢筋和一侧纵向钢筋的配筋率以及轴心受拉构件和小偏心受拉构件一侧受拉钢筋的配筋率均应按构件的全截面面积计算。

5. 受弯构件、大偏心受拉构件一侧受拉钢筋的配筋率应按全截面面积扣除受压翼缘面积$(b_f-b)h_f$后的截面面积计算。

6. 当钢筋沿构件截面周边布置时，一侧纵向钢筋系指沿受力方向两个对边中一边布置的纵向钢筋。

2）卧置于地基上的混凝土板，板中受拉钢筋的最小配筋率可适当降低，但不应小于0.15%。

3）对结构中次要的钢筋混凝土受弯构件，当构造所需截面高度远大于承载的需求时，其纵向受拉钢筋的配筋率可按下列公式计算：

$$\rho_s \geqslant \frac{h_{cr}}{h}\rho_{min} \tag{2-18}$$

$$h_{cr} = 1.05\sqrt{\frac{M}{\rho_{min}f_y b}} \tag{2-19}$$

式中：$\rho_s$——构件按全截面计算的纵向受拉钢筋的配筋率；

$\rho_{min}$——纵向受力钢筋的最小配筋率，按表2-27计算；

$h_{cr}$——构件截面的临界高度，当小于$h/2$时取$h/2$；

$h$——构件截面的高度；

$b$——构件的截面宽度；

$M$——构件的正截面受弯承载力设计值。

## 2.3.3 砌体结构

砌体结构是由块体和砂浆砌筑而成的墙、柱作为建筑物主要受力构件的结构。砌体结构是砖砌体、砌块砌体和石砌体结构的统称。

**1. 砌体材料及砌体的力学性能**

（1）砌体的材料。砌体的材料主要包括块材和砂浆两种。

1）块材。块材是砌体的主要部分，目前我国常用的块材主要有砖、砌块和石材三大类。

砖的种类包括烧结普通砖、非烧结硅酸盐砖和烧结多孔砖。划分砖的强度等级，一般根据标准试验方法所测得的抗压强度确定，对于某些砖，还应考虑其抗折强度的影响。

砖的质量除按强度等级区分外，还应满足抗冻性、吸水率和外观质量的要求。

2）砂浆。按组成材料的不同，砂浆可分为水泥砂浆、非水泥砂浆及混合砂浆。

砂浆的强度等级是以标准养护，龄期由28d的试块抗压强度确定的。

3）砌体材料的选用。

对于五层及五层以上房屋的墙，以及受震动或层高大于6m的墙、柱所用材料的最低强度等级，应符合下列要求：砖≥MU10；砌块≥MU7.5；石材≥MU30；砂浆≥M5。

对于安全等级为一级或设计使用年限大于50年的房屋，墙、柱所用材料的最低强度等级应至少提高一级。

对于地面以下或防潮层以下的砌体，潮湿房间的墙，所用材料的最低强度等级应符合表2-28的要求。

（2）砌体的种类。砌体分为无筋砌体和配筋砌体两类。

1）无筋砌体。根据块材种类的不同，无筋砌体可分为砖砌体、砌块砌体和石砌体等三种。

2）配筋砌体。配筋砌体又可分为网状配筋砌体、组合砖砌体和配筋砌块等三种。

**表 2-28 地面以下或防潮层以下的砌体、潮湿房间墙所用材料的最低强度等级**

| 基土的潮湿程度 | 烧结普通砖、蒸压灰砂砖 | | 混凝土砌块 | 石材 | 水泥砂浆 |
|---|---|---|---|---|---|
| | 严寒地区 | 一般地区 | | | |
| 稍潮湿的 | MU10 | MU10 | MU7.5 | MU30 | MU5 |
| 很潮湿的 | MU15 | MU10 | MU7.5 | MU30 | MU7.5 |
| 含水饱和的 | MU20 | MU15 | MU10 | MU40 | MU10 |

注：1. 在冻胀地区，地面以下或防潮层以下的砌体，不宜采用多孔砖，如采用时，其孔洞应用水泥砂浆灌实。当采用混凝土砌块砌体时，其孔洞应采用强度等级不低于 Cb20 的混凝土灌实。

2. 对安全等级为一级或设计使用年限大于 50 年的房屋，表中材料强度等级应至少提高一级。

（3）砌体的力学性能。在实际工程中，砌体有时会受到压力，有时会受到拉力、弯曲力、剪切力，砌体主要用来受压。砌体的抗压强度较高、其他强度均较低。

砌体的抗压强度低于砌体结构中块材的抗压强度。

影响砌体抗压强度的主要因素主要有：块材和砂浆的强度；砂浆的性能；块材的形状和尺寸；砌筑质量。

**2. 砌体结构房屋墙体设计**

（1）房屋的结构布置。按照构件的受力性能和荷载的传递路线不同，混合结构房屋结构布置方案一般有以下四种类型：纵墙承重方案、横墙承重方案、纵横墙承重方案和内框架承重方案。

（2）混合结构房屋的静力计算方案。混合结构中的纵墙、横墙、楼盖、屋盖和基础组成了一个空间受力体系，墙体的布置、楼（屋）盖的类型不同，则房屋的空间工作性能亦不同。房屋的静力计算，根据房屋的空间工作性能分为刚性方案、刚弹性方案和弹性方案三种。设计时，可按表 2-29 确定静力计算方案。

**表 2-29 房屋的静力计算方案**

| 屋盖或楼盖类别 | | 刚性方案 | 刚弹性方案 | 弹性方案 |
|---|---|---|---|---|
| 1 | 整体式、装配整体和装配式无檩体系钢筋混凝土屋盖或钢筋混凝土楼盖 | $s<32$ | $32 \leqslant s \leqslant 72$ | $s<72$ |
| 2 | 装配式有檩体系钢筋混凝土屋盖、轻钢屋盖和有密铺望板的木屋盖或木楼盖 | $s<20$ | $20 \leqslant s \leqslant 48$ | $s<48$ |
| 3 | 瓦材屋面的木屋盖和轻钢屋盖 | $s<16$ | $16 \leqslant s \leqslant 36$ | $s<36$ |

注：1. 表中 $s$ 为房屋横墙间距，其长度单位为 m。

2. 对无山墙或伸缩缝处无横墙的房屋，应按弹性方案考虑。

刚性和刚弹性方案房屋的横墙应符合下列要求：

1）横墙中开有洞口时，洞口的水平截面面积不应超过横墙截面面积的 50%。

2）横墙的厚度不宜小于 180mm。

3）单层房屋的横墙长度不宜小于其高度，多层房屋的横墙长度不宜小于 $H/2$（$H$ 为横墙总高度）。

当横墙不能同时符合上述要求时，应对横墙的刚度进行验算。如其最大水平位移值 $u_{max} \leqslant H/4000$ 时，仍可视作刚性或刚弹性方案房屋的横墙；对于符合此要求的一段横墙或其他结构构件（如框架等），也可视作刚性或刚弹性方案房屋的横墙。

（3）墙、柱高厚比的验算。矩形截面墙、柱的高厚比 $\beta$ 应按下式验算：

$$\beta = \frac{H_0}{h} \leqslant \mu_1\mu_2[\beta] \quad (2-20)$$

式中：$H_0$——墙、柱的计算高度，应按《砌体结构设计规范》GB 50003—2011 相关规定采用；

$h$——墙厚或矩形柱与 $H_0$ 相对应的边长；

$\mu_1$——自承重墙允许高厚比的修正系数；

$\mu_2$——有门窗洞口墙允许高厚比的修正系数；

$\beta$——墙、柱的高厚比；

$[\beta]$——墙、柱的允许高厚比，应按表 2-30 采用。

**表 2-30 墙、柱的允许高厚比 [$\beta$] 值**

| 砂浆强度等级 | 墙 | 柱 |
|---|---|---|
| M2.5 | 22 | 15 |
| M5.0 | 24 | 16 |
| ≥M7.5 | 26 | 17 |

注：1. 毛石墙、柱允许高厚比应按表中数值降低 20%。

2. 组合砖砌体构件的允许高厚比，可按表中数值提高 20%，但不得大于 28。

3. 验算施工阶段砂浆尚未硬化的新砌砌体高厚比时，允许高厚比对墙取 14，对柱取 11。

### 3. 圈梁、过梁、墙梁与挑梁

（1）圈梁。为增强房屋的整体刚度，防止由于地基的不均匀沉降或较大振动荷载等对房屋引起的不利影响，可在墙中设置现浇钢筋混凝土圈梁。

1）圈梁的设置原则。车间、仓库、食堂等空旷的单层房屋应按下列规定设置圈梁：

①砖砌体房屋，檐口标高为 5～8m 时，应在檐口标高处设置圈梁一道，檐口标高大于 8m 时，应增加设置数量。

②砌块及料石砌体房屋，檐口标高为 4～5m 时，应在檐口标高处设置圈梁一道，檐口标高大于 5m 时，应增加设置数量。

对有吊车或较大振动设备的单层工业房屋，除在檐口或窗顶标高处设置现浇钢筋混凝土圈梁外，尚应增加设置数量。

宿舍、办公楼等多层砌体民用房屋，且层数为 3～4 层时，应在檐口标高处设置圈梁一道。当层数超过 4 层时，应在所有纵横墙上隔层设置。

多层砌体工业房屋，应每层设置现浇钢筋混凝土圈梁。

设置墙梁的多层砌体房屋应在托梁、墙梁顶面和檐口标高处设置现浇钢筋混凝土圈梁，其他楼层处应在所有纵横墙上每层设置。

采用现浇钢筋混凝土楼（屋）盖的多层砌体结构房屋，当层数超过 5 层时，除在檐口标高处设置一道圈梁外，可隔层设置圈梁，并与楼（层）面板一起现浇。未设置圈梁的楼面板嵌入墙内的长度不应小于 120mm，并沿墙长配置不少于 2$\phi$10 的纵向钢筋。

2）圈梁的构造要求。圈梁应符合下列构造要求：

①圈梁宜连续地设在同一水平面上，并形成封闭状；当圈梁被门窗洞口截断时，应在洞口上部增设相同截面的附加圈梁。附加圈梁与圈梁的搭接长度不应小于其中到中垂直间距的二倍，且不得小于 1m。

②纵横墙交接处的圈梁应有可靠的连接。刚弹性和弹性方案房屋，圈梁应与屋架、大梁等构件可靠连接。

③钢筋混凝土圈梁的宽度宜与墙厚相同，当墙厚 $h \geqslant 240$mm 时，其宽度不宜小于 $2h/3$。圈梁高度不应小于 120mm。纵向钢筋不应少于 4$\phi$10，绑扎接头的搭接长度按受拉钢筋考虑，箍筋间距不应大于 300mm。

④圈梁兼作过梁时，过梁部分的钢筋应按计算用量另行增配。

（2）过梁。

1）过梁的分类。过梁是混合结构墙体中门窗洞口上承受上部墙体和楼（屋）盖传来的荷载的构件，主要有钢筋混凝土过梁、钢筋砖过梁、砖砌平拱和砖砌弧拱等几种形式。目前主要采用钢筋混凝土过梁。

砖砌过梁的跨度，不应超过下列规定：

①钢筋砖过梁为 1.5m。

②砖砌平拱为 1.2m。

对有较大振动荷载或可能产生不均匀沉降的房屋，应采用钢筋混凝土过梁。

2）过梁上的荷载。过梁上的荷载一般包括墙体荷载和梁、板荷载。

过梁的荷载，应按下列规定采用：

①梁、板荷载：对砖和小型砌块砌体，当梁、板下的墙体高度 $h_w < l_n/3$ 时（$l_n$为过梁的净跨），应计入梁、板传来的荷载。当梁、板下的墙体高度 $h_w \geqslant l_n$时，可不考虑梁、板荷载。

②墙体荷载：

a. 对砖砌体，当过梁上的墙体高度 $h_w < l_n/3$ 时，应按墙体的均布自重采用。当墙体高度 $h_w \geqslant l_n/3$ 时，应按高度为 $l_n/3$ 墙体的均布自重来采用。

b. 对混凝土砌块砌体，当过梁上的墙体高度 $h_w < l_n/2$ 时，应按墙体的均布自重采用。当墙体高度 $h_w \geqslant l_n/2$ 时，应按高度为 $l_n/2$ 墙体的均布自重采用。

3）砖砌过梁的构造要求。砖砌过梁的构造要求应符合下列规定：

①砖砌过梁截面计算高度内的砂浆不宜低于 M5。

②砖砌平拱用竖砖砌筑部分的高度不应小于 240mm。

③钢筋砖过梁底面砂浆层处的钢筋，其直径不应小于 5mm，间距不宜大于 120mm，钢筋伸入支座砌体内的长度不宜小于 240mm，砂浆层的厚度不宜小于 30mm。

（3）墙梁。墙梁是由支承墙体的钢筋混凝土托梁及其以上计算高度范围内的墙体共同工作，一起承受荷载的组合结构。

墙梁按其支承情况可分为简支墙梁、连续墙梁和框支墙梁；按承受荷载情况可分为承重墙梁和自承重墙梁。墙梁中承托砌体墙和楼盖（屋盖）的混凝土简支梁、连续梁和框支梁，称为托梁。

墙梁应分别进行托梁使用阶段正截面承载力和斜截面受剪承载力计算、墙体受剪承载力和托梁支座上部砌体局部受压承载力计算，以及施工阶段托梁承载力验算。自承重墙梁可不验算墙体受剪承载力和砌体局部受压承载力。

墙梁除应符合《砌体结构设计规范》GB 50003—2011 和现行国家标准《混凝土结构设计规范》GB 50010—2010 的有关构造规定外，尚应符合下列构造要求：

1）材料。

①托梁的混凝土强度等级不应低于 C30。

②纵向钢筋宜采用 HRB335、HRB400 或 RRB400 级钢筋。

③承重墙梁的块体强度等级不应低于 MU10，计算高度范围内墙体的砂浆强度等级不应低于 M10。

2）墙体。

①框支墙梁的上部砌体房屋，以及设有承重的简支墙梁或连续墙梁的房屋，应满足刚性方案房屋的要求。

②墙梁的计算高度范围内的墙体厚度，对砖砌体不应小于 240mm，对混凝土小型砌块砌体不应小于 190mm。

③墙梁洞口上方应设置混凝土过梁，其支承长度不应小于 240mm；洞口范围内不应施加集中荷载。

④承重墙梁的支座处应设置落地翼墙，翼墙厚度，对砖砌体不应小于 240mm，对混凝土砌块砌体不应小于 190mm，翼墙宽度不应小于墙梁墙体厚度的 3 倍，并与墙梁墙体同时砌筑。当不能设置翼墙时，应设置落地且上、下贯通的构造柱。

⑤当墙梁墙体在靠近支座 1/3 跨度范围内开洞时，支座处应设置落地且上、下贯通的构造柱，并应与每层圈梁连接。

⑥墙梁计算高度范围内的墙体，每天可砌高度不应超过 1.5m，否则，应加设临时支撑。

3）托梁。

①有墙梁的房屋的托梁两边各一个开间及相邻开间处应采用现浇混凝土楼盖，楼板厚度不宜小于 120mm，当楼板厚度大于 150mm 时，宜采用双层双向钢筋网，楼板上应少开洞，洞口尺寸大于 800mm 时应设洞边梁。

②托梁每跨底部的纵向受力钢筋应通长设置，不得在跨中段弯起或截断。钢筋接长应采用机械连接或焊接。

③墙梁的托梁跨中截面纵向受力钢筋总配筋率不应小于 0.6%。

④托梁距边支座边 $l_0/4$ 范围内，上部纵向钢筋面积不应小于跨中下部纵向钢筋面积的 1/3。连续墙梁或多跨框支墙梁的托梁中支座上部附加纵向钢筋从支座边算起每边延伸不少于 $l_0/4$。

⑤承重墙梁的托梁在砌体墙、柱上的支承长度不应小于 350mm。纵向受力钢筋伸入

支座应符合受拉钢筋的锚固要求。

⑥当托梁高度 $h_b \geq 500$mm 时，应沿梁高设置通长水平腰筋，直径不应小于 12mm，间距不应大于 200mm。

⑦墙梁偏开洞口的宽度及两侧各一个梁高 $h_b$ 范围内直至靠近洞口的支座边的托梁箍筋直径不宜小于 8mm，间距不应大于 100mm。

（4）挑梁。在混合结构房屋中，常利用埋入墙内一定长度的钢筋混凝土悬臂梁来承担诸如阳台、外走廊等的荷载，这种悬臂的钢筋混凝土构件，一般称之为挑梁。

根据挑梁的受力特征，挑梁应进行抗倾覆验算、承载力计算和挑梁下砌体局部受压承载力验算。

挑梁设计除应符合现行国家标准《混凝土结构设计规范》GB 50010—2010 的有关规定外，尚应满足下列要求：

1）纵向受力钢筋至少应有 1/2 的钢筋面积伸入梁尾端，且不少于 $2\phi12$。其余钢筋伸入支座的长度不应小于 $2l_l/3$。

2）挑梁埋入砌体长度 $l_l$ 与挑出长度 $l$ 之比宜大于 1.2；当挑梁上无砌体时，$l_l$ 与 $l$ 之比宜大于 2。

**4．砌体房屋的一般构造要求**

（1）最小截面尺寸的要求。承重的独立砖柱截面尺寸不应小于 240mm × 370mm。毛石墙的厚度不宜小于 350mm，毛料石柱较小边长不宜小于 400mm。当有振动荷载时，墙、柱不宜采用毛石砌体。

（2）垫块的设置。跨度大于 6m 的屋架和跨度大于下列数值的梁，应在支撑处砌体上设置混凝土或钢筋混凝土垫块。当墙中设有圈梁时，垫块与圈梁宜浇成整体。

1）对砖砌体为 4.8m。

2）对砌块和料石砌体为 4.2m。

3）对毛石砌体为 3.9m。

（3）壁柱的设置。当梁跨度大于或等于下列数值时，其支撑处宜加设壁柱，或采取其他加强措施：

1）对 240mm 厚的砖墙为 6m，对 180mm 厚的砖墙为 4.8m。

2）对砌块、料石墙为 4.8m。

（4）板的支撑长度。预制钢筋混凝土板的支撑长度，在墙上不宜小于 100mm；在钢筋混凝土圈梁上不宜小于 80mm；当利用板端伸出钢筋拉结和混凝土灌缝时，其支撑长度可为 40mm，但板端缝宽不小于 80mm，灌缝混凝土不宜低于 C20。

（5）构件间的连接与锚固措施。支撑在墙、柱上的吊车梁、屋架及跨度大于或等于下列数值的预制梁的端部，应采用锚固件与墙、柱上的垫块锚固。

1）对砖砌体为 9m。

2）对砌块和料石砌体为 7.2m。

填充墙、隔墙应分别采取措施与周边构件可靠连接。

山墙处的壁柱宜砌至山墙顶部，屋面构件应与山墙可靠拉结。

砌块砌体应分皮错缝搭砌，上下皮搭砌长度不得小于 90mm。当搭砌长度不满足上述要求时，应在水平灰缝内设置不少于2ϕ4的焊接钢筋网片（横向钢筋的间距不宜大于200mm），网片每端均应超过该垂直缝，其长度不得小于300mm。

砌块墙与后砌隔墙交接处，应沿墙高每400mm在水平灰缝内设置不少于2ϕ4、横筋间距不大于200mm的焊接钢筋网片。

## 2.3.4 钢结构

### 1. 钢结构的特点与应用

与混凝土结构、砌体结构、木结构相比，钢结构具有以下特点。

（1）重量轻、强度高。

（2）塑性、韧性好。

（3）钢结构计算准确，安全可靠。

（4）钢结构制造简单，施工速度快。

（5）钢结构的密封性好。

（6）钢材不耐高温。

（7）钢材耐腐蚀性差。

虽然钢结构优点甚多、用途广泛，但是钢材价格较贵。在设计中，应合理使用钢材，降低工程造价。

在土木工程中，钢结构有着广泛的用途，由于使用功能及结构组成方式不同，钢结构的种类也很多。钢结构应用范围大致有以下几个方面。

（1）大跨度结构。

（2）高层建筑。

（3）高耸结构。

（4）板壳结构。

（5）承受重型荷载的结构。

（6）轻型结构。

（7）桥梁结构。

（8）移动结构。

### 2. 钢结构的材料

（1）钢种与钢号。钢结构所用的钢材依据分类标准的不同有不同的种类，每个种类中又有不同的牌号，简称钢种与钢号。

在普通钢结构中采用的钢材主要有两个种类，即碳素结构钢和低合金高强度结构钢。

1）碳素结构钢。根据钢材厚度（或直径）≤16mm时的屈服点数值，碳素结构钢的牌号有Q195、Q215A及B，Q235A、B、C及D，Q255A、B及Q275。

2）低合金高强度结构钢。低合金钢是在普通碳素钢中添加一种或几种少量合金元素，总量低于5%的钢称作低合金钢，高于5%的称作高合金钢。建筑结构只用低合金钢。

低合金高强度结构钢分为Q295、Q345、Q390、Q420及Q460五种。

（2）钢材的规格。建筑钢结构常用钢材，主要品种有中厚板、薄板、镀锌卷板、彩色涂层卷板、中小型钢（工字钢、槽钢、角钢）、热轧H型钢、焊管、冷弯型钢及无缝钢管、压型板等。建筑工程中常用的钢材品种有如下几种。

1）热轧钢板。在图纸中钢板用符号“L”（表示钢板横断面）后加“宽×厚×长”（单位：mm）的方法表示，如L800×12×2100等。

2）热轧型钢。

①扁钢：扁钢厚度为4～60mm，宽度为30～200mm，长度为3～9m，可用于梁的翼缘板。

②角钢：角钢有等边和不等边两种。等边角钢（也叫等肢角钢），以边宽和厚度表示，如L100×10为肢宽100mm、厚10mm的角钢；不等边角钢（也叫不等肢角钢）则以两边宽度和厚度表示，如L100×80×8等。

③槽钢：我国槽钢有两种尺寸系列，即热轧普通槽钢与普通低合金钢热轧轻型槽钢。热轧普通槽钢常用023s号钢轧制，表示方法如［30a；普通低合金钢热轧轻型槽钢的表示方法如［25Q。

④普通工字钢、H型钢、T型钢：普通工字钢由Q235号钢热轧而成；H型钢亦称“宽翼缘工字钢”，是钢结构建筑中使用的一种重要型钢；各种H型钢可剖分为T型钢供应。

⑤钢管：圆钢管有无缝和焊接两种，用“$\phi$”（mm）和“外径（mm）×厚度（mm）”表示，如$\phi$400×6，即表示外径为400mm、厚度为6mm的圆钢管。方钢管用“□”后面加“长×宽×厚”（单位：mm）来表示，如□120×80×4。

部分热轧型钢截面，如图2－46所示。

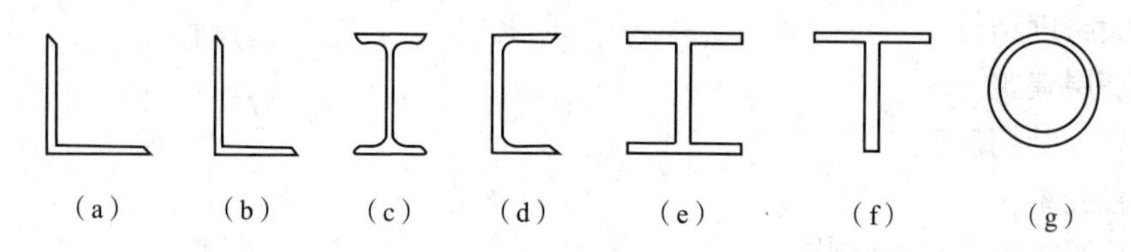


**图2－46 热轧型钢截面**

⑥薄壁型钢：薄壁型钢是用2～6mm厚的薄钢板经冷弯或模压而成型的。压型钢板是近年来开始使用的薄壁型钢，所用钢板厚度为0.4～2mm，用作轻型屋面等构件。薄壁型钢截面，如图2－47所示。

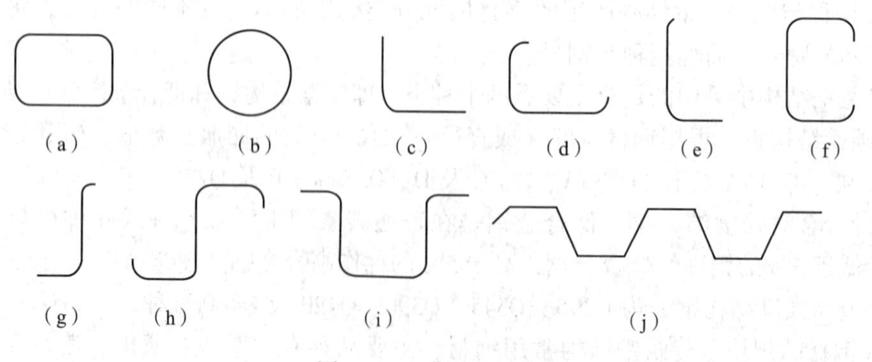


**图2－47 薄壁型钢截面**

### 3. 钢结构的连接

（1）钢结构的连接方法。钢结构的连接方法可分为焊接连接、铆钉连接和螺栓连接三种。焊接连接是目前钢结构最主要的连接方法；铆钉连接的塑性和韧性好，传力可靠，质量易于检查，在一些重型和直接承受动力荷载的结构中采用；螺栓连接分为普通螺栓连接和高强度螺栓连接两种。

（2）焊接连接。

1）焊接连接的形式。焊接连接形式按被连接构件间的相对位置分为对接（又称平接）、搭接、T形连接（又称顶接）和角接四种。

焊缝的形式是指焊缝本身的截面形式，主要有对接焊缝和角焊缝。

焊缝按施焊位置分为俯焊（平焊）、立焊、横焊、仰焊四种。

2）钢结构焊接方法。钢结构焊接方法主要有手工电弧焊、自动或半自动埋弧焊及$CO_2$气体保护焊。

3）焊缝的缺陷及质量等级。焊缝连接的缺陷是指在焊接过程中，产生于焊缝金属或附近热影响区钢材表面或内部的缺陷。最常见的缺陷有裂纹、焊瘤、烧穿、弧坑、气孔、夹渣、咬边、未熔合、未焊透（规定部分不焊透者除外）及焊缝外形尺寸不符合要求、焊缝成型不良等，它们将直接影响焊缝质量和连接强度，使焊缝受力面积削弱，且在缺陷处引起应力集中，导致产生裂纹，并使裂纹扩展引起断裂。

焊缝质量等级分为一级、二级和三级。焊缝的质量检验，按《钢结构工程施工质量验收规范》GB 50205—2001 规定分为三级，一级焊缝是适用于动载受拉等强的对接缝；二级是适用于静载受拉、受压的等强焊缝，都是结构的关键连接。其中，三级焊缝只要求对全部焊缝作外观检查；二级焊缝除要对全部焊缝作外观检查外，还须对部分焊缝作超声波等无损探伤检查；一级焊缝要求对全部焊缝作外观检查及无损探伤检查，这些检查都应符合各自的检验质量标准。

（3）螺栓连接。螺栓连接分为普通螺栓连接和高强度螺栓连接两种。

1）普通螺栓的连接构造。普通螺栓一般用Q235钢（用于螺栓时也称4.6级）制成，大六角头形，粗牙普通螺栓，其代号用字母M与公称直径（mm）表示，常用的螺栓直径为18mm、20mm、22mm、24mm，工程中常用M18、M20、M22、M24。

普通螺栓按加工精度分为A、B级螺栓和C级螺栓两种。A、B级螺栓需要机械加工，尺寸准确，要求Ⅰ类孔，其螺栓连接传递剪力的性能较好，变形很小；C级螺栓加工粗糙，尺寸不够准确，只要求Ⅱ类孔，所以C级螺栓广泛用于需要拆装的连接，承受拉力的安装连接，不重要的连接或作安装时的临时固定。普通螺栓常用C级螺栓。

螺栓在构件上的排列可以是并列或错列（图2－48），螺栓排列时应满足的要求主要包括：

①受力要求：螺栓孔的最小端距、最小边距、中间螺孔的最小间距均应满足规范要求。

②构造要求：螺栓的间距不宜过大，尤其是受压板件，当栓距过大时，容易发生凸曲现象。

③施工要求：螺栓应有足够距离，以便于转动扳手，拧紧螺母。

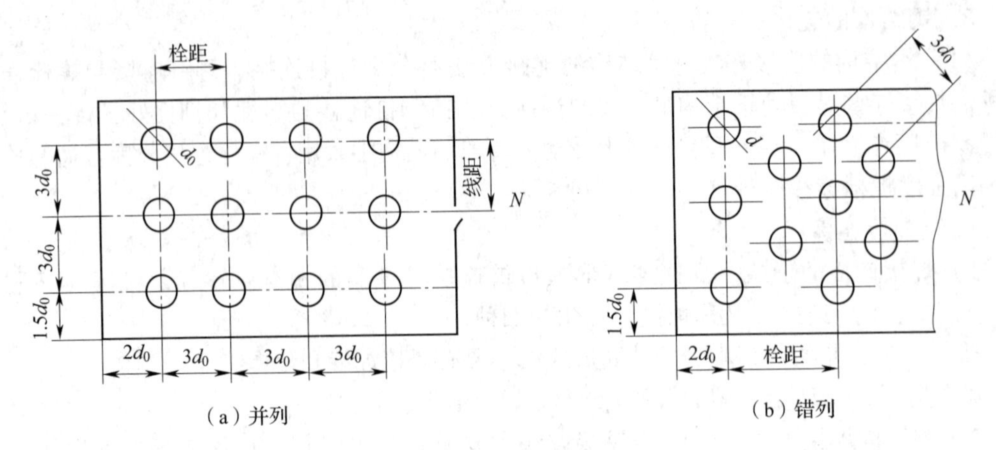


**图 2－48　螺栓的排列**

2）高强度螺栓连接的性能。高强度螺栓的性能等级有 10. 9 级和 8. 8 级。性能等级小数点前数字是螺栓热处理后的最低抗拉强度，小数点后数字是屈强比（屈服强度与抗拉强度的比值）。

高强度螺栓连接，从受力特征分为摩擦型高强度螺栓、承压型高强度螺栓和承受拉力的高强度螺栓连接。

摩擦型高强度螺栓连接单纯依靠被连接构件间的摩擦阻力传递剪力，以摩擦阻力刚被克服，连接钢板间即将产生相对滑移为承载力的极限状态。承压型高强度螺栓连接的传力特征是剪力超过摩擦力时，被连接构件间发生相互滑移，螺栓杆身与孔壁接触，螺杆受剪，孔壁承压。最终随外力的增大，以螺杆受剪或钢板承压破坏为承载能力的极限状态，其破坏形式与普通螺栓连接相同。这种螺栓连接还应以不出现滑移作为正常使用的极限状态。

承受拉力的高强度螺栓连接，由于预拉力的作用，构件间在承受荷载前已经有较大的挤压力，拉力作用首先要抵消这种挤压力。至构件完全被拉开后，高强度螺栓的受拉力情况就和普通螺栓受拉相同，不过这种连接的变形要小得多。当拉力小于挤压力时，构件未被拉开，可以减小锈蚀危害，改善连接的疲劳性能。

**4. 钢结构构件**

（1）梁。

1）钢梁的类型和应用。钢梁在建筑结构中应用广泛，主要用以承受横向荷载。在工业与民用建筑中常用的有工作平台梁、楼盖梁、墙架梁、吊车梁及檩条等。

钢梁按制作方法的不同可以分为型钢梁和组合梁两大类。常用的型钢梁有热轧工字钢、热轧 H 型钢和槽钢，其中以 H 型钢的截面分布最合理，翼缘的外边缘平行，与其他构件连接方便，应优先采用。当跨度和荷载较小时，常采用型钢梁；当跨度和荷载很大时，可采用组合梁。

钢梁根据支承情况的不同，可以分为简支梁、悬臂梁和连续梁。钢梁一般多采用简支梁，不仅制造简单，安装方便，而且可以避免支座沉陷所产生的不利影响。

钢梁按受力情况的不同，可以分为单向受弯梁和双向受弯梁。依梁截面沿长度方向有无变化，可以分为等截面梁和变截面梁。

2）梁的强度、刚度与稳定性要求。钢梁的设计应满足强度、刚度、整体稳定和局部稳定四方面的要求：

①梁的强度计算：钢梁在横向荷载作用下，承受弯矩和剪力作用，故应进行抗弯强度和抗剪强度的计算。当梁的上翼缘受有沿腹板平面作用的集中荷载，且在荷载作用处又未设置支承加劲肋时，还应进行计算高度上边缘的局部承压强度计算。对组合梁腹板计算高度边缘处，同时受有较大的弯曲应力、剪应力和局部压应力时，尚应验算折算应力。

②梁的刚度计算：梁的刚度用荷载作用下的挠度大小来度量。在荷载作用下，梁出现过大变形时，会影响梁的正常使用。因此梁必须具有足够的刚度，以保证其变形不超过正常使用的极限状态。梁的刚度要求就是使用时限制梁的最大变形不超过规范的允许值。

③梁的整体稳定：当荷载逐渐增加到某一数值时，梁突然发生侧向弯曲和扭转，失去继续承受荷载的能力，这种现象称为梁丧失整体稳定。梁丧失整体稳定是突然发生的，事先并无明显预兆，因而比强度破坏更为危险，设计、施工中要特别注意。在实际工程中，梁的整体稳定常由铺板或支撑来保证。梁常与其他构件相互连接，有利于阻止梁丧失整体稳定。

④梁的局部稳定和加劲肋设置：组合梁为了获得经济的截面尺寸，常采用宽而薄的翼缘板和高而薄的腹板。当钢板过薄的时候，梁的腹板和受压翼缘在尚未达到强度和整体稳定性限值之前，就有可能发生波浪变形的局部屈曲，这种现象称为梁丧失局部稳定。

为了避免组合梁丧失局部稳定，可以采取以下措施：限制板件的宽厚比或高厚比；在垂直于钢板平面的方向，设置具有一定刚度的加劲肋，以防止局部失稳。

轧制型钢梁，因受轧制条件的限制，其翼缘和腹板相对较厚，因此不必计算局部失稳，也不必采取措施。

3）梁的拼接、连接。

①梁的拼接：梁的拼接根据施工条件的不同分为工厂拼接和工地拼接两种。工厂拼接为受钢材规格或现有钢材尺寸的限制，需将钢材拼大或拼长而在工厂进行的拼接；工地拼接是受到运输或安装条件的限制，将梁在工厂做成几段（运输单元或安装单元）运至工地后进行的拼装。

②主次梁的连接：次梁与主梁的连接分为铰接和刚接。铰接应用较多，刚接则在次梁设计成连续梁时采用。铰接连接按构造可分为叠接和平接两种。

（2）轴心受力构件的截面形式。轴心受力构件是指只承受通过构件截面形心轴线的轴向力作用的构件。当这种轴向力为拉力时，称为轴心受拉构件，或简称轴心拉杆；当轴心力为压力时，称为轴心受压杆件，或简称轴心压杆。

轴心受力构件广泛地用于主要承重钢结构，如桁架和网架等。轴心受力构件还常常用作操作平台和其他结构的支柱。一些非主要承重构件如支撑，也常常由许多轴心受力构件组成。

轴心受力构件截面形式一般可分为型钢截面和组合截面两类。型钢有圆钢、钢管、角钢、槽钢、工字钢、H 型钢和 T 型钢等。它们只需要经过少量加工就可作为构件使用。由于制造工作量少，省时省工，故使用型钢截面构件成本较低，一般只用于受力较小的构件。

组合截面是由型钢和钢板连接而成，按其形式可分为实腹式截面和格构式截面两种。由于组合截面的形状和尺寸几乎不受限制，可根据轴心受力性质和力的大小选用合适的截面，当受力较大时常采用组合截面。

**5. 钢屋架**

(1) 屋架的外形及分类。钢屋架可分为普通钢屋架和轻型钢屋架。普通钢屋架由角钢和节点板焊接而成。这种屋架受力性能好、构造简单、施工方便，广泛应用于工业与民用建筑的屋盖结构中。轻型钢屋架是指由小角钢（小于∟45×4或∟56×36×4）、圆钢组成的屋架及冷弯薄壁型钢屋架。轻型钢屋架的屋面荷载较轻，因此其杆件截面小、轻薄、取材方便、用料省，当跨度及屋面荷载均较小时，采用轻型钢屋架可以获得显著的经济效果。但是，轻型钢屋架不宜用于高温、高湿及强烈侵蚀性环境或直接承受动力荷载的结构。

常用屋架按外形可分为三角形屋架、梯形屋架和平行弦屋架三种形式。

1）三角形屋架：三角形屋架的腹杆布置有芬克式、人字式和单斜杆式三种。三角形屋架适用于屋面坡度较陡的有檩体系屋盖。三角形屋架一般宜用于中、小跨度的轻屋面结构。屋面太重或跨度很大，采用三角形屋架不经济。

2）梯形屋架：适用于屋面坡度平缓的无檩体系屋盖和采用长尺压型钢板和夹芯保温板的有檩体系屋盖，平行弦屋架多用于托架、吊车自动桁架或支撑体系。

(2) 屋架主要尺寸的确定。屋架的主要尺寸是指屋架的跨度和跨中高度、端部高度（梯形屋架）。屋架的跨度取决于柱网布置，柱网纵向轴线的间距就是屋架的标志跨度，其尺寸以3m为模数。屋架的高度则由经济条件、刚度条件（屋架的挠度限值为$l/500$）、运输界限及屋面坡度等因素来决定。各种屋架中部高度$H$常在下述范围：三角形屋架$H\approx(1/6\sim1/4)\ l$；梯形屋架$H\approx(1/10\sim1/6)\ l_0$；梯形屋架端部高度$H_0$与其中部高度及屋面坡度有关，通常取1.8~2.1m。

(3) 屋盖支撑。钢屋盖结构由屋架、檩条、屋面板、屋盖支撑系统，有时还有天窗架及托架等构件组成。根据屋面所用材料的不同，屋盖结构可分为有檩屋盖结构和无檩屋盖结构。

当屋面采用压型钢板、石棉瓦、钢丝网水泥波形瓦、预应力混凝土槽瓦和加气混凝土屋面板等轻型材料时，屋面荷载由檩条传给屋架，这种屋盖承重方案称为有檩屋盖结构体系。当屋面采用钢筋混凝土大型屋面板时，屋面荷载通过大型屋面板直接传给屋架，这种屋盖承重方案称为无檩屋盖结构体系。

1）支撑的种类。支撑（包括屋架支撑和天窗架支撑）是屋盖结构的必要组成部分。

在屋架两端相邻的两榀屋架之间布置上弦横向支撑和垂直支撑，将平面屋架连成一空间结构体系，形成屋架与支撑桁架组成的空间稳定体。其余屋架用檩条或大型屋面板及系杆与之相连，从而保证了整个屋盖结构的空间集合不变和稳定性。

根据支撑布置的位置不同，屋盖支撑可分为上弦横向水平支撑、下弦横向水平支撑、下弦纵向水平支撑、垂直支撑和系杆等五种。

2）支撑的形式。横向支撑和纵向支撑常采用交叉斜杆和直杆形式，垂直支撑一般采用平行弦桁架形式，其腹杆体系应根据高和长的尺寸比例确定。

（4）普通钢屋架。普通钢屋架由角钢（不小于∟45×4 或∟56×36×4）和节点板焊接而成，它的受力性能好，构造简单，施工方便。

1）钢屋架的设计过程。确定屋架的主要尺寸、计算屋架的荷载、计算屋架杆件的内力、确定杆件的计算长度和容许长细比，按等稳原则确定杆件的截面尺寸、设计屋架的节点。

2）屋架杆件截面形式的确定。钢屋架的杆件一般采用两个等肢或不等肢角钢组成的T形截面或十字形截面。

①屋架上弦杆：一般采用两个不等肢角钢短肢相并的T形截面，肢尖朝下。

②屋架下弦杆：一般采用两个不等肢角钢短肢相并的T形截面，肢尖朝上。

③屋架的端斜杆：一般采用两个不等肢角钢长肢相并的T形截面。

④其他腹杆：一般采用两个等肢角钢长肢相并的T形截面或十字形截面。

⑤垫板的设置：采用双角钢组成的T形或十字形截面时，为了确保两个角钢能够共同工作，应在角钢相并肢之间焊上垫板。

**6. 钢结构的防腐处理**

（1）钢材腐蚀的概念与分类。钢材由于和外界介质相互作用而产生的损坏过程称为“腐蚀”，有时也叫“钢材锈蚀”。腐蚀不仅引起钢材有效截面减小，承载力下降，而且严重影响钢结构的耐久性。

根据钢材与环境介质的作用原理，腐蚀分为两类：

1）化学腐蚀。钢材直接与大气或工业废气中的氧气、碳酸气、硫酸气等发生化学反应而产生腐蚀称为化学腐蚀。

2）电化学腐蚀。由于钢材内部有其他金属杂质，具有不同的电极电位，与电解质溶液接触产生原电池作用，使钢材腐蚀称为电化学腐蚀。

为了减轻或防止钢结构的腐蚀，目前国内外主要采用涂装方法进行防腐，即在钢材表面敷盖一层涂料，使钢结构与大气隔绝，以达到防腐的目的，延长钢结构的使用寿命。主要施工工艺有表面除锈、涂底漆、涂面漆。

（2）钢材表面的除锈方法。发挥涂料的防腐效果重要的是涂膜与钢材表面的严密贴敷，若在基底与漆膜之间夹有锈、油脂、污垢及其他异物，不仅会妨碍防锈效果，还会起反作用而加速锈蚀。因而钢材表面处理，并控制钢材表面的粗糙度，在涂料涂装前是必不可缺少的。

表面处理是保证涂层质量的基础，表面处理包括除锈和控制钢材表面的粗糙度。钢材表面除锈方法主要有手工除锈、动力工具除锈、喷砂除锈、抛射除锈、酸洗除锈和火焰除锈等。各种除锈方法的特点，见表2－31。

**表2－31 除锈方法的特点**

| 除锈方法 | 设备工具 | 优点 | 缺点 |
| --- | --- | --- | --- |
| 手工、机械 | 砂布、钢丝刷、铲刀、尖锤、平面砂轮机、动力钢丝刷 | 工具简单、操作方便、费用低 | 劳动强度大、效率低、质量差、只能满足一般的涂装要求 |

续表 2－31

| 除锈方法 | 设备工具 | 优点 | 缺点 |
|---|---|---|---|
| 喷砂、抛射 | 空气压缩机、喷射机、油水分离器等 | 能控制质量、获得不同要求的表面粗糙度 | 设备复杂、需要一定的操作技术、劳动强度较高、费用高、污染环境 |
| 酸洗 | 酸洗槽、化学药品、厂房等 | 效率高、适用大批件、质量较高、费用较低 | 污染环境、废液不易处理、工艺要求较严 |

（3）涂装方法　涂层施工的方法通常有涂刷法和喷涂法。

**7. 钢结构的防火处理**

（1）火灾对钢结构的危害。火灾是一种失去控制的燃烧过程，火灾可分为“大自然火灾”和“建筑物火灾”两大类。建筑物火灾是指发生于各种人为建造的物体之中的火灾。事实证明，建筑物火灾发生的次数最多、损失最大，约占全部火灾的80%。钢结构除耐腐蚀性差外，耐火性差是它的又一大缺点。因此，一旦发生火灾，钢结构很容易遭受破坏而倒塌。实例表明，不加保护的钢结构的耐火极限仅为10～20min。温度在200℃以下时，钢材性能基本不变；当温度超过300℃时，钢材的屈服点和极限强度均有明显下降；达到600℃时，钢材的强度将降到常温的1/3，造成结构变形，最终导致倒塌。

（2）钢结构防火保护。钢结构由于耐火性能差，因此为了确保钢结构达到规定的耐火极限要求，必须采取防火保护措施。

钢结构的防火方法有很多，就目前应用情况来看，钢结构防火方法的选择是以构件的耐火极限要求为依据，采用防火涂料是目前最为流行的做法。

（3）防火涂料的类型。钢结构防火涂料按不同厚度分为薄涂型2～7mm、厚涂型（8mm以上）两类；按施工环境不同分为室内、露天两类；按所用黏结剂的不同分为有机类、无机类；按涂层受热后的状态分为膨胀型和非膨胀型。

（4）防火涂料的选用。

1）室内裸露钢结构、轻型屋盖钢结构及有装饰要求的钢结构，当规定其耐火极限在1.5h以下时，宜选用薄涂型钢结构防火涂料。

2）室内隐蔽钢结构、高层全钢结构及多层厂房钢结构，当规定其耐火极限在2.0h以上时，应选用厚涂型钢结构防火涂料。

3）半露天或某些潮湿环境的钢结构、露天钢结构应选用室外钢结构防火涂料。

（5）防火涂料施工。

1）薄涂型钢结构防火涂料施工。底层喷涂射时采用喷枪，面层可用刷涂、喷涂或滚涂。

2）厚涂型钢结构防火涂料施工。一般采用喷涂施工，搅拌和调配涂料，使稠度适当，喷涂后不会流淌和下坠。

# 2.4 施工项目管理

## 2.4.1 建设工程项目管理概述

**1. 项目**

项目指那些作为管理的对象，按时间、预算和质量标准完成的一次性任务。其主要特征如下：

（1）项目一次性（单件性）。

（2）项目目标的明确性——成果性目标和约束性目标。成果性指项目的功能性要求，如钢厂的炼钢能力和技术经济指标；约束性指项目的期限、预算、质量。

（3）项目作为管理对象的整体性。一个项目，是指一个整体管理对象，在按其需要配置生产要素时，必须以总体效益的提高为标准。由于内外环境是变化的，所以，管理和生产要素的配置是动态的。

（4）项目按最终成果划分，有建设项目、科研开发项目、航天项目及维修项目等。

**2. 建设项目**

建设项目指需要一定量的投资，经过决策和实施（设计、施工）的一系列程序，在一定约束条件下，以形成固定资产为明确目标的一次性事业。

**3. 施工项目**

施工项目指建筑施工企业对一个建筑产品的施工过程及成果，也就是生产对象。其主要特征如下：

（1）它是建设项目或其中的单项工程（单位工程）的施工任务。

（2）它作为一个管理整体，是以建筑施工企业为管理主体的。

（3）该任务范围是由工程承包合同界定的。

## 2.4.2 施工项目管理概念

施工项目管理，是指在施工项目管理的全过程中，为了取得各阶段目标和最终目标的实现，在进行各项活动中，必须加强管理工作。必须强调，施工项目管理的主体是以施工项目经理为首的项目经理部，即作业管理层，管理的客体是具体的施工对象、施工活动及相关生产要素。

（1）项目管理是为使项目取得成功所进行的全过程、全方位的规划、组织、控制与协调。目标界定了项目管理的主要内容：“三控制”、“三管理”、“一协调”。

（2）建设项目管理是项目管理的一类。

（3）施工项目管理是由建筑施工企业对施工项目进行的管理。具有如下特点：

1）施工项目的管理者是建筑施工企业。

2）施工项目管理的对象是施工项目。施工项目周期也就是施工项目的生命周期，包括工程投标、签订合同、施工准备以及交工验收等。施工项目的特点是多样性、固定性及庞大性。这些特点决定了施工项目管理的特殊性——生产活动和市场交易同时进行。

3）施工项目管理的内容是在一个长时间进行的有序过程之中，按阶段变化。因此，管理者必须做出设计、签订合同、提出措施、进行有针对性的动态管理，并使资源优化组合，提高施工效率和效益。

4）施工项目管理要求强化组织协调工作。

由于产品的单件性，对产生的问题难以补救或者虽可补救但后果严重；由于流动性、流水作业、人员流动、工期长、需要资源多，以及施工活动涉及复杂经济、技术、法律、行政和人际关系等，故施工项目管理中协调工作最为艰难、复杂、多变，必须通过强化组织协调的办法才能保证施工顺利进行。

## 2.4.3 施工项目管理的目标

由于施工方是受业主方的委托承担工程建设任务，施工方必须树立服务观念，为项目建设服务，为业主提供建设服务；另外，合同也规定了施工方的任务和义务，因此施工方作为项目建设的一个重要参与方，其项目管理不仅应服务于施工方本身的利益，也必须服务于项目的整体利益。项目的整体利益和施工方本身的利益是对立统一关系，两者有其统一的一面，也有其对立的一面。

施工方项目管理的目标应符合合同的要求，它包括：

（1）施工的安全管理目标。

（2）施工的成本目标。

（3）施工的进度目标。

（4）施工的质量目标。

如果采用工程施工总承包模式或工程施工总承包管理模式，施工总承包方或施工总承包管理方必须按工程合同规定的工期目标和质量目标完成建设任务。施工总承包方或施工总承包管理方的成本目标是由施工企业根据其生产和经营的情况自行确定的。分包方则必须按工程分包合同规定的工期目标和质量目标完成建设任务，分包方的成本目标是该施工企业内部自行确定的。

（1）施工方作为项目建设的一个参与方，其项目管理主要服务于项目的整体利益和施工方本身的利益，其项目管理的目标包括施工的成本目标、施工的进度目标和施工的质量目标。

（2）施工方的项目管理工作主要在施工阶段进行，但它也涉及设计准备阶段、设计阶段、动用前准备阶段和保修期。在工程实践中，设计阶段和施工阶段往往是交叉的，因此施工方的项目管理工作也涉及设计阶段。

（3）施工阶段项目管理的任务，就是通过施工生产要素的优化配置和动态管理，以实现施工项目的质量、成本、工期和安全的管理目标。

## 2.4.4 施工项目管理的任务

### 1. 施工项目管理的任务

（1）施工安全管理。

（2）施工成本控制。

（3）施工进度控制。

（4）施工质量控制。

（5）施工合同管理。

（6）施工信息管理。

（7）与施工有关的组织与协调。

施工方是承担施工任务的单位的总称谓，它可能是施工总承包方、施工总承包管理方、分包施工方、建设项目总承包的施工任务执行方或仅仅提供施工劳务的参与方。当施工方担任的角色不同，其项目管理的任务和工作重点也会有差异。

**2．施工总承包方的管理任务**

施工总承包方对所承包的建设工程承担施工任务的执行和组织的总的责任，它的主要管理任务如下：

（1）负责整个工程的施工安全、施工总进度控制、施工质量控制和施工的组织等。

（2）控制施工的成本（这是施工总承包方内部的管理任务）。

（3）施工总承包方是工程施工的总执行者和总组织者，它除了完成自己承担的施工任务以外，还负责组织和指挥它自行分包的分包施工单位和业主指定的分包施工单位的施工，并为分包施工单位提供和创造必要的施工条件。

（4）负责施工资源的供应组织。

（5）代表施工方与业主方、设计方、工程监理方等外部单位进行必要的联系和协调等。

分包施工方承担合同所规定的分包施工任务，以及相应的项目管理任务。若采用施工总承包或施工总承包管理模式，分包方（不论是一般的分包方，或由业主指定的分包方）必须接受施工总承包方或施工总承包管理方的工作指令，服从其总体的项目管理。

# 3 建筑施工方法和工艺

## 3.1 基础工程施工

### 3.1.1 浅基础施工

建筑物室外设计地坪至基础底面的垂直距离，叫作基础埋深。其中埋置深度在5m以内的基础称为浅基础，埋置深度在5m以上的基础称为深基础。

**1. 无筋扩展基础施工**

无筋扩展基础是用砖、石、混凝土、灰土、三合土等材料组成的，且不需配置钢筋的墙下条形基础或柱下独立基础。特点是抗压性能好，整体性、抗拉、抗弯、抗剪性能差。它适用于地基坚实、均匀、上部荷载较小，六层和六层以下（三合土基础不宜超过四层）的一般民用建筑和墙承重的轻型厂房。无筋扩展基础的截面形式有矩形、阶梯形、锥形等。

（1）施工工艺：基底土质验槽→施工垫层→在垫层上弹线抄平→基础施工。

（2）施工要点。

1）基础施工前，应首先验槽并将地基表面的浮土及垃圾清除干净。在主要轴线部位设置引桩控制轴线位置，并以此放出墙身轴线和基础边线。在基础转角、交接及高低踏步处应预先立好皮数杆。基础底标高不同时，应从低处砌起，并由高处向低处搭接。砖砌大放脚通常采用一顺一丁砌筑方式，最下一皮砖以丁砌为主。水平灰缝和竖向灰缝的厚度应控制在10mm左右，砂浆饱满度不得小于80%，错缝搭接，在丁字及十字接头处要隔皮砌通。

2）毛石基础砌筑时，第一皮石块应坐浆，并大面向下。砌体应分皮卧砌，上下错缝，内外搭接，按规定设置拉结石，不得采用先砌外边后填心的砌筑方法。阶梯处，上阶的石块应至少压下阶石块的1/2。石块间较大的空隙应填塞砂浆后用碎石嵌实，不得采用先放碎石后灌浆或干填碎石的方法。

3）基础砌筑完成验收合格后，应及时回填。回填土要在基础两侧同时进行，并分层夯实，压实系数符合设计要求。

**2. 扩展基础施工**

将上部结构传来的荷载，通过向侧边扩展成一定底面积，使作用在基底的压应力等于或小于地基土的允许承载力，而基础内部的应力应同时满足材料本身的强度要求，这种起到压力扩散作用的基础称扩展基础，也叫柔性基础。

（1）施工工艺：基底土质验槽→施工垫层→在垫层上弹线抄平→基础施工。

（2）施工要点。

基础施工前，应进行验槽并将地基表面的浮土及垃圾清除干净，及时浇筑混凝土垫层，避免地基土被扰动。当垫层达到一定强度后，在其上弹线、绑扎钢筋、支模。钢筋底部应采用与混凝土保护层相同的水泥砂浆垫块垫塞，以确保位置正确。基础上有插筋时，要采取措施加以固定，保证插筋位置的正确，防止浇捣混凝土时发生位移。

基础混凝土应分层连续浇筑完成。阶梯形基础应按照台阶分层浇筑，每浇筑完一个台阶后应待其初步沉实后，再浇筑上层，以防止下台阶混凝土溢出，在上台阶根部出现烂根。台阶表面应基本抹平。锥形基础的斜面部分模板应随混凝土浇捣分段支设并顶压紧，以防模板上浮变形，边角处混凝土应注意捣实。严禁斜面部分不支模、采用铁锹拍实的方法。

杯形基础的杯口模板要固定牢固，防止浇捣混凝土时发生位移，并应该考虑便于拆模和周转使用。浇筑混凝土时应先将杯底混凝土振实，等待其沉实后，再浇筑杯口四周混凝土。注意四侧要对称均匀进行，避免将杯口模板挤向一侧。基础浇捣完毕，在混凝土初凝后终凝前将杯口模板取出，并将杯口内侧表面混凝土凿毛。高杯口基础施工时，可以采用后安装杯口模板的方法，即当混凝土浇捣接近杯底时，再安装固定杯口模板，浇筑杯口四周混凝土。

**3. 筏板基础施工**

当地质条件差、上部荷载大时，可将部分或整个建筑范围的基础连在一起，其形式犹如倒置的楼板，又像筏子，因此叫作筏板基础，又称满堂基础。筏板基础按是否有梁可分为平板式和梁板式两种。筏板基础适用于地基土质软弱又不均匀、有地下水或当柱子和承重墙传来的荷载很大的情况。

（1）施工工艺：基底土质验槽→施工垫层→在垫层上弹线抄平→基础施工。

（2）施工要点。

1）基坑开挖时，如果地下水位较高，应采取明沟排水、人工降水等措施，使地下水位降至基坑底下不少于500mm，确保基坑在无水情况下进行开挖和基础结构施工。

2）开挖基坑应注意保持基坑底土的原状结构，尽可能不要扰动。当采用机械开挖基坑时，在基坑底面设计标高以上保留200～400mm厚的土层，采用人工挖除并清理平整。如不能立即进行下道工序施工，应预留100～200mm厚土层，在下道工序施工前挖除，以防地基土被扰动。在基坑验槽后，应立即浇筑垫层。

3）当垫层达到一定强度后，在其上弹线、支模、铺放钢筋、连接柱的插筋。

4）在浇筑混凝土前，清除模板和钢筋上的垃圾、泥土等杂物，木模板浇水加以润湿。

5）混凝土浇筑方向应平行于次梁长度方向，对于平板式筏板基础则应平行于基础长边方向。混凝土应当一次浇灌完成，如果不能整体浇灌完成，则应留设施工缝。施工缝留设位置：当平行于次梁长度方向浇筑时，应留在次梁中部1/3跨度范围内；对平板式可留设在任何位置，但施工缝应平行于底板短边且不应在柱脚范围内（图3－1）。在施工缝处继续浇灌混凝土时，应将施工缝表面松动石子等

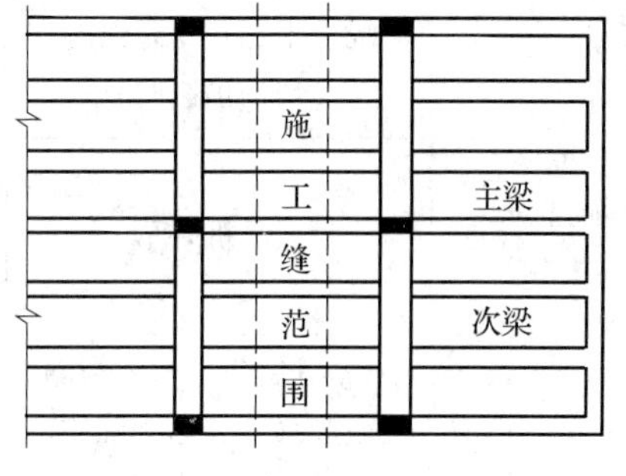


**图3－1 筏板基础施工缝位置**

清扫干净，并浇水湿润，铺上一层水泥浆或与混凝土成分相同的水泥砂浆，再继续浇筑混凝土。

对于梁板式片筏基础，梁高出底板部分应分层浇筑，每层浇灌厚度不宜超过200mm。混凝土应浇筑到柱脚顶面，留设水平施工缝。

6）基础浇筑完毕，表面应覆盖和洒水养护，并且防止浸泡地基。等待混凝土强度达到设计强度的25%以上时，即可拆除梁的侧模。

7）当混凝土基础达到设计强度的30%时，应进行基坑回填。基坑回填应在四周同时进行，并按照基底排水方向由高到低分层进行。

8）在基础底板上埋设好沉降观测点，定期进行观测、分析，且做好记录。

### 3.1.2　桩基础施工

**1．钢筋混凝土预制桩施工**

（1）施工准备。

1）场地平整及周边障碍物处理。

2）定桩位及埋设水准点。按照施工图设计要求，把桩基定位轴线的位置在施工现场准确地测定出来，并做出明显的标志。在打桩现场附近设置2～4个水准点，用以抄平场地和作为检查桩入土深度的依据。

3）桩帽、垫衬和送桩设备机具准备。

（2）桩的制作、运输、堆放。

1）钢筋混凝土预制桩的质量检验标准应符合表3－1的规定。

**表3－1　钢筋混凝土预制桩的质量检验标准**

| 项目 | 序号 | 检 查 项 目 | 允许偏差或允许值 | | 检 查 方 法 |
|---|---|---|---|---|---|
| | | | 单位 | 数值 | |
| 主控项目 | 1 | 桩体质量检验 | 按基桩检测技术规范 | | 按基桩检测技术规范 |
| | 2 | 桩位偏差 | 见表3－8 | | 用钢尺量 |
| | 3 | 承载力 | 按基桩检测技术规范 | | 按基桩检测技术规范 |
| 一般项目 | 1 | 砂、石、水泥、钢材等原材料（现场预制时） | 符合设计要求 | | 查出厂质保文件或抽样送检 |
| | 2 | 混凝土配合比及强度（现场预制时） | 符合设计要求 | | 检查称量及检查试块记录 |
| | 3 | 成品桩外形 | 表面平整，颜色均匀，掉角深度＜10mm，蜂窝面积小于总面积的0.5% | | 直观 |
| | 4 | 成品桩裂缝（收缩裂缝或起吊、装运、堆放引起的裂缝） | 深度＜20mm，宽度＜0.25mm，横向裂缝不超过边长的一半 | | 裂缝测定仪，该项在地下水有侵蚀地区及锤击数超过500击的长桩不适用 |

续表 3－1

| 项目 | 序号 | 检查项目 | 允许偏差或允许值 | | 检查方法 |
|---|---|---|---|---|---|
| | | | 单位 | 数值 | |
| 一般项目 | 5 | 成品桩尺寸：<br>横截面边长<br>桩顶对角线差<br>桩尖中心线<br>桩身弯曲矢高<br>桩顶平整度 | <br>mm<br>mm<br>mm<br><br>mm | <br>±5<br><10<br><10<br><$l$/1000<br><2 | <br>用钢尺量<br>用钢尺量<br>用钢尺量<br>用钢尺量，$l$ 为桩长<br>用水平尺量 |
| | 6 | 电焊接桩：<br>焊缝质量<br>电焊结束后停歇时间<br>上下节平面偏差<br>节点弯曲矢高 | 见表 3－7<br><br>min<br>mm | <br><br>>1.0<br><10<br><$l$/1000 | <br>见表 3－7<br>秒表测定<br>用钢尺量<br>用钢尺量，$l$ 为两节桩长 |
| | 7 | 硫黄胶泥接桩：<br>胶泥浇注时间<br>浇注后停歇时间 | <br>min<br>min | <br><2<br>>7 | 秒表测定 |
| | 8 | 桩顶标高 | mm | ±50 | 水准仪 |
| | 9 | 停锤标准 | 设计要求 | | 现场实测或查沉桩记录 |

2）预制桩的吊装强度。钢筋混凝土预制桩应达到设计强度的 70% 才能起吊；达到 100% 设计强度才能运输和打桩。如果提前吊运，必须采取措施并经过验算合格方可进行。

3）预制桩的起吊搬运。桩在起吊搬运时，必须做到平稳，以免冲击和振动，吊点应同时受力，且吊点位置应符合设计规定。如无吊环，设计又没有作规定时，绑扎点的数量及位置按桩长而定，应符合起吊弯矩最小的原则，可按照图 3－2 所示的位置捆绑。

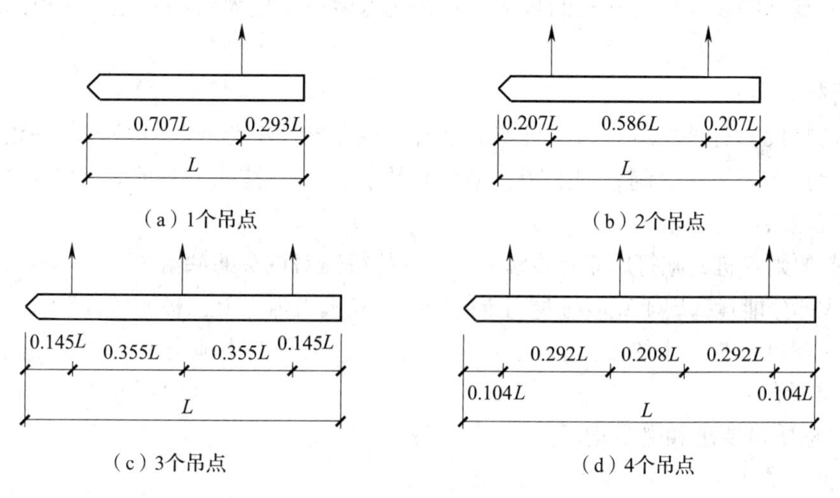


图 3－2　吊点的合理位置

(3) 打入法施工。打入法也称锤击法，是利用桩锤落到桩顶上的冲击力来克服土对桩的阻力，使桩沉到预定的深度或达到持力层的一种打桩施工方法。

锤击沉桩是混凝土预制桩常用的沉桩方法，它施工速度快，机械化程度高，适用范围广，但是施工时有冲撞噪声和对地表层有振动，在城区和夜间施工有所限制。

1) 打桩设备及选择。打桩设备包括桩锤、桩架和动力装置。

2) 打桩顺序的确定。

①打桩顺序直接影响到桩基础的质量和施工速度，应按照桩的密集程度（桩距大小）、桩的规格、长短、桩的设计标高、工作面布置、工期要求等综合考虑，合理确定打桩顺序。

②根据桩的密集程度，打桩顺序一般分为逐段打设、自中部向四周打设和由中间向两侧打设三种，如图 3－3 所示。

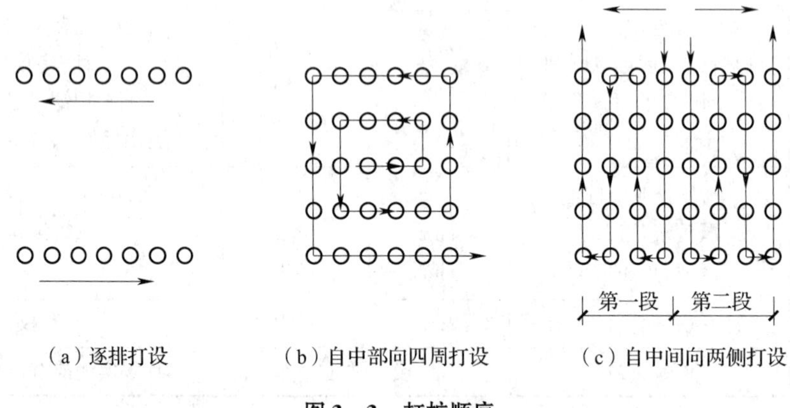


（a）逐排打设　（b）自中部向四周打设　（c）自中间向两侧打设

**图 3－3　打桩顺序**

a. 当桩的中心距不大于 4 倍桩的直径或边长时，应由中间向两侧对称施打，如图 3－3（c）所示，或由中间向四周施打，如图 3－3（b）所示。

b. 当桩的中心距大于 4 倍桩的边长或直径时，可以采用上述两种打法，或逐排单向打设，如图 3－3（a）所示。

③按照基础的设计标高和桩的规格，宜按先深后浅、先大后小、先长后短的顺序进行打桩。

3) 打桩。

①桩的打设：打桩机就位时，桩架应垂直平稳，导杆中心线与打桩方向一致。

桩开始打入时，应控制锤的落距，采用短距轻击；待桩入土一定深度 1～2m 稳定以后，再以规定落距施打。

②施打原则：桩的施打原则是重锤低击，这样桩锤对桩头的冲击小，回弹也小，桩头不易损坏，大部分能量都用于克服桩身与土的摩阻力和桩尖阻力上，桩能较快地沉入土中。

③入土深度：桩入土深度是否已达到设计位置，是否停止锤击，其判断方法和控制原则与桩的类型有关。

4) 打桩质量要求和测量记录。

①打桩质量要求：

a. 端承桩最后贯入度不大于设计规定贯入度数值时，桩端设计标高可作为参考。摩擦桩端标高达到设计规定的标高范围时，贯入度可作为参考。

b. 打（压）入桩（预制混凝土方桩、先张法预应力管桩、钢桩）的桩位偏差，必须符合表3－2的规定。

**表3－2 预制桩（钢桩）桩位的允许偏差**

| 项 次 | 项 目 | 允许偏差（mm） |
|---|---|---|
| 1 | 盖有基础梁的桩：<br>1. 垂直基础梁的中心线；<br>2. 沿基础梁的中心线 | <br>$100+0.01H$<br>$150+0.01H$ |
| 2 | 桩数为1～3根桩基中的桩 | 100 |
| 3 | 桩数为4～16根桩基中的桩 | 1/2桩径或边长 |
| 4 | 桩数大于16根桩基中的桩：<br>1. 最外边的桩；<br>2. 中间桩 | <br>1/3桩径或边长<br>1/2桩径或边长 |

c. 桩的承载力检验。

②混凝土预制桩施工记录：打桩工程是隐蔽工程，施工中应做好每根桩的观测和记录，这是工程验收时检验质量的依据。各项观测数据应记入混凝土预制桩施工记录，见表3－3。

**表3－3 混凝土预制桩施工记录**

施工单位________　　　　工程名称________

打桩小组________　　　　桩规格及长度________

桩锤类型及冲击部分质量________　　　　自然地面标高________

| 编号 | 打桩日期 | | | | 落距（m） | 桩顶高出或低于设计标高（m） | 最后贯入度（mm/10击） | 备注 |
|---|---|---|---|---|---|---|---|---|
| | | 1 | 2 | … | | | | |
| | | | | | | | | |
| | | | | | | | | |
| | | | | | | | | |
| | | | | | | | | |
| | | | | | | | | |
| | | | | | | | | |
| | | | | | | | | |
| | | | | | | | | |
| | | | | | | | | |
| | | | | | | | | |

桩帽质量：________　气候：________　桩顶设计标高：________

工程负责人：________　记录：________

5）打桩施工常见问题的分析。

①桩顶破碎：打桩时，桩顶直接受到桩锤的冲击而产生很高的局部应力，若桩顶钢筋网片配置不当、混凝土保护层过厚、桩顶平面与桩的中心轴线不垂直及桩顶不平整等制作质量问题都会引起桩顶破碎。在沉桩工艺方面，若桩垫材料选择不当、厚度不足，桩锤施打偏心或施打落距过大等也会引起桩顶破碎。

②桩身被打断：制作时，桩身有较大的弯曲凸肚，局部混凝土强度不足，在沉桩时桩尖遇到硬土层或孤石等障碍物，增大落距，反复过度冲击等都可能引起桩身断裂。

③桩身位移、扭转或倾斜：桩尖四棱锥制作偏差大，桩尖与桩中心线不重合的制作，桩架倾斜，桩身与桩帽、桩锤不在同一垂线上的施工操作以及桩尖遇孤石等都会引起桩身位移、扭转或倾斜。

④桩锤回跃，桩身回弹严重：选择桩锤较轻，能引起较大的桩锤回跃；桩尖遇到坚硬的障碍物时，桩身则严重回弹。

（4）静力压桩。静力压桩是利用无噪声、无振动的静压力将桩压入土中，一般用于土质均匀的软土地基的沉桩施工。

1）操作过程。静力压桩（图3－4）利用压桩架的自重和配重，通过卷扬机牵引，由钢丝绳、滑轮和压梁，将整个桩机的重力（800～1500kN）反压在桩顶上，以克服桩身下沉时与土的摩擦力，迫使预制桩下沉。

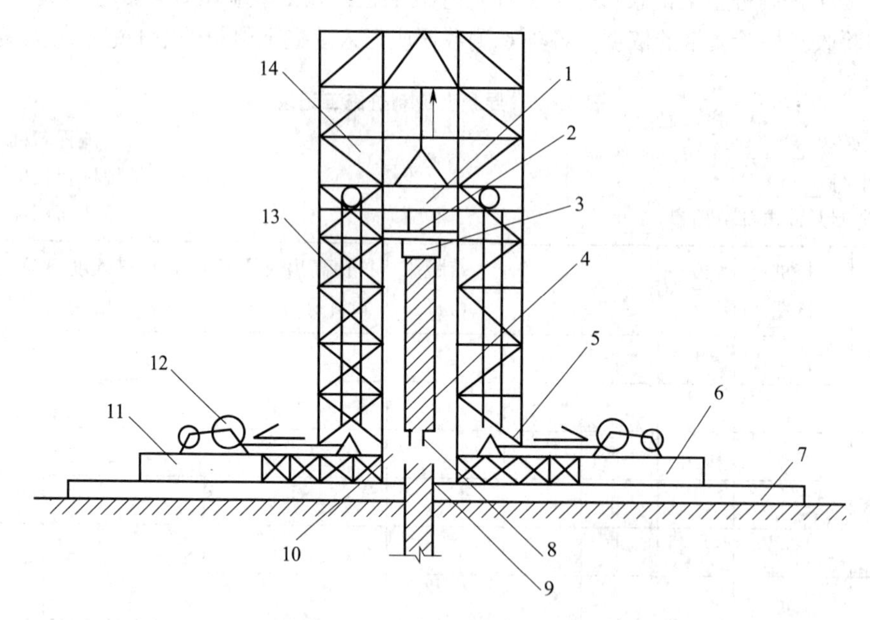


**图3－4 静力压桩机示意图**

1—活动压梁；2—油压表；3—桩帽；4—上段桩；5—加重物仓；6—底盘；
7—轨道；8—上段接桩锚筋；9—下段桩；10—桩架；11—底盘；
12—卷扬机；13—加压钢绳滑轮组；14—桩架导向笼

2）施工方法。压桩施工通常采取分节压入、逐段接长的施工方法。

3）接桩的方法。接桩的方法目前有三种：焊接法（图3－5）、法兰螺栓连接法、硫黄浆锚法（图3－6）。

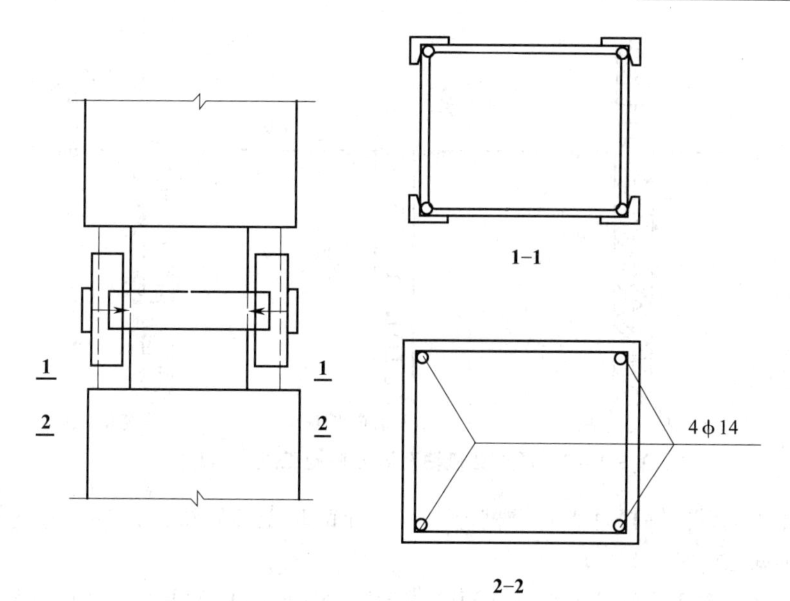


图 3-5　焊接法接桩节点构造

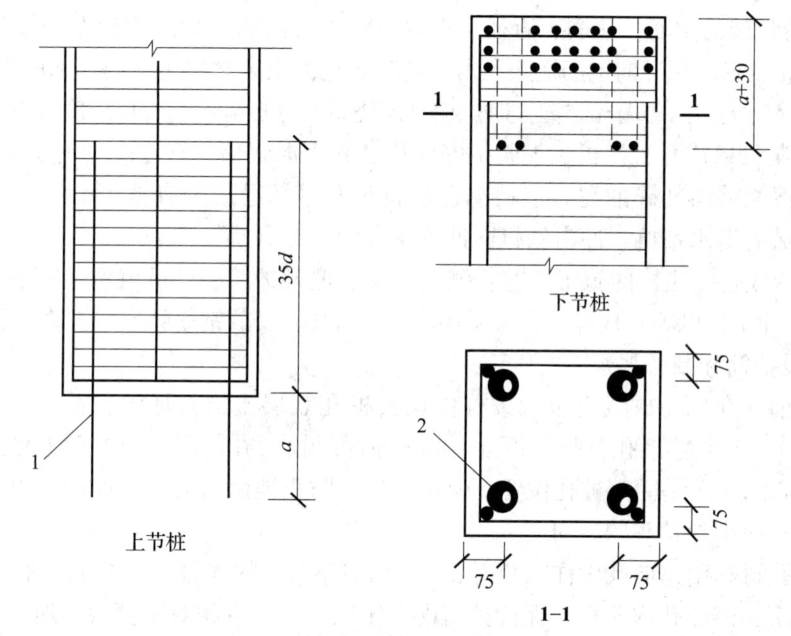


图 3-6　浆锚法接桩节点构造

1—锚筋；2—锚筋孔

**2. 混凝土灌注桩施工**

(1) 干作业钻孔灌注桩。

1) 干作业钻孔灌注桩施工过程，如图 3-7 所示。

2) 干作业成孔一般采用螺旋钻机钻孔。螺旋钻头外径分别为 $\phi$400mm、$\phi$500mm、$\phi$600mm，钻孔深度相应为 12m、10m、8m。适用于成孔深度内没有地下水的一般黏土层、砂土及人工填土地基，不适于有地下水的土层和淤泥质土。

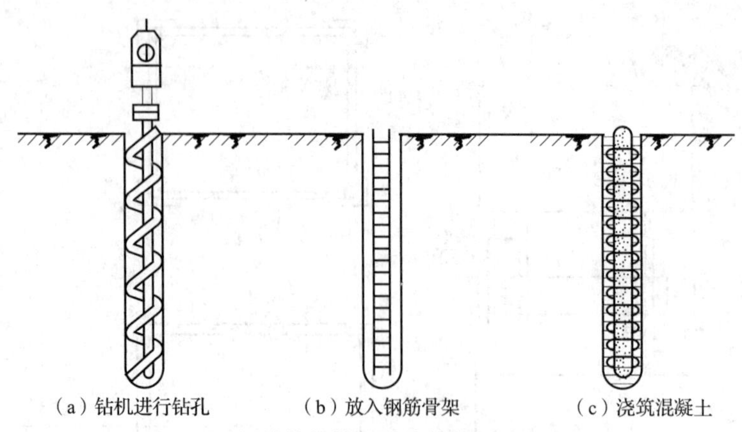
（a）钻机进行钻孔　（b）放入钢筋骨架　（c）浇筑混凝土

**图3－7　螺旋钻机钻孔灌注桩施工过程示意图**

3）钻机就位后，钻杆垂直对准桩位中心，开钻时先慢后快，减少钻杆的摇晃，及时纠正钻孔的偏斜或者位移。

4）钻孔至规定要求深度后，进行孔底清土。清孔的目的是将孔内的浮土、虚土取出，减少桩的沉降。方法是钻机在原深处空转清土，然后停止旋转，提钻卸土。

5）钢筋骨架的主筋、箍筋、直径、根数、间距及主筋保护层均应符合设计规定，绑扎牢固，防止变形。用导向钢筋送入孔内，同时防止泥土杂物掉进孔内。钢筋骨架就位后，应立即灌注混凝土，以防塌孔。灌注时，应分层浇筑、分层捣实，每层厚度为50～60cm。

（2）泥浆护壁成孔灌注桩。泥浆护壁成孔是利用泥浆保护稳定孔壁的机械钻孔方法。它通过循环泥浆将切削碎的泥石渣屑悬浮后排出孔外，适用于有地下水和无地下水的土层。成孔机械有潜水钻机、冲击钻机、冲抓锥等。

泥浆护壁成孔灌注柱的施工工艺：测定桩位、埋设护筒、桩机就位、制备泥浆、机械（潜水钻机、冲击钻机等）成孔、泥浆循环出渣、清孔、安放钢筋骨架、浇筑水下混凝土。

1）埋设护筒和制备泥浆。

①钻孔前，在现场放线定位，按桩位挖去桩孔表层土，并埋设护筒。护筒高2m左右，上部设1～2个溢浆孔，是用厚4～8mm钢板制成的圆筒，其内径应大于钻头直径200mm。护筒的作用是固定桩孔位置，保护孔口，防止地面水流入，增加孔内水压力，防止塌孔，成孔时引导钻头的方向。

②在钻孔过程中，向孔中注入相对密度为1.1～1.5的泥浆，使桩孔内孔壁土层中的孔隙渗填密实，避免孔内漏水，保持护筒内水压稳定；泥浆相对密度大，加大了孔内的水压力，可以稳固孔壁，防止塌孔；通过循环泥浆可将切削的泥石渣悬浮后排出，起到携砂、排土的作用。

2）成孔。

①潜水钻机成孔，如图3－8所示。

工作方式：潜水钻机是一种旋转式钻孔机，其防水电动机变速机构和钻头密封在一起，由桩架及钻杆定位后可潜入水、泥浆中钻孔。注入泥浆后通过正循环或反循环排渣法将孔内切削土粒、石渣排至孔外。

排渣方式：潜水钻机成孔排渣有正循环排渣和反循环排渣两种方式，如图3－9所示。

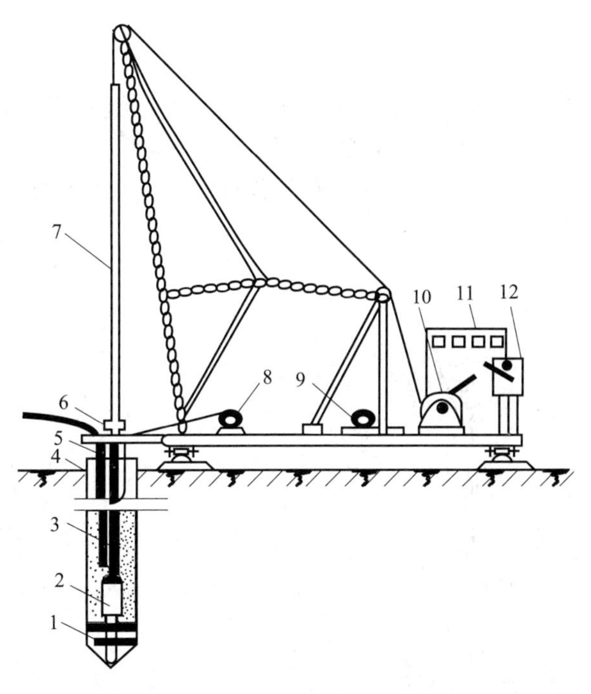


**图 3-8 潜水钻机钻孔示意图**

1—钻头；2—潜水钻机；3—电缆；4—护筒；5—水管；6—滚轮（支点）；7—钻杆；
8—电缆盘；9—5kN 卷扬机；10—10kN 卷扬机；11—电流电压表；12—启动开关

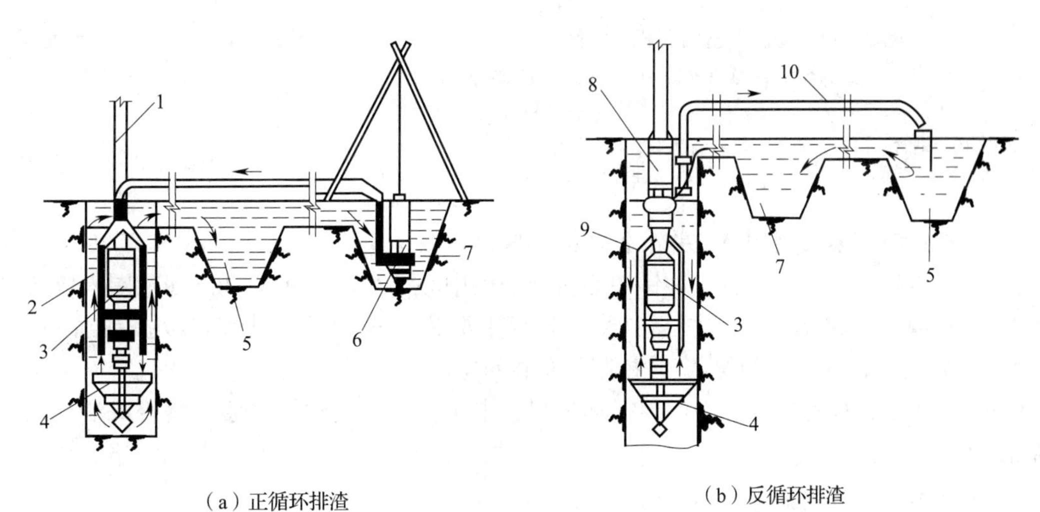


**图 3-9 循环排渣方法**

1—钻杆；2—送水管；3—上机；4—钻头；5—沉淀池；6—潜水泥浆泵；
7—泥浆泵；8—砂石泵；9—抽渣管；10—排渣胶管

a. 正循环排渣法：在钻孔过程中，旋转的钻头将碎泥渣切削成浆状后，利用泥浆泵压送高压泥浆，经钻机中心管、分叉管送入到钻头底部强力喷出，与切削成浆状的碎泥渣混合，携带泥土沿孔壁向上运动，从护筒的溢流孔排出。

b. 反循环排渣法：砂石泵随主机一起潜入孔内，直接将切削碎泥渣随泥浆抽排出孔外。

②冲击钻成孔。

a. 冲击钻机通过机架、卷扬机把带刃的重钻头（冲击锤）提升到一定高度，靠自由下落的冲击力切削破碎岩层或冲击土层成孔，如图 3 – 10 所示。

b. 冲击钻头形式有十字形、工字形、人字形等，通常用十字形冲击钻头，如图 3 – 11 所示。

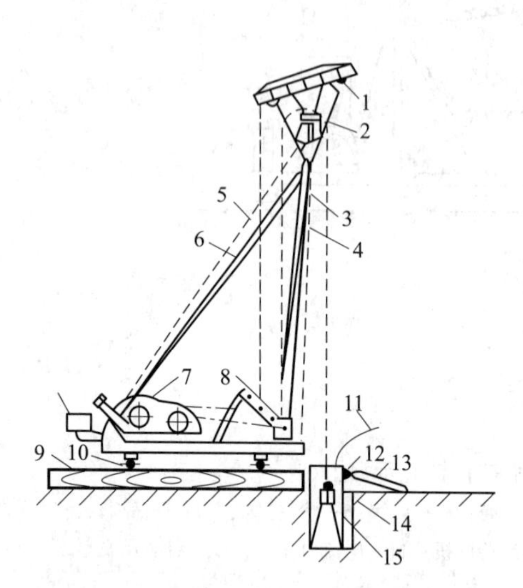


图 3 – 10 简易冲击钻孔机示意图

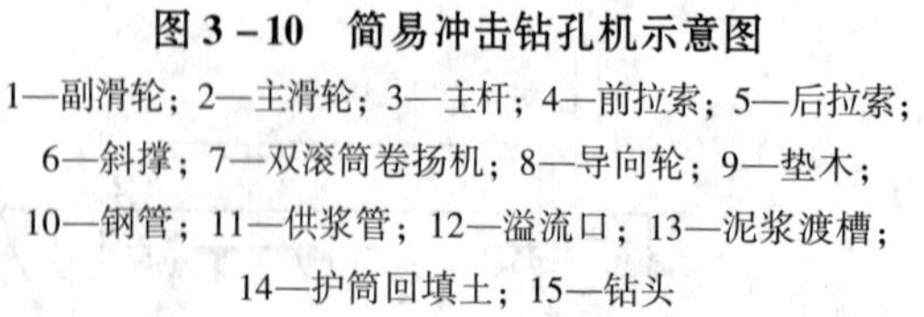

1—副滑轮；2—主滑轮；3—主杆；4—前拉索；5—后拉索；
6—斜撑；7—双滚筒卷扬机；8—导向轮；9—垫木；
10—钢管；11—供浆管；12—溢流口；13—泥浆渡槽；
14—护筒回填土；15—钻头

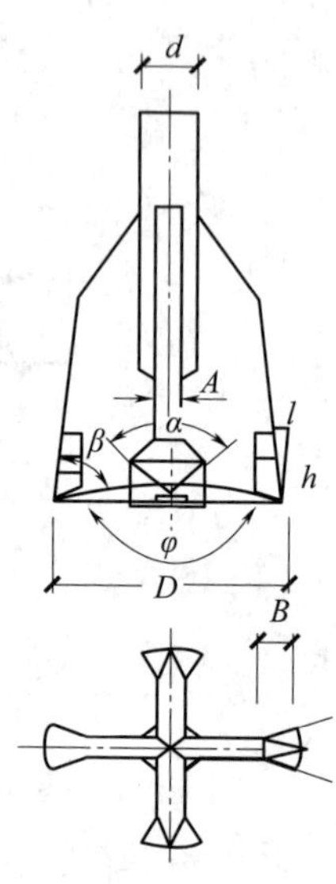


图 3 – 11 十字形冲头示意图

c. 冲孔前应埋设钢护筒，并准备好护壁材料。

d. 冲击钻机就位后，校正冲锤中心对准护筒中心，在冲程 0.4 ~ 0.8m 范围内应低提密冲，并及时加入石块与泥浆护壁，直至护筒下沉 3 ~ 4m 以后，冲程可以提高到 1.5 ~ 2.0m，转入正常冲击，随时测定并控制泥浆相对密度。

e. 施工中，应通常检查钢丝绳损坏情况，卡机松紧程度和转向装置是否灵活，以免掉钻。

3）清孔。

①验孔是用探测器检查桩位、直径、深度和孔道情况；清孔即清除孔底沉渣、淤泥浮土，以减少桩基的沉降量，提高承载能力。

②泥浆护壁成孔清孔时，对于土质较好不易坍塌的桩孔，可用空气吸泥机清孔，气压为 0.5MPa，使管内形成强大高压气流向上涌，同时不断地补足清水，被搅动的泥渣随气流上涌从喷口排出，直至喷出清水为止。

③对于稳定性较差的孔壁应采用泥浆循环法清孔或抽筒排渣，清孔后的泥浆相对密度应控制在 1.15 ~ 1.25。

4）浇筑水下混凝土。

①泥浆护壁成孔灌注混凝土的浇筑是在水中或泥浆中进行的，因此称为浇筑水下混凝土。

②水下混凝土宜比设计强度提高一个强度等级，必须具备良好的和易性，配合比应通过试验确定。

③水下混凝土浇筑常用导管法，如图3－12所示。

④浇筑时，先将导管内及漏斗灌满混凝土，其量确保导管下端一次埋入混凝土面以下0.8m以上，然后剪断悬吊隔水栓的钢丝，混凝土拌和物在自重作用下迅速排出球塞进入水中。

（3）沉管灌注桩。

1）打桩方法。沉管灌注桩是利用锤击打桩设备或振动沉桩设备，将带有钢筋混凝土的桩尖（或钢板靴）或者带有活瓣式桩靴的钢管沉入土中（钢管直径应与桩的设计尺寸一致），造成桩孔，然后放入钢筋骨架并浇筑混凝土，随之拔出套管，利用拔管时的振动将混凝土捣实，便形成所需要的灌注桩。

2）桩的分类。

①锤击沉管灌注桩：锤击沉管灌注桩机械设备示意，如图3－13所示。

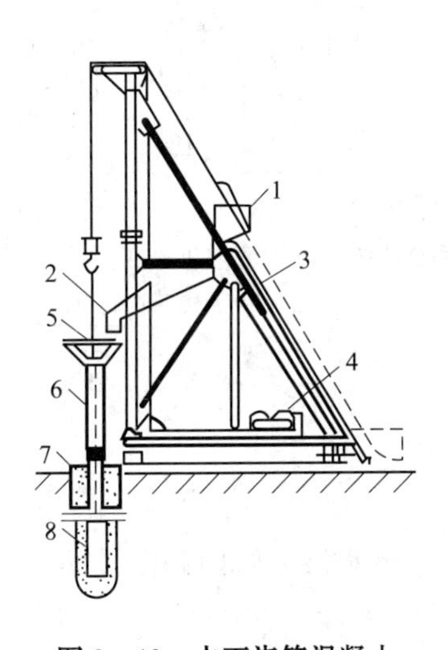


**图3－12 水下浇筑混凝土**

1—上料斗；2—储料斗；3—滑道；4—卷扬机；5—漏斗；6—导管；7—护筒；8—隔水栓

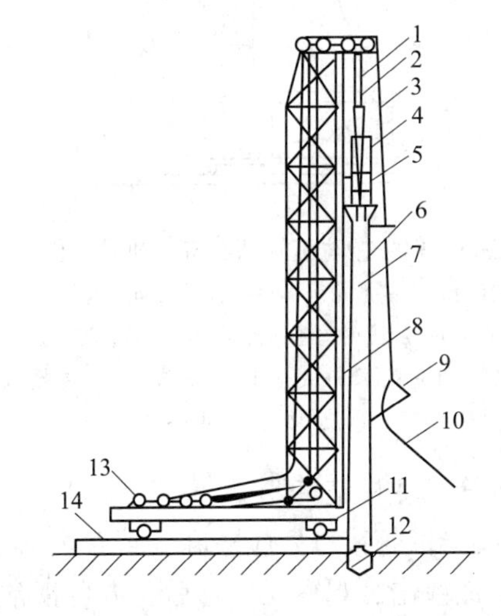


**图3－13 锤击沉管灌注桩机械设备示意图**

1—桩锤钢丝绳；2—桩管滑轮组；3—吊斗钢丝绳；4—桩锤；5—桩帽；6—混凝土漏斗；7—桩管；8—桩架；9—混凝土吊斗；10—回绳；11—行驶用钢管；12—预制桩尖；13—卷扬机；14—枕木

②振动沉管灌注桩：振动沉管灌注桩桩机示意，如图3－14所示。

3）成孔顺序。在沉管灌注桩施工过程中，对土体有挤密作用和振动影响，施工中应结合现场施工条件，考虑成孔的顺序。间隔一个或两个桩位成孔；在邻桩混凝土初凝前或终凝后成孔；一个承台下桩数在5根以上者，中间的桩先成孔，外围的桩后成孔。

4）施工工艺。为了提高桩的质量和承载能力，沉管灌注桩常采用复打法、单打法、翻插法等施工工艺。

单打法（又称一次拔管法）：拔管时，每提升0.5～1.0m，振动5～10s，然后再拔管0.5～1.0m，这样反复进行，直至全部拔出。

复打法：在同一桩孔内连续进行两次单打，或根据需要进行局部复打。施工时，应保证前后两次沉管轴线重合，并在混凝土初凝之前进行。

翻插法：钢管每提升0.5m，再下插0.3m，这样反复进行，直至拔出。

①锤击沉管灌注桩施工过程：锤击沉管灌注桩适宜于一般黏性土、淤泥质土和人工填土地基，其施工过程如图3－15所示，其中图3－15（a）就位图，图3－15（b）沉钢管，图3－15（c）开始灌注混凝土，图3－15（d）下钢筋骨架继续浇筑混凝土，图3－15（e）拔管成型。

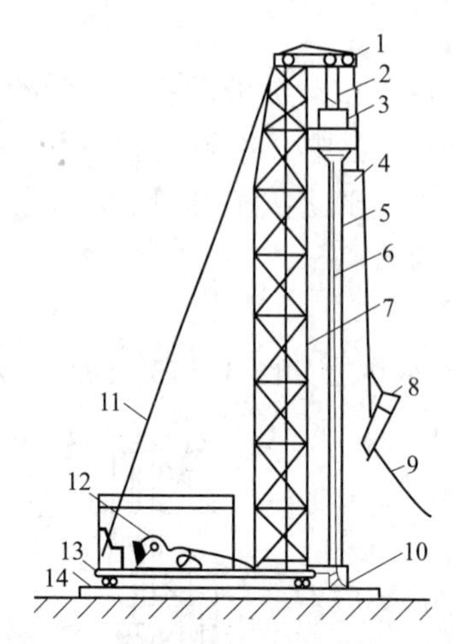


**图3－14 振动沉管灌注桩桩机示意图**

1—导向滑轮；2—滑轮组；3—激振器；4—混凝土漏斗；5—桩管；6—加压钢丝绳；7—桩架；8—混凝土吊斗；9—回绳；10—活瓣桩尖；11—缆风绳；12—卷扬机；13—行驶用钢管；14—枕木

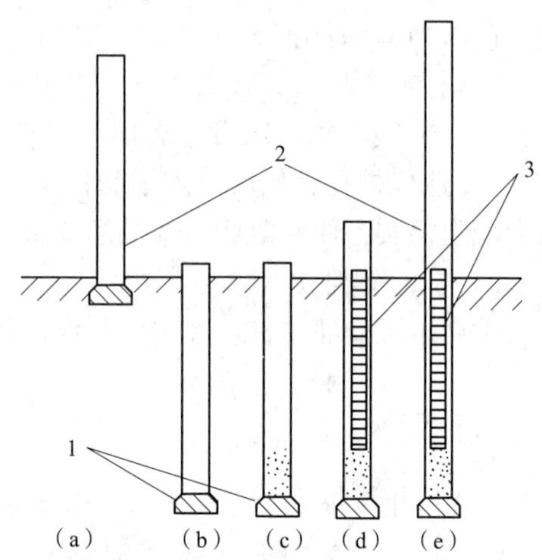


**图3－15 沉管灌注桩施工过程**

1—桩尖；2—钢管；3—钢筋

锤击沉管灌注桩施工要点：

a. 桩尖与桩管接口处应垫麻（或草绳）垫圈，以防地下水渗入管内和作缓冲层。沉管时先用低锤锤击，观察无偏移后，方可正常施打。

b. 拔管前，应先锤击或振动套管，在测得混凝土确已流出套管时方可拔管。

c. 桩管内混凝土尽量填满，拔管时要均匀，保持连续密锤轻击，并控制拔管速度，一般土层以不大于1m/min为宜，软弱土层与软硬交界处，应控制在0.8m/min以内为宜。

d. 在管底未拔到桩顶设计标高前，倒打或轻击不可中断，注意使管内的混凝土保持略高于地面，并保持到全管拔出为止。

e. 桩的中心距在5倍桩管外径以内或小于2m时，均应跳打施工；中间空出的桩须待邻桩混凝土达到设计强度的50%以后，才可施打。

②振动沉管灌注桩：振动沉管灌注桩采用激振器或振动冲击沉管。其施工过程为：

a. 桩机就位。

b. 沉管。

c. 上料。

d. 拔管。

5）沉管灌注桩容易出现的质量问题及处理方法。

①颈缩：

a. 颈缩。指桩身的局部直径小于设计要求的现象。

b. 当在淤泥和软土层沉管时，由于受挤压的土壁产生空隙水压，拔管后便挤向新灌注的混凝土，桩局部范围受挤压形成颈缩。

c. 当拔管过快或混凝土量少，或者混凝土拌和物和易性差时，周围淤泥质土趁机填充过来，也会形成颈缩。

d. 处理方法。拔管时应保持管内混凝土面高于地面，使之具有足够的扩散压力，混凝土坍落度应控制在50~70mm。拔管时应采用复打法，并且严格控制拔管的速度。

②断桩：

a. 断桩。指桩身局部分离或断裂，更为严重的是一段桩没有混凝土。

b. 原因。桩距离太近，相邻桩施工时混凝土还未具备足够的强度，已形成的桩受挤压而断裂。

c. 处理方法。施工时，控制中心距离不小于4倍桩径；确定打桩顺序和行车路线，减少对新灌注混凝土桩的影响。采用跳打法或等已成型的桩混凝土达到60%设计强度后，再进行下根桩的施工。

③吊脚桩：

a. 吊脚桩是指桩底部混凝土隔空或松软，没有落实到孔底地基土层上的现象。

b. 原因。当地下水压力大时，或预制桩尖被打坏，或桩靴活瓣缝隙大时，水及泥浆进入套筒钢管内，或因为桩尖活瓣受土压力，拔管至一定高度才张开，使得混凝土下落，造成桩脚不密实，形成松软层。

c. 处理方法。为了防止活瓣不张开，开始拔管时，可采用密张慢拔的方法，对桩脚底部进行局部翻插几次，然后再正常拔管。桩靴与套管接口处使用性能较好的垫衬材料，防止地下水及泥浆的渗入。

（4）人工挖孔大直径灌注桩。大直径灌注桩是采用人工挖掘方法成孔，放置钢筋笼，浇筑混凝土而成的桩基础，也称墩基础。它由承台、桩身和扩大头组成（图3-16），穿过深厚的软土层而直接坐落在坚硬的岩石层上。

优点是桩身直径大，承载能力高；施工时可在孔内直接检查成孔质量，观察地质土质变化情况；桩孔深度由地基土层实际情况控制，桩底清孔除渣彻底、干净，易确保混凝土浇筑质量。

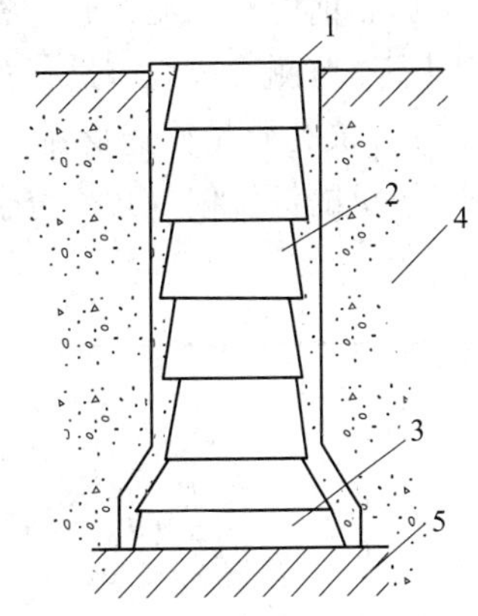


**图3-16 沉井护壁挖孔桩**

1—承台；2—桩身；3—扩大头；4—软土层；5—岩石层

1）人工挖掘成孔护壁方法施工。护壁的支护措施有现浇混凝土护壁、沉井护壁、喷射混凝土护壁等。

①现浇混凝土护壁法施工：

a. 分段开挖、分段浇筑混凝土护壁，既能防止孔壁坍塌，又能起到防水作用。

b. 桩孔采取分段开挖，每段高度取决于土壁直立状态的能力，一般0.5~1.0m为一施工段，开挖井孔直径为设计桩径加混凝土护壁厚度。

c. 护壁施工段，即支设护壁内模板（工具式活动钢模板）后浇筑混凝土，其强度一般不低于C15，护壁混凝土要振捣密实；当混凝土强度达到1MPa（常温下约24h）可拆除模板，进入下一施工段。如此循环，直至挖到设计要求的深度。

②沉井护壁法施工：沉井护壁法施工，如图3-16所示。

a. 当桩径较大，挖掘深度大，地质复杂，土质差（松软弱土层），且地下水位高时，应采用沉井护壁法挖孔施工。

b. 沉井护壁施工是先在桩位上制作钢筋混凝土井筒，井筒下捣制钢筋混凝土刃脚，然后在筒内挖土掏空，井筒靠其自重或附加荷载来克服筒壁与土体之间的摩擦阻力，边挖边沉，使其垂直地下沉到设计要求深度。

2）施工中应该注意的问题。

①桩孔中心线平面位置偏差不宜超过50mm，桩的垂直度偏差不得超过0.5%，桩径不得小于桩设计直径。

②挖掘成孔区内，不得堆放余土和建筑材料，并且防止局部集中荷载和机械振动。

③桩基础一定要坐落在设计要求的持力层上，桩孔的挖掘深度应由设计人员根据现场地基土层的实际情况决定。

④人工挖掘成孔应连续施工，成孔验收后立即进行混凝土浇筑。

⑤认真清除孔底浮渣余土，排净积水，浇筑过程中防止地下水流入。

⑥人工挖掘成孔过程中，应严格按操作规程施工。

⑦井面应设置安全防护栏，当桩孔净距小于2倍桩径且小于2.5m时，应间隔挖孔施工。

（5）灌注桩施工质量要求及安全技术。灌注桩施工质量检查包括成孔及清孔、钢筋骨架制作及安放、混凝土搅拌及灌注三个施工过程的质量检查。

施工前应对水泥、砂、石子、钢材等原材料进行检查，对施工组织设计中制定的、施工顺序、监测手段也应进行检查。

1）成孔质量检查及要求。

①桩的桩位偏差必须符合表3-4的规定，桩顶标高至少要比设计标高高出0.5m。

**表3-4 灌注桩的平面位置和垂直度的允许偏差**

| 序号 | 成孔方法 | | 桩径允许偏差（mm） | 垂直度允许偏差（%） | 桩位允许偏差（mm） | |
|---|---|---|---|---|---|---|
| | | | | | 1~3根、单排桩基垂直于中心线方向和群桩基础的边桩 | 条形桩基沿中心线方向和群桩基础的中间桩 |
| 1 | 泥浆护壁钻孔桩 | $D \leq 1000$mm | ±50 | $<1$ | $D/6$，且不大于100 | $D/4$，且不大于150 |
| | | $D > 1000$mm | ±50 | | $100+0.01H$ | $150+0.01H$ |

续表 3－4

| 序号 | 成孔方法 | | 桩径允许偏差（mm） | 垂直度允许偏差（%） | 桩位允许偏差（mm） | |
| --- | --- | --- | --- | --- | --- | --- |
| | | | | | 1～3根、单排桩基垂直于中心线方向和群桩基础的边桩 | 条形桩基沿中心线方向和群桩基础的中间桩 |
| 2 | 套管成孔灌注桩 | $D\leq500$mm | －20 | ＜1 | 70 | 150 |
| | | $D>500$mm | | | 100 | 150 |
| 3 | 干成孔灌注桩 | | －20 | ＜1 | 70 | 150 |
| 4 | 人工挖孔桩 | 混凝土护壁 | ＋50 | ＜0.5 | 50 | 150 |
| | | 钢套管护壁 | ＋50 | ＜1 | 100 | 200 |

注：$H$—桩高（mm）。

②灌注桩成孔深度的控制要求：

a. 锤击套管成孔，桩尖位于坚硬、硬塑黏性土、碎石土、中密以上的砂土、风化岩土层时，应达到设计规定的贯入度；桩尖位于其他软土层时，桩尖应达到设计规定的标高。

b. 泥浆护壁成孔、干作业成孔，应达到设计规定的深度。

c. 灌注桩的沉渣厚度。当以摩擦力为主时，不得大于150mm；当以端承力为主时不得大于50mm。

2）钢筋笼制作及安放要求。

①钢筋笼制作时，要求主筋沿环向均匀布置，箍筋的直径及间距、主筋的保护层、加劲箍的间距等均应符合设计要求。主筋与箍筋之间宜采用焊接连接。加劲箍应设在主筋外侧，主筋一般不设弯钩，根据施工工艺要求，所设弯钩不得向内圈伸露，避免妨碍施工。

②钢筋笼主筋的保护层允许偏差：水下灌注混凝土桩为±20mm；非水下灌注混凝土桩为±10mm。

③钢筋笼制作、运输、安装过程中，应采取措施防止变形，并且应有保护层垫块（或垫管、垫板）。吊放入孔时，应避免碰撞孔壁。灌注混凝土时，应采取措施固定钢筋笼的位置。

3）混凝土搅拌与灌注。

①混凝土搅拌主要检查材料质量与配比计量、混凝土坍落度；灌注混凝土应检查防止混凝土离析的措施、浇筑厚度及振捣密实情况。

②灌注桩各工序应连续施工。钢筋笼放入泥浆后，4h内需灌注混凝土。

③灌注后，桩顶应高出设计标高0.5m。灌注桩的实际浇筑混凝土量不得小于计算体积。

④浇筑混凝土时，同一配比的试块，每班不得少于1组；泥浆护壁成孔的灌注桩，每根桩不得少于1组。

⑤混凝土灌注桩的质量检验标准应符合表3－5、表3－6的规定。

表 3－5 混凝土灌注桩钢筋笼质量检验标准

| 项目 | 序号 | 检查项目 | 允许偏差或允许值（mm） | 检查方法 |
|---|---|---|---|---|
| 主控项目 | 1 | 主筋间距 | ±10 | 用钢尺量 |
| | 2 | 钢筋骨架长度 | ±100 | 用钢尺量 |
| 一般项目 | 1 | 钢筋材质检验 | 设计要求 | 抽样送检 |
| | 2 | 箍筋间距 | ±20 | 用钢尺量 |
| | 3 | 直径 | ±10 | 用钢尺量 |

表 3－6 混凝土灌注桩质量检验标准

| 项目 | 序号 | 检查项目 | 允许偏差或允许值 | | 检查方法 |
|---|---|---|---|---|---|
| | | | 单位 | 数值 | |
| 主控项目 | 1 | 桩位 | 见表 3－8 | | 基坑开挖前量护筒，开挖后量桩中心 |
| | 2 | 孔深 | mm | +300 | 只深不浅，用重锤测，可测钻杆、套管长度，嵌岩桩应确保进入设计要求的嵌岩深度 |
| | 3 | 桩体质量检验 | 按基桩检测技术规范。如钻芯取样，大直径嵌岩桩应钻至桩尖下 500mm | | 按基桩检测技术规范 |
| | 4 | 混凝土强度 | 设计要求 | | 试件报告或钻芯取样送检 |
| | 5 | 承载力 | 按基桩检测技术规范 | | 按基桩检测技术规范 |
| 一般项目 | 1 | 垂直度 | 见表 3－4 | | 测套管或钻杆，或用超声波探测，干施工时吊垂球 |
| | 2 | 桩径 | 见表 3－4 | | 井径仪或超声波检测，干施工时用钢尺量，人工挖孔桩不包括内衬厚度 |
| | 3 | 泥浆密度（黏土或砂性土中） | 1.15～1.2 | | 用比重计测，清孔后在距孔底 50cm 处取样 |
| | 4 | 泥浆面标高（高于地下水位） | m | 0.5～1.0 | 目测 |
| | 5 | 沉渣厚度：端承桩<br>摩擦桩 | mm | ≤50<br>≤150 | 用沉渣仪或重锤测量 |
| | 6 | 混凝土坍落度 | mm | 160～220 | 坍落度仪 |
| | 7 | 钢筋笼安装深度 | mm | ±100 | 用钢尺量 |
| | 8 | 混凝土充盈系数 | >1 | | 检查每根桩的实际灌注量 |
| | 9 | 桩顶标高 | mm | +30，－50 | 水准仪，需扣除桩顶浮浆层及劣质桩体 |

4）施工验收资料。

①工程地质勘查报告、桩基施工图、图纸会审纪要、设计变更单及材料代用通知单等。

②经审定的施工组织设计、施工方案及执行中的变更情况。

③桩位测量放线图，包括工程桩位线复核签证单。

④桩孔、钢筋、混凝土工程施工隐蔽记录及各分项工程质量检查验收单及施工记录。

⑤成桩质量检查报告。

⑥单桩承载力检测报告。

⑦基坑挖至设计标高的桩位竣工平面图及桩顶标高图。

5）桩基础工程安全技术。

①桩基础工程施工区域，应实行封闭式管理，进入现场的各类施工人员，必须接受安全教育，严格按照操作规程施工，服从指挥，坚守岗位，集中精力操作。

②按不同类型桩的施工特点，针对不安全因素，制定可靠的安全措施，严格实施。

③对施工危险区域和机具（冲击、锤击桩机，人工挖掘成孔的周围，桩架下），要加强巡视检查，对于有险情或异常情况时，应该立即停止施工并及时报告，待有关人员查明原因，排除险情或加固处理后，方能继续施工。

④打桩过程中可能引起停机面土体挤压隆起或沉陷，打桩机械及桩架应随时调整，保持稳定，防止意外事故发生。

⑤加强机械设备的维护管理，机电设备应有防漏电装置。

# 3.2 主体结构施工

## 3.2.1 砌体结构工程施工

### 1. 脚手架工程

（1）外脚手架。外脚手架是指搭设在外墙外面的脚手架。其主要结构形式有碗扣式、钢管扣件式、方塔式、门形、附着式升降脚手架和悬吊脚手架等。下面以常用的扣件式钢管脚手架作介绍。

扣件式钢管脚手架是属于多立杆式外脚手架中的一种。其特点是：装卸方便，配件数量少；利于施工操作；搭设灵活，搭设高度大；坚固耐用，使用方便。

多立杆式外脚手架由立杆、大横杆、小横杆、斜撑、脚手板等组成。其特点是每步架高可根据施工需要灵活布置，取材方便，钢、木、竹等均可应用。

多立杆式脚手架分为双排式和单排式两种形式。双排式沿外墙侧设两排立杆，小横杆两端支承在内外二排立杆上，多、高层房屋均可采用。单排式沿墙外侧仅设一排立杆，其小横杆与大横杆连接，另一端承在墙上，仅适用于荷载较小、高度较低（$<24m$）、墙体有一定强度的多层房屋，如图 3－17 所示。

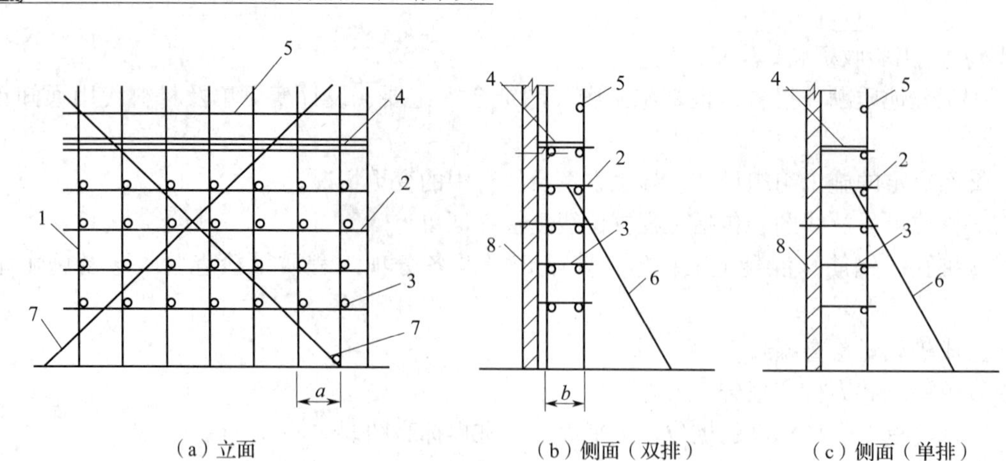


（a）立面　　（b）侧面（双排）　　（c）侧面（单排）

**图3-17　多立杆式脚手架**

1—立杆；2—大横杆；3—小横杆；4—脚手板；5—栏杆；6—抛撑；7—剪刀撑；8—墙体

（2）悬挂脚手架。悬挂式脚手架直接悬挂在建筑物已施工完并具有一定强度的柱、板或屋顶等承重结构上。它也是一种外脚手架，升降灵活，省工省料，既可用于外墙装修，也可用于墙体砌筑。

图3-18为一种桥式悬挂脚手架，主要用于6m柱距的框架结构房屋的砌墙工程中。铺有脚手板的轻型桁架，借助三角挂架支承于框架柱上。三角挂架一般用L50×5组成，宽度为1.3m左右，通过卡箍与框架柱联结。脚手架的提升则依靠塔式起重机或其他起重设备进行。

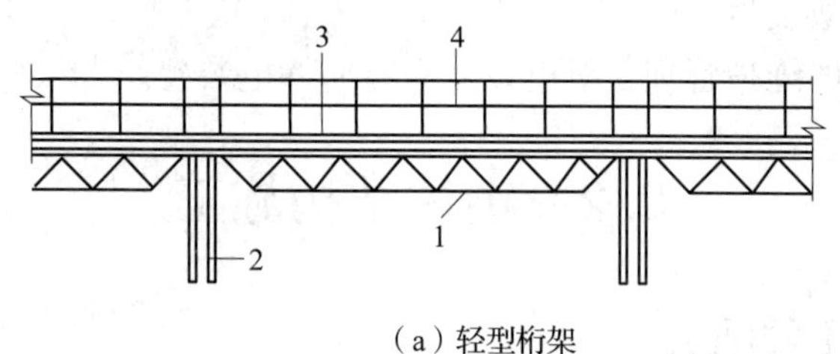


（a）轻型桁架

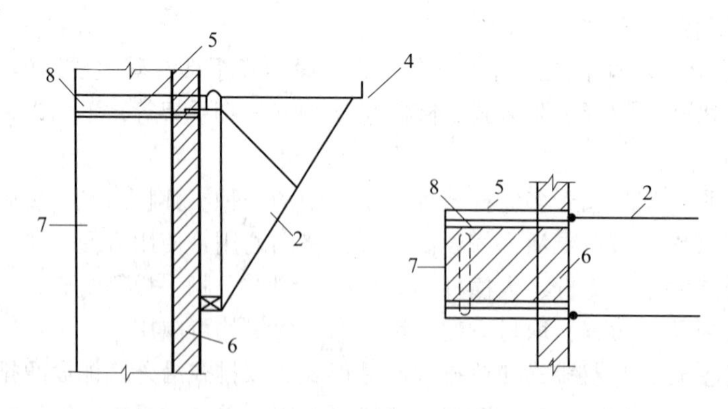


（b）三角挂架

**图3-18　桥式悬挂脚手架**

1—轻型桁架；2—三角挂架；3—脚手板；4—栏杆；5—卡箍；6—砖墙；7—钢筋混凝土柱；8—螺栓

图3－19为一种能自行提升的悬挂式脚手架。它由操作台、悬挑部件、吊架、升降设备等组成，适用于小跨度框架结构房屋或单层工业厂房的外墙砌筑和装饰工程。升降设备通常可采用手扳葫芦，操纵灵活，能随时升降，升降时应尽量保持提升速度一致。吊架也可用吊篮代替。悬挑部件的安装务须牢固可靠，防止出现倾翻事故。

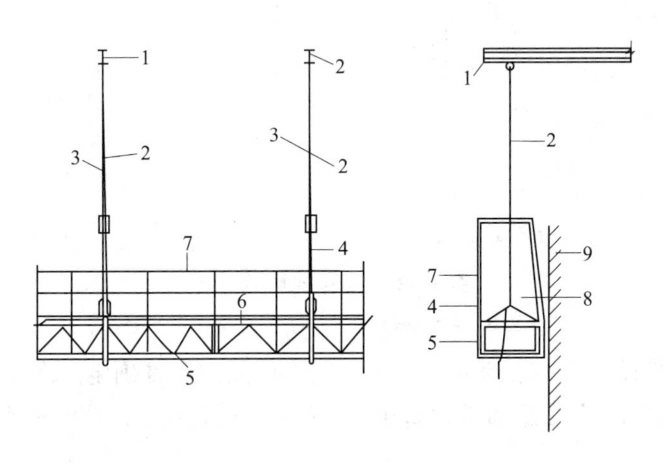


**图3－19 提升式吊架**

1—悬臂横杆；2—吊架绳；3—安全绳；4—吊架；5—操作台；
6—脚手板；7—栏杆；8—手扳葫芦；9—砖墙

（3）里脚手架。里脚手架搭设于建筑物内部，每砌完一层墙后，即将其转移到上一层楼面，进行新的一层墙体砌筑。里脚手架也用于外墙砌筑和室内装饰施工。

里脚手架用料少，装拆较频繁，要求轻便灵活，装拆方便。其结构形式有支柱式、折叠式和门架式。

1）折叠式。折叠式里脚手架适用于民用建筑的内墙砌筑和内粉刷。按照材料不同，分为角钢、钢管和钢筋折叠式里脚手架，角钢折叠式里脚手架的架设间距，砌墙时不超过2m，粉刷时不超过2.5m。可以搭设两步脚手，第一步高根据施工层高，沿高度可以搭设两步脚手，第一步高约1m，第二步高约1.65m。钢管和钢筋折叠式里脚手架的架设间距，砌墙时不超过1.8m，粉刷时不超过2.2m。

2）支柱式。支柱式里脚手架由若干支柱和横杆组成。适用于砌墙和内粉刷。其搭设间距，砌墙时不超过2m，粉刷时不超过2.5m。支柱式里脚手架的支柱有套管式和承插式两种形式。套管式支柱（图3－20），它是将插管插入立管中，以销孔间距调节高度，在插管顶端的凹形支托内搁置方木横杆，横杆上铺设脚手架。架设高度为1.5～2.1m。

3）门架式。门架式里脚手架由两片A形支架与门架组成（图3－21），适用于砌墙和粉刷。支架间距，砌墙时不超过2.2m，粉刷时不超过2.5m，其架设高度为1.5～2.4m。

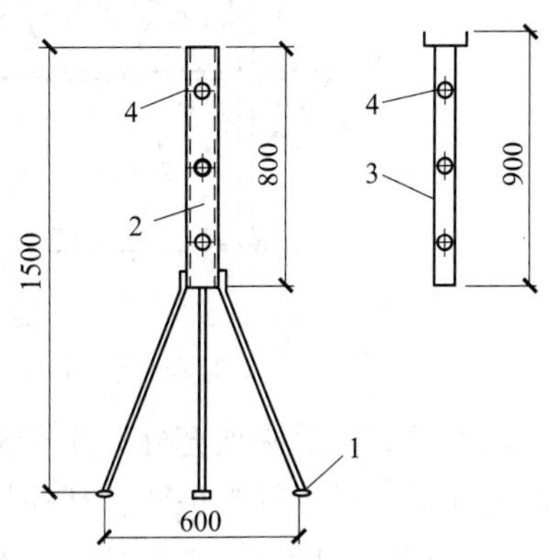


**图3－20 套管式支柱**

1—支脚；2—立管；3—插管；4—销孔

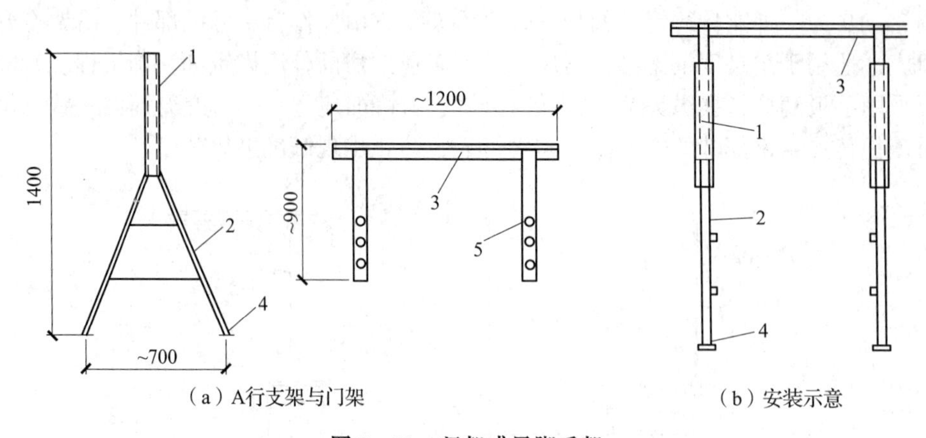


**图 3-21 门架式里脚手架**

1—立管；2—支脚；3—门架；4—垫板；5—销孔

（4）脚手架搭设。脚手架的宽度需按砌筑工作面的布置确定。图 3-22 为一般砌筑工程的工作面布置图。其宽度通常为 2.05～2.60m，并且在任何情况下不小于 1.5m。

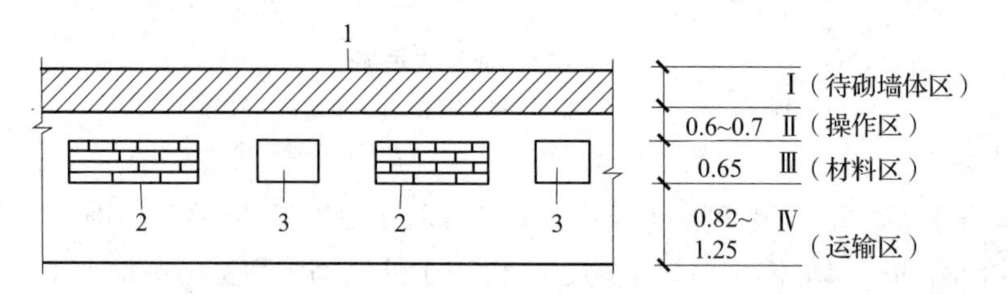


**图 3-22 砌砖工作面布置图（单位：m）**

1—待砌墙体区；2—砖堆；3—灰浆槽

当采用内脚手架砌筑墙体时，为配合塔式起重机运输，还可以设置组合式操作平台作为集中卸料地点。图 3-23 为组合式操作平台的型式之一。它由立柱架、横向桁架、三角挂架、脚手板及连系桁架等组成。

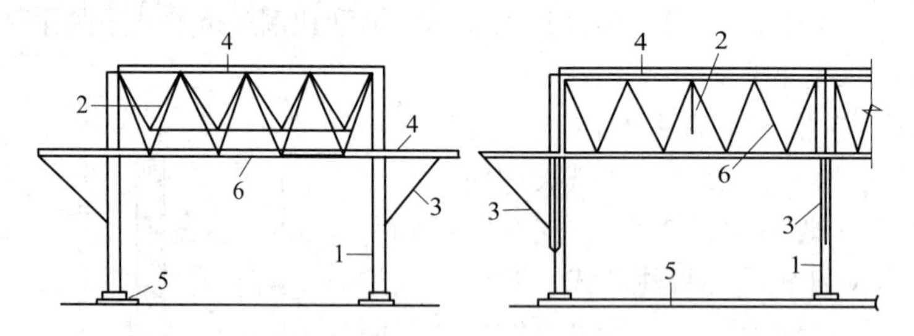

**图 3-23 组合式操作平台**

1—立柱架；2—横向桁架；3—三角挂架；4—脚手板；5—垫板；6—连系桁架

脚手架的搭设必须充分保证安全。为此，脚手架应具备足够的强度、刚度和稳定性。通常情况下，对于外脚手架，其外加荷载规定为：均布荷载不超过 $270kg/m^2$。若需超载，则应采取相应的措施，并经验算后方可使用。过高的外脚手架必须注意防雷，钢脚手架的防雷措施是用接地装置与脚手架连接，通常每隔 50m 设置一处。最远点到接地装置脚手架上的过渡电阻应不超过 10Ω。

使用内脚手架，必须沿外墙设置安全网，以防止高空操作人员坠落。安全网一般多用 $\phi 9$ 的麻、棕绳或尼龙绳编织，其宽度不应小于 1.5m。安全网的承载能力应不小于 160kg/m$^2$。图 3 -24 为安全网的一种搭设方式。

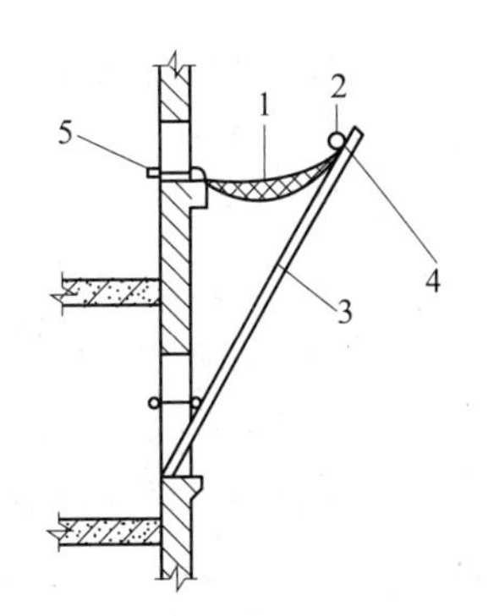


**图 3 -24 安全网搭设方式之一**

1—安全网；2—大横杆；3—斜杆；4—麻绳；5—拦墙杆

**2. 砌筑材料**

（1）砌筑用砖。

1）砖的种类。按所用原材料分，有页岩砖、黏土砖、煤矸石砖、灰砂砖、粉煤灰砖和炉渣砖等；按生产工艺可分为烧结砖和非烧结砖，其中非烧结砖又可分为压制砖、蒸养砖和蒸压砖等；按照有无孔洞可分为空心砖和实心砖。普通黏土砖的尺寸为 240mm×115mm×53mm，砖的强度等级：MU10、MU15、MU20、MU25、MU30。

烧结多孔砖（承重）的尺寸：P 型：240mm × 115mm × 90mm；M 型：190mm × 190mm×90mm；砖的强度等级：MU10、MU15、MU20、MU25、MU30。

2）砖的准备。

①选砖：砖的品种、强度等级必须符合设计要求，并应规格一致；用于清水墙、柱表面的砖，外观要求应边角整齐、尺寸准确、无裂纹、色泽均匀、掉角、缺棱和翘曲等严重现象。

②砖浇水：为避免砖吸收砂浆中过多的水分而影响粘结力，砖应提前 1 ~2d 浇水湿润，并可除去砖面上的粉末。烧结普通砖含水率宜为 10% ~15%，但是浇水过多会产生砌体走样或滑动。气候干燥时，石料亦应先洒水润湿。但灰砂砖、粉煤灰砖不宜浇水过多，其含水率控制在 5% ~8% 为宜。

（2）砌筑用石。

1）石的分类。砌筑用石分为毛石和料石两类。

毛石未经加工，厚≤150mm，体积≤0.01m$^3$，分为乱毛石和平毛石。乱毛石是指形状不规则的石块；平毛石是指形状不规则，但有两个平面大致平行的石块。

料石经加工，外观规矩，尺寸均≥200mm，按照其加工面的平整程度分为细料石、半细料石、粗料石和毛料石四种。

石料按照其质量密度大小分为轻石和重石两类：质量密度不大于 18kN/m$^3$ 者为轻石，质量密度大于 18kN/m$^3$ 者为重石。

2）石的强度等级。根据石料的抗压强度值，将石料分为 MU20、MU30、MU40、MU50、MU60、MU80、MU100 七个强度等级。

（3）砌块。

1）砌块的种类。砌块代替黏土砖作为墙体材料，是墙体改革的一个重要途径。砌块按形状来分有实心砌块和空心砌块两种；按制作原料分为粉煤灰、加气混凝土、混凝土、硅酸盐、石膏砌块等数种；按照规格来分有小型砌块、中型砌块和大型砌块，砌块高度在 115 ~380mm 称小型砌块，高度在 380 ~980mm 称作中型砌块，高度大于 980mm 称作大型砌块。

2）砌块的规格。砌块的规格、型号与建筑的层高、开间和进深有关。因为建筑的功能要求、平面布置和立面体型各不相同，这就必须选择一组符合统一模数的标准砌块，以适应不同建筑平面变化。

因为砌块的规格、型号的多少与砌块幅面尺寸的大小有关，及砌块幅面尺寸大，规格、型号就多，砌块幅面尺寸小，规格、型号就少，因此，合理地制定砌块的规格，有助于促进砌块生产的发展，加速施工进度，确保工程质量。

普通混凝土小型空心砌块主规格尺寸为390mm×190mm×190mm，辅助规格尺寸为290mm×190mm×190mm。

3）砌块的强度等级。砌块的强度等级分为MU5、MU7.5、MU10、MU15、MU20。

（4）砌筑砂浆。

1）砂浆的种类。砌筑砂浆有水泥砂浆、石灰砂浆和混合砂浆。砌筑所用砂浆的强度等级有M2.5、M5、M7.5、M10和M15五种。砂浆种类选择及其等级的确定，一应按照设计要求。

水泥砂浆和混合砂浆可用于砌筑潮湿环境和强度要求较高的砌体，但是对于基础一般采用水泥砂浆。石灰砂浆宜用于砌筑干燥环境中以及强度要求不高的砌体，不宜用于潮湿环境的砌体及基础，由于石灰属气硬性胶凝材料，在潮湿环境中，石灰膏不但难以结硬，而且会出现溶解流散现象。

2）砂浆材料要求。砌筑砂浆使用的水泥品种及标号，应按照砌体部位和所处环境来选择。水泥进场使用前，应分批对其强度、安定性进行复验。检验批应以同一生产厂家、同一编号为一批。

砂浆用砂的含泥量应满足下列要求：对水泥砂浆和强度等级不小于M5的水泥混合砂浆，不应该超过5%；对强度等级小于M5的水泥混合砂浆，不应超过10%；人工砂、山砂及特细砂，应经试配能满足砌筑砂浆技术条件要求。

3）砂浆制备与使用。

①拌制砂浆用水，水质应符合国家现行标准《混凝土用水标准（附条文说明）》JGJ 63—2006的规定。

②砂浆现场拌制时，各组分材料应采用质量计量。

③砌筑砂浆应采用机械搅拌，自投料完算起，搅拌时间应符合下列规定：水泥砂浆和水泥混合砂浆不得少于2min；水泥粉煤灰砂浆和掺用外加剂的砂浆不得少于3min；掺增塑化剂的砂浆应符合《砌筑砂浆增塑剂》JG/T 164—2004的规定。

④砂浆应进行强度检验。砌筑砂浆试块强度验收时，其强度合格标准必须符合下列规定：

a. 同一验收批砂浆试块抗压强度平均值须大于或等于设计强度等级值的1.10倍。

b. 同一验收批砂浆试块抗压强度的最小一组平均值应大于或等于设计强度等级值的85%。

c. 砂浆强度应以标准养护龄期为28d的试块抗压试验结果为准。

d. 抽检数量：每一检验批且不超过250$m^3$砌体中的各种类型及强度等级的砌筑砂浆，每台搅拌机应至少抽查一次。

e. 检验方法：在砂浆搅拌机出料口随机取样制作砂浆试块（同盘砂浆只应制作一组试块），最后检查试块强度并填写试验报告单。

**3. 砖砌体工程**

(1) 砌筑方法。砖砌体的砌筑方法有“三一”砌砖法、“二三八一”砌砖法、挤浆法、刮浆法和满口灰法。其中，“三一”砌砖法和挤浆法最为常用。

1)“三一”砌砖法。即一块砖、一铲灰、一揉压并随手将挤出的砂浆刮去的砌筑方法。这种砌法的优点：灰缝易饱满，粘结性好，墙面整洁。因此实心砖砌体宜采用“三一”砌砖法。

2)“二三八一”砌砖法。即由两种步法三种身法（丁字步)、(丁字步和并列步)、(与并列步的侧身弯腰、丁字步的正弯腰和并列步的正弯腰)、八种铺灰手法（砌条砖用的甩、扣、泼、溜和砌丁砖时的扣、溜、泼，一带二）和一种挤浆动作（砌砖时利用手指揉动，使落在灰槽上的砖产生轻微颤动，砂浆受振以后液化，砂浆中的水泥浆颗粒充分进入到砖的表面，产生良好吸附粘结作用）所组成的一套符合人体正常活动规律的先进砌砖工艺。

3) 挤浆法。即用灰勺、大铲或铺灰器在墙顶上铺一段砂浆，然后双手拿砖或单手拿砖，用砖挤入砂浆中一定厚度之后把砖放平，达到下齐边、上齐线、横平竖直的要求。这种砌法的优点：可以连续挤砌几块砖，减少烦琐的动作；平推平挤可使灰缝饱满，效率高；保证砌筑质量。

(2) 砌筑工艺。

1) 抄平。砌墙前，应在基础防潮层或楼面上定出各层标高，并且用水泥砂浆或细石混凝土找平，使各段砖墙底部标高符合设计要求。找平时，需使上下两层外墙之间不致出现明显的接缝。

2) 放线。根据龙门板上给定的轴线及图纸上标注的墙体尺寸，在基础顶面上用墨线弹出墙的轴线和墙的宽度线，并分出门洞口位置线。

3) 摆砖。摆砖是指在放线的基面上按选定的组砌方式用干砖试摆，又称撂底。通常在房屋外纵墙方向摆顺砖，在山墙方向摆丁砖，摆砖由一个大角摆到另一个大角，砖与砖间留 10mm 缝隙。摆砖的目的是为了校对所放出的墨线在门窗洞口、附墙垛等处是否符合砖的模数，以尽量减少砍砖，并使砌体灰缝均匀，组砌得当。

4) 立皮数杆和砌砖。皮数杆是指在其上划有每皮砖和砖缝厚度，以及过梁、门窗洞口、楼板、预埋件等标高位置的一种木制标杆，如图 3-25 所示。它是砌筑时控制砌体竖向尺寸的标志，同时还可以保证砌体的垂直度。

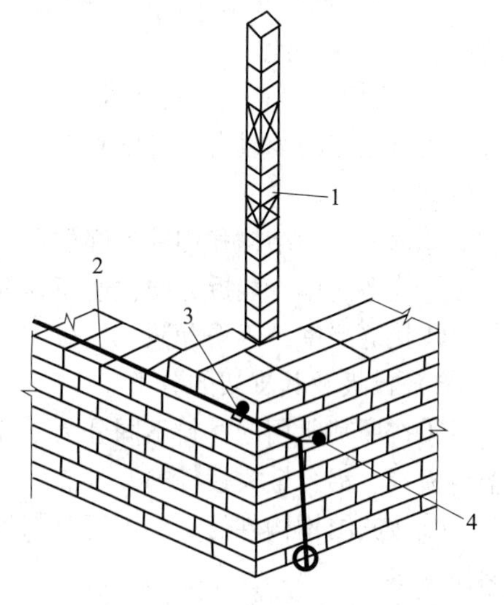


**图 3-25 皮数杆示意图**

1—皮数杆；2—准线；3—竹片；4—圆铁钉

皮数杆一般立于房屋的四大角、内外墙交接处、楼梯间以及洞口多的地方，大约每隔 10~15m 立一根。皮数杆的设立，应由两个方向斜撑或铆钉加以固定，以保证其牢固和垂直。通常每次开始砌砖前应检查一遍皮数杆的垂直度和牢固程度。

砌砖的操作方法很多，各地的习惯、使用工具也不尽相同，一般宜采用“三一砌砖法”，即一铲灰、一块砖、一挤揉，并随手将挤出的砂浆刮去的砌筑方法。此法的特点是：灰缝容易饱满、粘结力好、墙面整洁。砌砖时，应根据皮数杆先在墙角砌 4~5 皮砖，称为盘角，然后按照皮数杆和已砌的墙角挂线，作为砌筑中间墙体的依据，以保证墙面平整。一砖厚的墙单面挂线，外墙挂外边，内墙挂一边；一砖半及以上厚的墙都要双面挂线。

5）挂线。为了保证砌体垂直平整，砌筑时必须挂线，通常 240mm 厚墙可单面挂线，370mm 厚墙及以上的墙则应双面挂线。

6）砌砖。砌砖的操作方法很多，常用的是“三一”砌砖法和挤浆法。砌砖时，先挂上通线，按所排的干砖位置把第一皮砖砌好，然后盘角。盘角又称立头角，指在砌墙时先砌墙角，然后从墙角处拉准线，再按准线砌中间的墙。砌筑过程中应三皮一吊、五皮一靠，确保墙面垂直平整。

7）勾缝、清理。清水墙砌完后，要进行墙面修正及勾缝。墙面勾缝应横平竖直，深浅一致，搭接平整，不得有丢缝、开裂和粘结不牢等现象。砖墙勾缝宜采用凹缝或平缝，凹缝深度通常为 4~5mm。勾缝完毕后，应进行墙面、柱面和落地灰的清理。

### 3.2.2 混凝土结构工程施工

#### 1. 模板工程

（1）模板的作用、要求和种类。

1）模板系统包括模板、支架和紧固件三个部分。模板又称模型板，是新浇混凝土成型用的模具。

2）支承模板及承受作用在模板上的荷载的结构（如支柱、桁架等）均称为支架。

3）模板及其支架应根据工程结构形式、荷载大小、地基土类别、施工设备和材料供应等条件进行设计。

4）模板以及其支架的要求：

①有足够的承载力、刚度和稳定性，能可靠地承受浇筑混凝土的重力、侧压力以及施工荷载。

②保证工程结构和构件各部位形状尺寸和相互位置的正确。

③构造简单，装拆方便，便于钢筋的绑扎与安装、混凝土的浇筑与养护等工艺要求。

④接缝严密，不得漏浆。

5）模板及其支架的分类。

①按照其所用的材料不同分为木模板、钢模板、钢木模板、钢竹模板、胶合板模板、塑料模板、铝合金模板等。

②按其结构构件的类型不同分为柱模板、基础模板、墙模板、楼板模板、壳模板和烟囱模板等。

③按其形式不同分为定型模板、整体式模板、滑升模板、工具式模板、胎模板等。

（2）木模板。木模板及其支架系统通常在加工厂或现场木工棚制成元件，然后再在现场拼装。

图 3－26 所示为基本元件之一拼板的构造。

1）基础模板。基础的特点是高度不大而体积较大，基础模板通常利用地基或基槽（坑）进行支撑。安装时，要保证上下模板不发生相对位移，如为杯形基础，则还要在其中放入杯口模板。

图 3－27 所示为阶梯形基础模板。

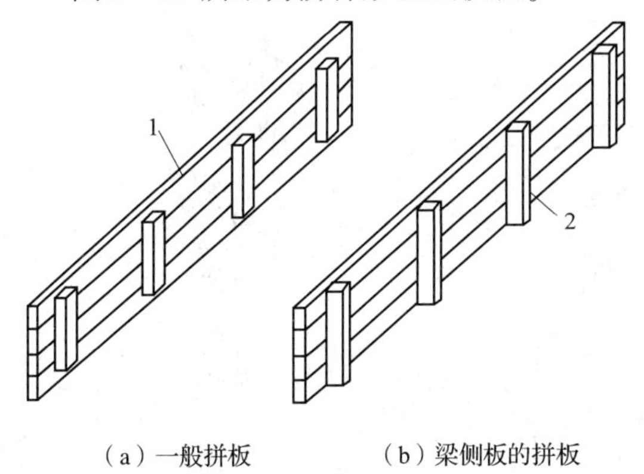


（a）一般拼板　　（b）梁侧板的拼板

**图 3－26　拼板的构造**

1—拼板；2—拼条

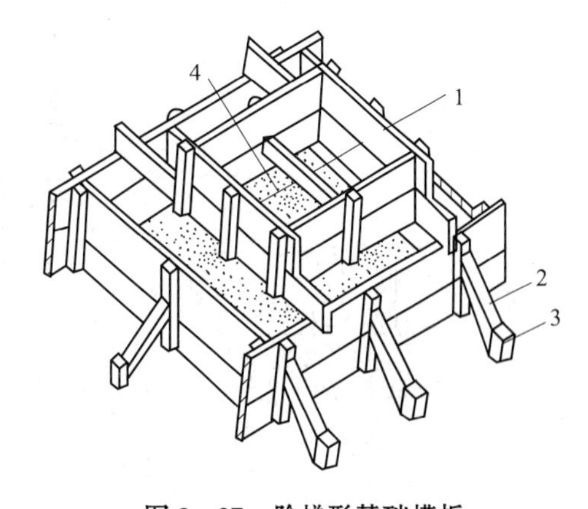


**图 3－27　阶梯形基础模板**

1—拼板；2—斜撑；3—木桩；4—铁丝

2）柱子模板。柱子的特点是断面尺寸不大但比较高。如图 3－28 所示，柱模板由内拼板夹在两块外拼板之内组成，亦可用短横板代替外拼板钉在内拼板上。

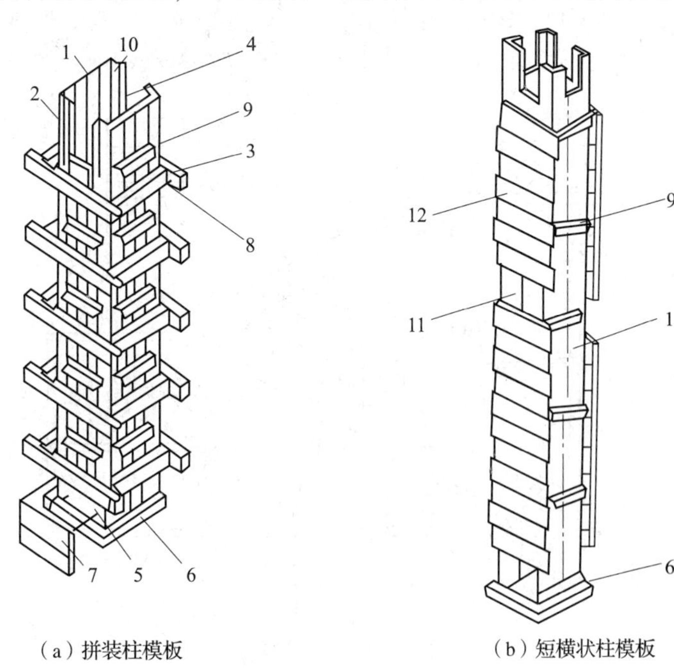


（a）拼装柱模板　　（b）短横状柱模板

**图 3－28　柱模板**

1—内拼板；2—外拼板；3—柱箍；4—梁缺口；5—清理孔；6—木框；7—盖板；8—拉紧螺栓；9—拼条；10—三角木条；11—浇筑孔；12—短横板

3）梁模板。梁的特点是跨度大而宽度不大，梁底通常是架空的。梁模板主要由底模、侧模、夹木及支架系统组成。底模用长条模板加拼条拼成，或用整块板条。

如果梁的跨度等于或大于4m，应使梁底模板中部略起拱，防止因为混凝土的重力使跨中下垂。若设计无规定时，起拱高度宜为全跨长度的1/1000～3/1000。

4）楼板模板。楼板的特点是面积大而厚度比较薄，侧向压力小。楼板模板及其支架系统，主要承受钢筋、混凝土的自重及其施工荷载，确保模板不变形，如图3－29所示。

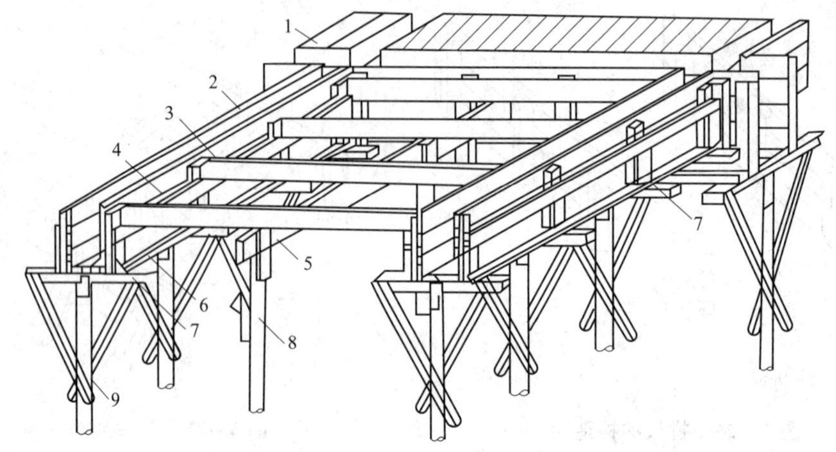


**图3－29 梁及楼板模板**

1—楼板模板；2—梁侧模板；3—楞木；4—托木；5—杠木；6—夹木；7—短撑；8—杠小撑；9—琵琶撑

5）楼梯模板。楼梯模板的构造与楼板相似，不同点是楼梯模板要倾斜支设，且要能形成踏步。踏步模板分为底板及梯步两部分。平台、平台梁的模板同前，如图3－30所示。

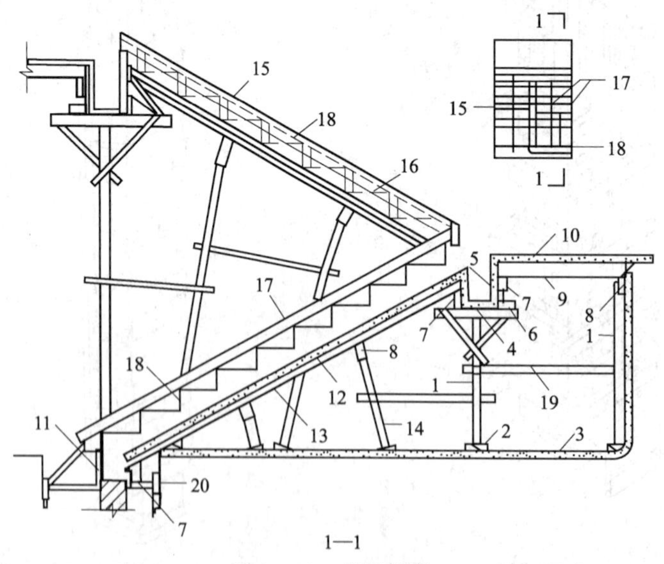


**图3－30 楼梯模板**

1—支柱（顶撑）；2—木楔；3—垫板；4—平台梁底板；5—侧板；6—夹木；7—托木；8—杠木；9—楞木；10—平台底板；11—梯基侧板；12—斜楞木；13—楼梯底板；14—斜向顶撑；15—外帮板；16—横挡木；17—反三角板；18—踏步侧板；19—拉杆；20—木桩

(3) 定型组合钢模板。定型组合钢模板是一种工具式定型模板，由钢模板和配件组成，配件包括连接件和支承件。

施工时可以在现场直接组装，亦可预拼装成大块模板或构件模板用起重机吊运安装。定型组合钢模板组装灵活，通用性强，拆装方便；每套钢模可重复使用50~100次；加工精度高，浇筑混凝土的质量好，成型后的混凝土尺寸准确，棱角整齐，表面光滑，可节省装修用工。

1) 钢模板。钢模板包括平面模板、阴角模板、阳角模板和连接角模。

钢模板采用模数制设计，宽度模数以50mm进级（共有100mm、150mm、200mm、250mm、300mm、350mm、400mm、450mm、500mm、550mm、600mm十一种规格），长度共有450mm、600mm、750mm、900mm、1200mm、1500mm、1800mm七种规格，可以适应横竖拼装成以50mm进级的任何尺寸的模板。

①平面模板：平面模板用于基础、墙体、梁、板、柱等各种结构的平面部位，它由面板和肋组成，肋上设有U形卡孔和插销孔，利用U形卡和L形插销等拼装成大块板，如图3-31 (a) 所示。

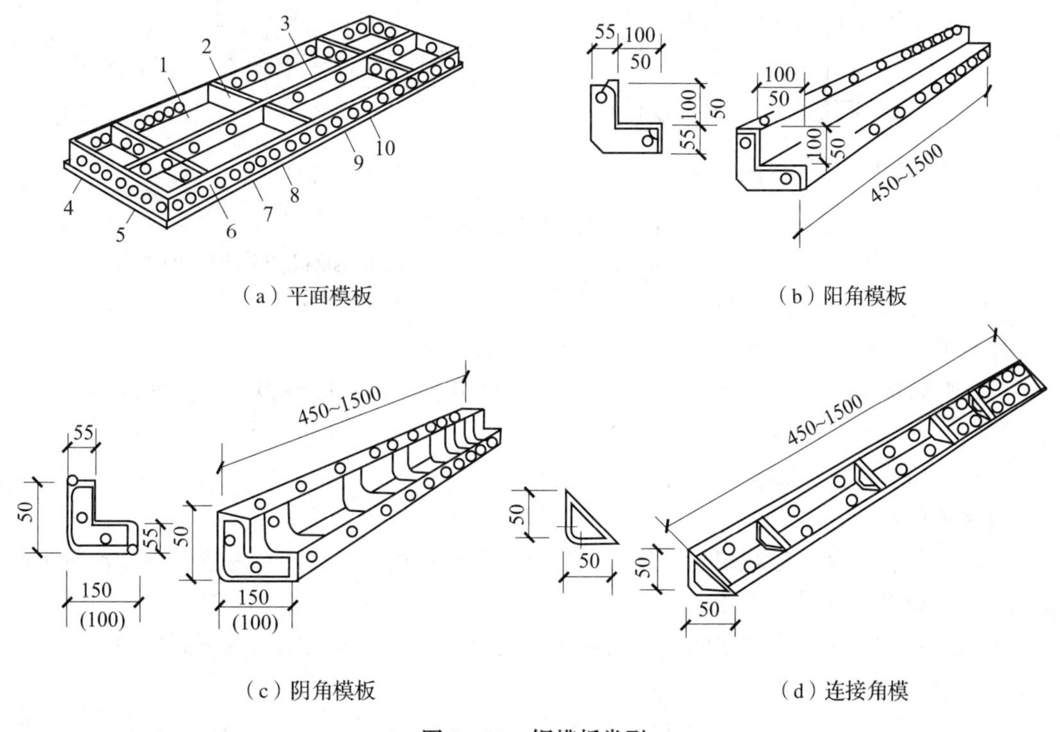


(a) 平面模板　(b) 阳角模板

(c) 阴角模板　(d) 连接角模

**图3-31 钢模板类型**

1—中纵肋；2—中横肋；3—面板；4—横肋；5—插销孔；6—纵肋；
7—凸棱；8—凸毂；9—U形卡孔；10—钉子孔

②阳角模板：阳角模板主要用于混凝土构件阳角，如图3-31 (b) 所示。

③阴角模板：阴角模板用于混凝土构件阴角，如内墙角、水池内角及梁板交接处阴角等，如图3-31 (c) 所示。

④连接角模：角模用于平模板作垂直连接构成阳角，如图3-31 (d) 所示。

2）连接件。定型组合钢模板的连接件包括U形卡、L形插销、钩头螺栓、对拉螺栓、紧固螺栓和扣件等，如图3－32所示。

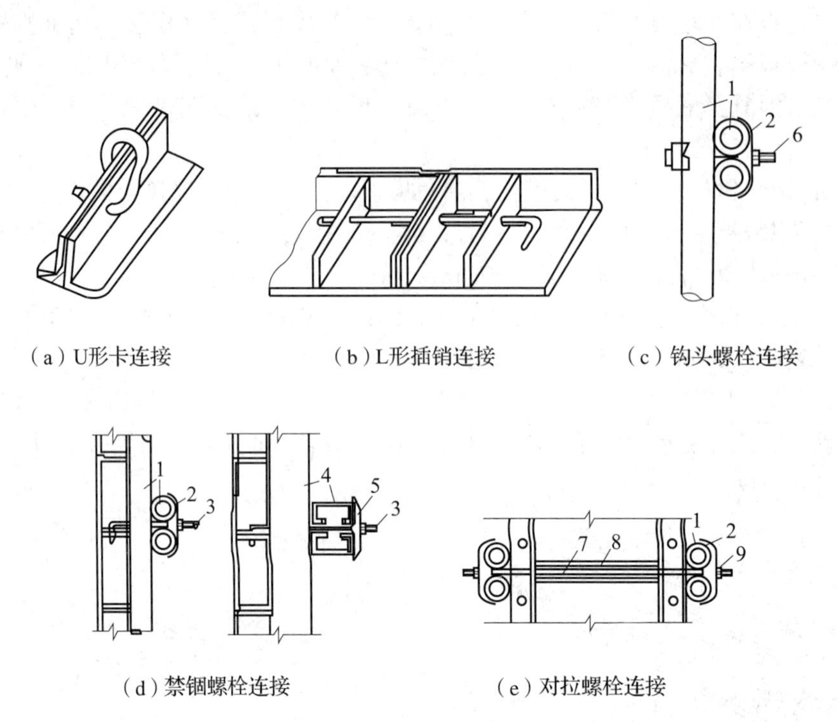


**图3－32 钢模板连接件**

1—圆钢管钢楞；2—“3”形扣件；3—钩头螺栓；4—内卷边槽钢钢楞；5—蝶形扣件；6—紧固螺栓；7—对拉螺栓；8—塑料套管；9—螺母

①U形卡：模板的主要连接件，用于相邻模板的拼装。

②L形插销：用于插入两块模板纵向连接处的插销孔内，以增强模板纵向接头处的刚度。

③钩头螺栓：连接模板与支撑系统的连接件。

④紧固螺栓：用于内、外钢楞之间的连接件。

⑤对拉螺栓：又称穿墙螺栓，用于连接墙壁两侧模板，保持墙壁厚度，承受混凝土侧压力及水平荷载，使模板不致变形。

⑥扣件：扣件用于钢楞之间或钢楞与模板之间的扣紧，按照钢楞的不同形状，分别采用蝶形扣件和“3”形扣件。

3）支承件。定型组合钢模板的支承件包括柱箍、钢楞、钢支架、斜撑及钢桁架等。

①钢楞：钢楞即模板的横档和竖档，分内钢楞与外钢楞；内钢楞配置方向一般应与钢模板垂直，直接承受钢模板传来的荷载，其间距通常为700～900mm；钢楞一般用圆钢管、矩形钢管、槽钢或内卷边槽钢，而以钢管用得较多。

②柱箍：柱模板四角设角钢柱箍。角钢柱箍由两根互相焊成直角的角钢组成，用弯角螺栓及螺母拉紧。如图3－33所示。

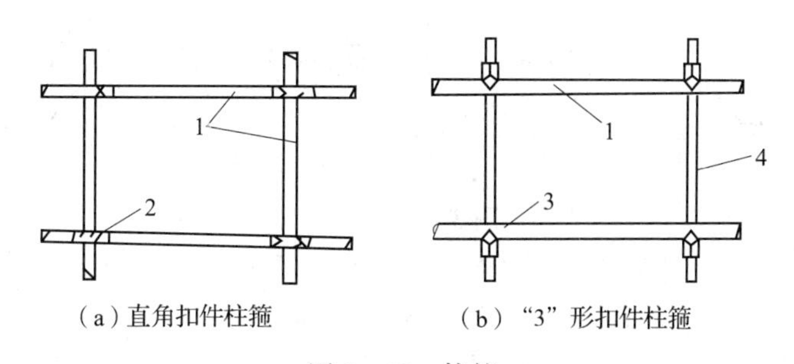


**图 3－33 柱箍**

1—圆钢管；2—直角扣件；3—“3”形扣件；4—对拉螺柱

③钢支架：常用钢管支架如图 3－34（a）所示。它由内外两节钢管制成，其高低调节距模数为 100mm；支架底部除垫板外，均用木楔调整标高，以利于拆卸。另一种钢管支架本身装有调节螺杆，能调节一个孔距的高度，使用方便，但是成本略高，如图 3－34（b）所示。当荷载较大、单根支架承载力不足时，可用组合钢支架或钢管井架，如图 3－34（c）所示。还可用扣件式钢管脚手架、门型脚手架作支架，如图 3－34（d）所示。

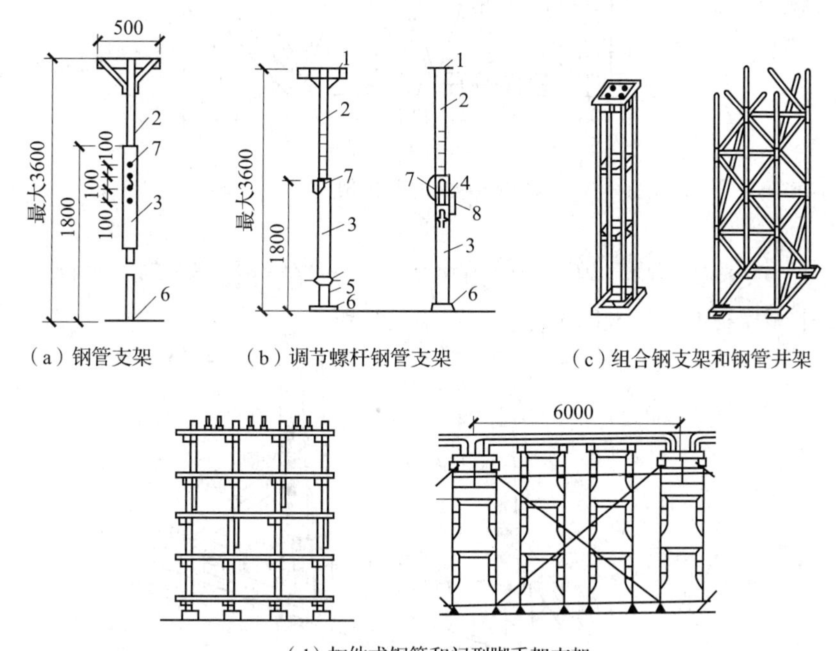


**图 3－34 钢支架**

1—顶板；2—插管；3—套管；4—转盘；5—螺杆；6—底板；7—插销；8—转动手柄

④斜撑：由组合钢模板拼成的整片墙模或柱模，在吊装就位后，应由斜撑调整和固定其垂直位置，如图 3－35 所示。

⑤钢桁架：如图 3－36 所示，其两端可支承在钢筋托具、墙、梁侧模板的横档以及柱顶梁底横档上，以支承梁或板的模板。图 3－36（a）为整榀式，图 3－36（b）为组合式。

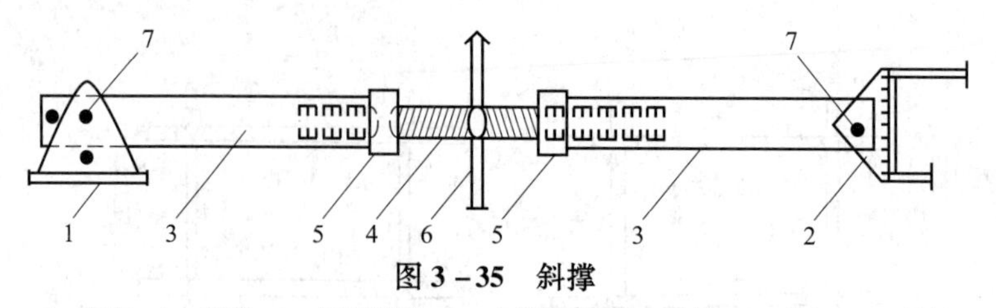


图 3－35　斜撑

1—底座；2—顶撑；3—钢管斜撑；4—花篮螺丝；5—螺母；6—旋杆；7—销钉

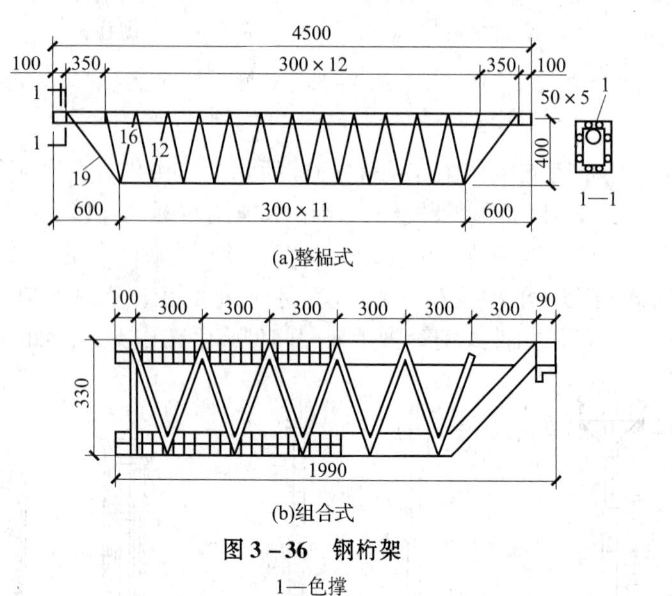


图 3－36　钢桁架

1—色撑

⑥梁卡具：又称梁托架，用于固定矩形梁、圈梁等模板的侧模板，可节约斜撑等材料，也可用于侧模板上口的卡固定位，如图 3－37 所示。

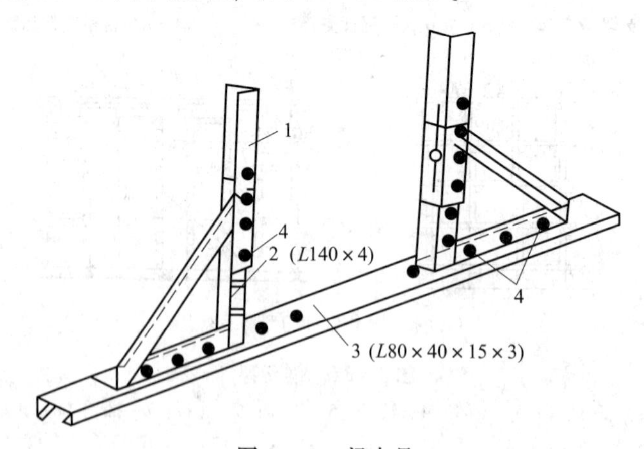


图 3－37　梁卡具

1—调节杆；2—三脚架；3—底座；4—螺栓

（4）模板的拆除。

1）侧模板。侧模板拆除时的混凝土强度应能保证其表面及棱角不因拆除模板而受损坏。

2）底模板及支架。底模板及支架拆除时的混凝土强度应符合设计要求；当设计无具体要求时，混凝土强度应符合表3－7的规定。

**表3－7 底模拆除时的混凝土强度要求**

| 构件类型 | 构件跨度（m） | 达到设计的混凝土立方体抗压强度标准值的百分率（%） |
|---|---|---|
| 板 | ≤2 | ≥50 |
| | >2，≤8 | ≥75 |
| | >8 | ≥100 |
| 梁、拱、壳 | ≤8 | ≥75 |
| | >8 | ≥100 |
| 悬臂构件 | — | ≥100 |

3）拆模顺序。通常是先支后拆，后支先拆，先拆除侧模板，后拆除底模板。

对于肋形楼板的拆模顺序，首先拆除柱模板，然后拆除楼板底模板、梁侧模板，最后拆除梁底模板。

多层楼板模板支架的拆除，应按照下列要求进行：施工层楼板正在浇筑混凝土时，下一层楼板的模板支架不得拆除，再下一层楼板模板的支架仅可拆除一部分。跨度≥4m的梁均应保留支架，其间距不得大于3m。

4）拆模的注意事项。

①模板拆除时，不应对楼层形成冲击荷载。

②拆除的模板和支架宜分散堆放并及时清运。

③拆模时，应尽可能避免混凝土表面或模板受到损坏。

④拆下的模板，应及时加以清理、修理，按尺寸和种类分别堆放，以便下次使用。

⑤如果定型组合钢模板背面油漆脱落，应补刷防锈漆。

⑥已拆除模板及支架的结构，应在混凝土达到设计的混凝土强度标准后，才允许承受全部使用荷载。

⑦当承受施工荷载产生的效应比使用荷载更为不利时，必须经过核算，并加设临时支撑。

（5）现浇结构模板安装质量。现浇结构模板安装质量的允许偏差，应符合表3－8的规定。

**表3－8 现浇结构模板安装的允许偏差及检验方法**

| 项目 | | 允许偏差（mm） | 检验方法 |
|---|---|---|---|
| 轴线位置 | | 5 | 钢尺检验 |
| 底模上表面标高 | | ±5 | 水准仪或拉线、钢尺检验 |
| 截面内部尺寸 | 基础 | ±10 | 钢尺检验 |
| | 柱、墙、梁 | +4，－5 | 钢尺检验 |

续表 3-8

| 项目 | | 允许偏差（mm） | 检验方法 |
|---|---|---|---|
| 层高垂直度 | 不大于 5m | 6 | 经纬仪或吊线、钢尺检查 |
| | 大于 5m | 8 | 经纬仪或吊线、钢尺检查 |
| 相邻两板表面高低差 | | 2 | 钢尺检验 |
| 表面平整度 | | 5 | 靠尺和塞尺检查 |

## 2. 钢筋工程

（1）钢筋的验收和存放。钢筋混凝土结构和预应力混凝土结构的钢筋应按照下列规定选用：

普通钢筋即用于钢筋混凝土结构中的钢筋及预应力混凝土结构中的非预应力钢筋，宜采用 HRB400 和 HRB335，也可采用 HPB300 和 RRB400 钢筋；预应力钢筋宜采用预应力钢绞线、钢丝，也可采用热处理钢筋。钢筋混凝土工程中所用的钢筋均应进行现场检查验收，合格后才能入库存放、待用。

1）钢筋的验收。钢筋进场时，应按照国家现行相关标准的规定抽取试件作力学性能和重量偏差检验，检验结果须符合有关标准的规定。

验收内容：查对标牌，检查外观，并按有关标准的规定抽取试样进行力学性能试验。

钢筋的外观检查包括：钢筋应平直、无损伤，表面不能有裂纹、油污、颗粒状或片状锈蚀。钢筋表面凸块不允许超过螺纹的高度；钢筋的外形尺寸应符合有关规定。

力学性能试验时，从每批中任意抽出两根钢筋，每根钢筋上取两个试样分别进行拉力试验（测定其屈服点、抗拉强度、伸长率）和冷弯试验。

2）钢筋的存放。钢筋运至现场后，必须严格按批分等级、牌号、直径、长度等挂牌存放，并且注明数量，不得混淆。

应堆放整齐，避免锈蚀和污染。堆放钢筋的下面要加垫木，距地有一定距离；有条件时，尽量堆入仓库或料棚内。

（2）钢筋的冷拉。在常温下对钢筋进行强力拉伸，以超过钢筋的屈服强度的拉应力，使钢筋产生塑性变形，达到调直钢筋、提高强度的目的。

1）冷拉控制。钢筋冷拉控制可以用控制冷拉应力或者冷拉率的方法。

冷拉控制应力值，见表 3-9。

表 3-9 各型钢筋冷拉控制应力及最大冷拉率

| 项次 | 钢筋等级 | | 冷拉控制应力（$N/mm^2$） | 最大冷拉率（%） |
|---|---|---|---|---|
| 1 | HPB235 | $d \leqslant 12$ | 80 | 10 |
| 2 | HRB335 | $d \leqslant 25$ | 450 | 5.5 |
| | | $d = 28 \sim 40$ | 430 | |
| 3 | HRB400 | $d = 8 \sim 40$ | 500 | 5 |
| 4 | RRB400 | $d = 10 \sim 28$ | 700 | 4 |

冷拉后检查钢筋的冷拉率，如超过表中规定的数值，则应进行钢筋力学性能试验。

用做预应力混凝土结构的预应力筋，宜采用冷拉应力来控制。

对同炉批钢筋，试件不宜少于4个，每个试件都按照表3－10规定的冷拉应力值在万能试验机上测定钢筋相应的冷拉率，取平均值作为该炉批钢筋的实际冷拉率。

**表3－10 测定冷拉率时钢筋的冷拉应力**

| 钢筋级别 | 钢筋直径（mm） | 冷拉应力（$N/mm^2$） |
|---|---|---|
| HPB235 | ≤12 | 320 |
| HRB335 | ≤25 | 480 |
|  | 28～40 | 460 |
| HRB400 | 8～40 | 530 |
| RRB400 | 10～28 | 730 |

不同炉批的钢筋，不宜用控制冷拉率的方法进行钢筋冷拉。

2）钢筋冷拉设备。冷拉设备由拉力设备、承力结构、测量设备和钢筋夹具等部分组成，如图3－38所示。

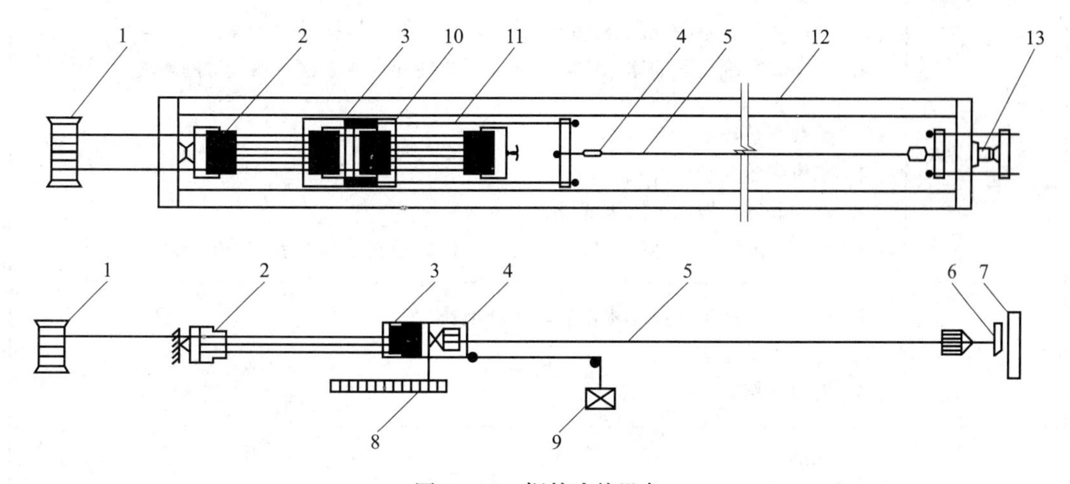


**图3－38 钢筋冷拉设备**

1—卷扬机；2—滑轮组；3—冷拉小车；4—夹具；5—受冷拉的钢筋；6—地锚；7—防护壁；8—标尺；9—回程荷重架；10—回程滑轮组；11—传力架；12—冷拉槽；13—液压千斤顶

（3）钢筋配料。按照结构施工图，先绘出各种形状和规格的单根钢筋简图并加以编号，然后分别计算钢筋下料长度、根数及质量，填写配料单，申请加工。

1）钢筋配料单的编制。

①编制钢筋配料单之前须熟悉图纸，把结构施工图中钢筋的品种、规格列成钢筋明细表，并读出钢筋设计尺寸。

②计算钢筋的下料长度。

③根据钢筋下料长度填写钢筋配料单，汇总编制钢筋配料单。在配料单中，要反映出

工程名称、钢筋编号、钢筋简图和尺寸、钢筋直径、数量、下料长度、质量要求等。

④填写钢筋料牌。根据钢筋配料单，将每一编号的钢筋制作一块料牌，作为钢筋加工的依据。

2）钢筋下料长度的计算原则及规定。

①钢筋长度：结构施工图中所指钢筋长度是钢筋外缘之间的长度，即外包尺寸，这是施工中量度钢筋长度的基本依据。

②混凝土保护层厚度：混凝土结构的耐久性，应按照表3－11的环境类别和设计使用年限进行设计。混凝土保护层是指受力钢筋外缘至混凝土构件表面的距离，其作用是保护钢筋在混凝土结构中不受锈蚀。无设计要求时应符合表3－12规定。

**表3－11 混凝土结构的环境类别**

| 环境类别 | 条　件 |
|---|---|
| 一 | 1. 室内干燥环境；<br>2. 无侵蚀性静水浸没环境 |
| 二a | 1. 室内潮湿环境；<br>2. 非严寒和非寒冷地区的露天环境；<br>3. 非严寒和非寒冷地区与无侵蚀性的水或土壤直接接触的环境；<br>4. 严寒和寒冷地区的冰冻线以下与无侵蚀性的水或土壤直接接触的环境 |
| 二b | 1. 干湿交替环境；<br>2. 水位频繁变动环境；<br>3. 严寒和寒冷地区的露天环境；<br>4. 严寒和寒冷地区冰冻线以上与无侵蚀性的水或土壤直接接触的环境 |
| 三a | 1. 严寒和寒冷地区冬季水位变动区环境；<br>2. 受除冰盐影响环境；<br>3. 海风环境 |
| 三b | 1. 盐渍土环境；<br>2. 受除冰盐作用环境；<br>3. 海岸环境 |
| 四 | 海水环境 |
| 五 | 受人为或自然的侵蚀性物质影响的环境 |

注：1. 室内潮湿环境是指构件表面经常处于结露或湿润状态的环境。

2. 严寒和寒冷地区的划分应符合国家现行标准《民用建筑热工设计规范》GB 50176—1993的有关规定。

3. 海岸环境和海风环境宜根据当地情况，考虑主导风向及结构所处迎风、背风部位等因素的影响，由调查研究和工程经验确定。

4. 受除冰盐影响环境是指受到除冰盐盐雾影响的环境；受除冰盐作用环境是指受到除冰盐溶液溅射的环境以及使用除冰盐地区的洗车房、停车楼等建筑。

**表 3－12 纵向受力钢筋的混凝土保护层最小厚度（mm）**

| 环 境 类 别 | 板、墙 | 梁、柱 |
| --- | --- | --- |
| 一 | 15 | 20 |
| 二 a | 20 | 25 |
| 二 b | 25 | 35 |
| 三 a | 30 | 40 |
| 三 b | 40 | 50 |

注：1. 表中混凝土保护层厚度指最外层钢筋外边缘至混凝土表面的距离，适用于设计使用年限为 50 年的混凝土结构。

2. 构建中受力钢筋的保护层厚度不应小于钢筋的公称直径。

3. 设计使用年限为 100 年的混凝土结构，一类环境中，最外层钢筋的保护层厚度不应小于表中数值的 1.4 倍；二、三类环境中，应采取专门的有效措施。

4. 混凝土强度等级不大于 C25 时，表中保护层厚度数值应增加 5mm。

5. 基础地面钢筋的保护层厚度，由混凝土垫层时应从垫层顶面算起，且不应小于 40mm；无垫层时不应小于 70mm。

混凝土的保护层厚度，一般用水泥砂浆垫块或塑料卡垫在钢筋与模板之间来控制。塑料卡的形状有塑料垫块和塑料环圈两种。塑料垫块用于水平构件，塑料环圈用于垂直构件。

③弯曲量度差值：钢筋长度的度量方法系指外包尺寸，因此钢筋弯曲以后，存在一个量度差值，在计算下料长度时必须加以扣除。根据理论推理和实践经验，钢筋弯曲量度差值列于表 3－13。

**表 3－13 钢筋弯曲量度差值**

| 钢筋弯起角度（°） | 300 | 450 | 600 | 900 | 1350 |
| --- | --- | --- | --- | --- | --- |
| 钢筋弯曲调整值 | 0.35$d$ | 0.54$d$ | 0.85$d$ | 1.75$d$ | 2.5$d$ |

注：$d$—钢筋直径值。

④钢筋弯钩增加值：弯钩形式最常用的是半圆弯钩，即 180°弯钩。受力钢筋的弯钩和弯折应符合下列要求：

HPB300 钢筋末端应作 180°弯钩，其弯弧内直径不应小于钢筋直径的 2.5 倍，弯钩的弯后平直部分长度不应小于钢筋直径的 3 倍。

当设计要求钢筋末端需作 135°弯钩时，HRB335、HRB400 钢筋的弯弧内直径不应小于钢筋直径的 4 倍，弯钩的弯后平直部分长度应符合设计要求。

钢筋作不大于 90°的弯折时，弯折处的弯弧内直径不应小于钢筋直径的 5 倍。

除焊接封闭环式箍筋外，箍筋的末端应作弯钩，弯钩形式应符合设计要求，当无具体要求时，应符合下列要求：

a. 箍筋弯钩的弯弧内直径除应满足上述要求外，尚应不小于受力钢筋直径。

b. 箍筋弯钩的弯折角度：对一般结构不应小于90°；对于有抗震等要求的结构应为135°。

c. 箍筋弯后平直部分长度：对一般结构不宜小于箍筋直径的5倍；对于有抗震要求的结构，不应小于箍筋直径的10倍。

⑤箍筋调整值：为了箍筋计算方便，一般将箍筋弯钩增长值和量度差值两项合并成一项为箍筋调整值，见表3－14。计算时，将箍筋外包尺寸或内皮尺寸加上箍筋调整值即为箍筋工料长度。

**表3－14　箍筋调整值（mm）**

| 钢筋量度方法 | 箍筋直径 | | | |
|---|---|---|---|---|
| | 4～5 | 6 | 8 | 10～12 |
| 量外包尺寸 | 40 | 50 | 60 | 70 |
| 量内包尺寸 | 80 | 100 | 120 | 150～170 |

⑥钢筋下料长度计算：

直钢筋下料长度＝直构件长度－保护层厚度＋弯钩增加长度。

弯起钢筋下料长度＝直段长度＋斜段长度－弯折量度差值＋弯钩增加长度。

箍筋下料长度＝直段长度＋弯钩增加长度－弯折量度差值。

或箍筋下料长度＝箍筋周长＋箍筋调整值。

3）钢筋下料计算注意事项。

①在设计图纸中，钢筋配置的细节问题没有注明时，通常按构造要求处理。

②配料计算时，要考虑钢筋的形状和尺寸，在满足设计要求的前提下，要有利于加工。

③配料时，还要考虑施工需要的附加钢筋。

（4）钢筋代换

1）代换原则及方法。当施工中遇到钢筋品种或规格与设计要求不符时，可参照以下原则进行钢筋代换。

①等强度代换方法：当构件配筋受强度控制时，可按照代换前后强度相等的原则代换，称作“等强度代换”。如设计图中所用的钢筋设计强度为$f_{y1}$，钢筋总面积为$A_{s1}$，代换后的钢筋设计强度为$f_{y2}$，钢筋总面积为$A_{s2}$，则应使：

$$A_{s1} \cdot f_{y1} \leqslant A_{s2} \cdot f_{y2} \tag{3-1}$$

②等面积代换方法：当构件按最小配筋率配筋时，可按代换前后面积相等的原则进行代换，称“等面积代换”。代换时应满足下式要求：

$$A_{s1} \leqslant A_{s2} \tag{3-2}$$

③当构件配筋受裂缝宽度或挠度控制时，代换后应进行裂缝宽度或挠度验算。

2）代换注意事项。钢筋代换时，应办理设计变更文件，并应符合下列规定：

①重要受力构件（如吊车梁、薄腹梁、桁架下弦等）不宜用 HPB300 钢筋代换变形钢筋，避免裂缝开展过大。

②钢筋代换后，应满足混凝土结构设计规范中所规定的钢筋间距、锚固长度、最小钢筋直径、根数等配筋构造要求。

③梁的纵向受力钢筋与弯起钢筋应分别代换，以确保正截面与斜截面强度。

④有抗震要求的梁、柱和框架，不宜以强度等级较高的钢筋代换原设计中的钢筋；如必须代换时，其代换的钢筋检验所得的实际强度，还应符合抗震钢筋的要求。

⑤预制构件的吊环，必须采用未经冷拉的 HPB300 钢筋制作，不得以其他钢筋代换。

⑥当构件受裂缝宽度或挠度控制时，钢筋代换后应进行刚度、裂缝验算。

（5）钢筋的绑扎与机械连接。钢筋的连接方式可分为绑扎连接、焊接或机械连接。纵向受力钢筋的连接方式应符合设计要求。机械连接接头和焊接连接接头的类型及质量应符合国家现行标准的规定。

1）钢筋绑扎连接。钢筋绑扎安装前，应先熟悉施工图纸，核对钢筋配料单和料牌，研究钢筋安装和与有关工种配合的顺序，准备绑扎用的铁丝、绑扎工具、绑扎架等。钢筋绑扎一般用 18 ~22 号铁丝，其中 22 号铁丝只用于绑扎直径 12mm 以下的钢筋。

①钢筋绑扎要求：

a. 钢筋的交叉点应用铁丝扎牢。

b. 柱、梁的箍筋，除设计有特殊要求外，应与受力钢筋垂直；箍筋弯钩叠合处，应沿受力钢筋方向错开设置。

c. 柱中竖向钢筋搭接时，角部钢筋的弯钩平面与模板面的夹角，矩形柱应为 45°多边形柱应为模板内角的平分角。

d. 板、次梁与主梁交叉处，板的钢筋在上，次梁的钢筋居中，主梁的钢筋在下；当有圈梁或垫梁时，主梁的钢筋应放在圈梁上。主筋两端的搁置长度应保持均匀一致。

②钢筋绑扎接头：同一构件中相邻纵向受力钢筋的绑扎搭接接头宜相互错开，如图 3 –39 所示。

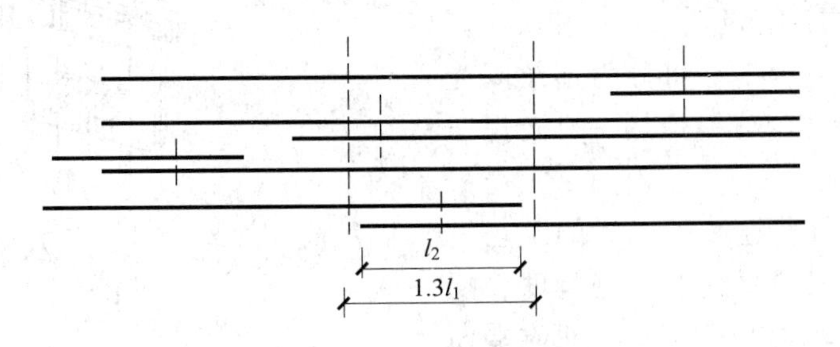


**图 3 –39　钢筋绑扎搭接接头**

2）钢筋机械连接。

①套筒挤压连接：套筒挤压连接是把两根待接钢筋的端头先插入一个优质钢套管，

然后用挤压机在侧向加压数道，套筒塑性变形后即与带肋钢筋紧密咬合达到连接的目的。

②锥螺纹连接：锥螺纹连接是用锥形纹套筒将两根钢筋端头对接在一起，利用螺纹的机械咬合力传递拉力或压力。所用的设备主要是套丝机，通常安放在现场对钢筋端头进行套丝。

③直螺纹连接：直螺纹连接是先把钢筋端部镦粗，然后再切削直螺纹，最后用套筒实行钢筋对接。等强直螺纹接头的制作工艺及其优点：

a. 等强直螺纹接头制作工艺分下列几个步骤。钢筋端部镦粗，切削直螺纹，用连接套筒对接钢筋。

b. 直螺纹接头的优点。强度高，接头强度不受扭紧力矩影响，连接速度快，应用范围广，经济，便于管理。

接头性能：为充分发挥钢筋母材强度，连接套筒的设计强度大于等于钢筋抗拉强度标准值的 1.2 倍。

④钢筋机械连接接头质量检查与验收：

a. 工程中应用钢筋机械连接时，应由该技术提供单位提交有效的检验报告。

b. 钢筋连接工程开始前及施工过程中，应对每批进场钢筋进行接头工艺检验，工艺检验应符合设计图纸或者规范要求。

c. 现场检验应进行外观质量检查和单向拉伸试验。

d. 对接头的每一验收批，必须在工程结构中随机截取 3 个试件作单向拉伸试验，按设计要求的接头性能等级进行检验与评定。

e. 在现场连续检验 10 个验收批。

f. 外观质量检验的质量要求、抽样数量、检验方法及合格标准由各类型接头的技术规程确定。

(6) 钢筋的焊接。钢筋常用的焊接方法有电弧焊、闪光对焊、埋弧压力焊、电渣压力焊和气压焊等。

1) 闪光对焊。闪光对焊的原理，如图 3-40 所示。根据钢筋级别、直径和所用焊机的功率，闪光对焊工艺可分为连续闪光焊、预热闪光焊、闪光—预热—闪光焊三种。

①连续闪光焊：连续闪光焊的工艺过程包括连续闪光和顶锻过程。施焊时，闭合电源使两钢筋端面轻微接触，此时端面接触点很快熔化并产生金属蒸气飞溅，形成闪光现象；接着徐徐移动钢筋，形成连续闪光过程，同时接头被加热；待接头烧

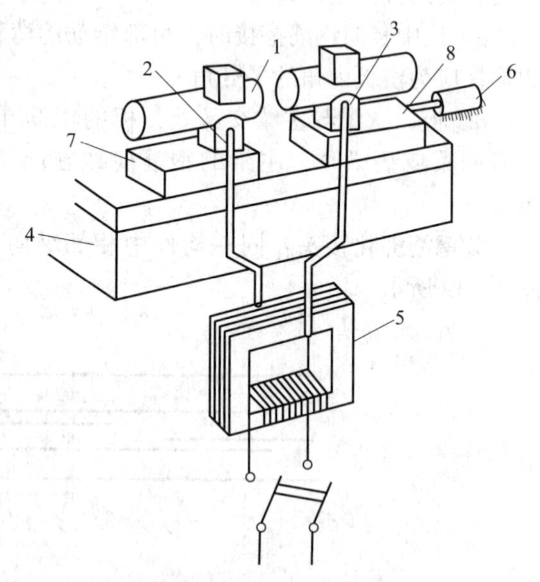


**图 3-40 钢筋闪光对焊原理**

1—焊接的钢筋；2—固定电极；3—可动电极；4—机座；5—变压器；6—平动顶压机构；7—固定支座；8—滑动支座

平、闪去杂质和氧化膜、白热熔化时，立即施加轴向压力迅速进行顶锻，使两根钢筋焊牢。连续闪光焊宜用于焊接直径25mm以内的HPB300、HRB335和HRB400钢筋。

②预热闪光焊：预热闪光焊的工艺过程包括预热、连续闪光及顶锻过程，即在连续闪光焊前增加了一次预热过程，使钢筋预热后再连续闪光烧化进行加压顶锻。预热闪光焊适宜焊接直径大于25mm且端部较平坦的钢筋。

③闪光—预热—闪光焊：即在预热闪光焊前面增加了一次闪光过程，使不平整的钢筋端面烧化平整，预热均匀，最后进行加压顶锻。它适宜焊接直径大于25mm、且端部不平整的钢筋。

闪光对焊接头的质量检验，应分批进行外观检查和力学性能试验，并应按照下列规定抽取试件：

a. 在同一台班内，由同一焊工完成的300个同级别、同直径钢筋焊接接头应作为一批。当同一台班内焊接的接头数量较少，可在一周之内累计计算；累计仍不足300个接头，应按一批计算。

b. 外观检查的接头数量，应从每批中抽查10%，且不能少于10个。

c. 力学性能试验时，应从每批接头中随机切取6个试件，其中3个做拉伸试验，3个做弯曲试验。

d. 焊接等长的预应力钢筋（包括螺丝端杆与钢筋）时，可按生产时同等条件制作模拟试件。

e. 螺丝端杆接头可只做拉伸试验。

闪光对焊接头外观检查结果，应符合下列要求：

接头处不得有横向裂纹；与电接触处的钢筋表面，HPB300、HRB335和HRB400钢筋焊接时不得有明显烧伤；RRB400钢筋焊接时不得有烧伤；接头处的弯折角不得大于4°；接头处的轴线偏移，不得大于钢筋直径的0.1倍，且不能大于2mm。

2）电弧焊。电弧焊是利用弧焊机使焊条与焊件之间产生高温电弧，使焊条和电弧燃烧范围内的焊件熔化，待其凝固便形成焊缝或接头。电弧焊广泛用于钢筋接头与钢筋骨架焊接、装配式结构接头焊接、钢筋与钢板焊接及各种钢结构焊接。弧焊机有直流与交流之分，常用的是交流弧焊机。

焊条的种类很多，按照钢材等级和焊接接头形式选择焊条。

焊接电流和焊条直径应根据钢筋级别、直径、接头形式和焊接位置进行选择。

钢筋电弧焊的接头形式有三种：搭接接头、帮条接头及坡口接头。

搭接接头的长度、帮条的长度、焊缝的宽度和高度，均应符合规范的规定。

3）电渣压力焊。电渣压力焊是利用电流通过渣池产生的电阻热将钢筋端部熔化，然后施加压力使钢筋焊合。钢筋电渣压力焊分手工操作和自动控制两种。采用自动电渣压力焊时，主要设备是自动电渣焊机。电渣焊构造，如图3－41所示。

电渣压力焊的焊接参数为焊接电流、渣池电压和通电时间等，可根据钢筋直径选择。电渣压力焊的接头应按规范规定的方法检查外观质量和进行试样拉伸试验。

①电渣压力焊接头应逐个进行外观检查。

②电渣压力焊接头外观检查结果应符合下列要求：

a. 四周焊包凸出钢筋表面的高度应大于或等于4mm。

b. 钢筋与电极接触处，应无烧伤缺陷。

c. 接头处的弯折角不得大于4°。

d. 接头处的轴线偏移不得大于钢筋直径的0.1倍，且不得大于2mm。

③电渣压力焊接头拉伸试验结果，3个试件的抗拉强度均不得小于该级别钢筋规定的抗拉强度。

4）埋弧压力焊。埋弧压力焊是利用焊剂层下的电弧，将两焊件相邻部位熔化，然后加压顶锻使两焊件焊合，如图3－42所示。埋弧压力焊具有焊后钢板变形小、抗拉强度高的特点。

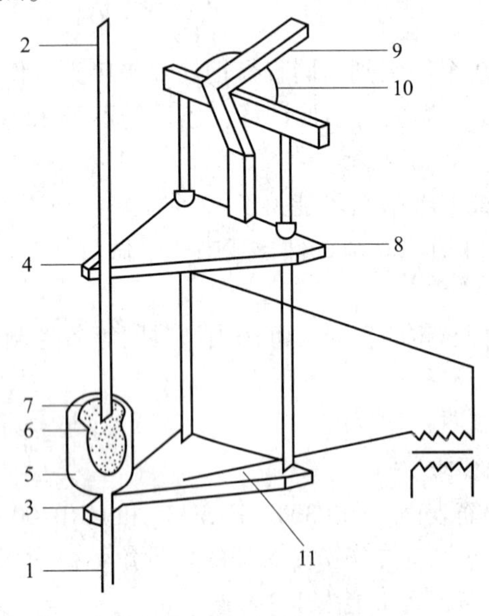


**图3－41 电渣焊构造**

1、2—钢筋；3—固定电极；4—活动电极；5—药盒；6—导电剂；7—焊药；8—滑动架；9—手柄；10—支架；11—固定架

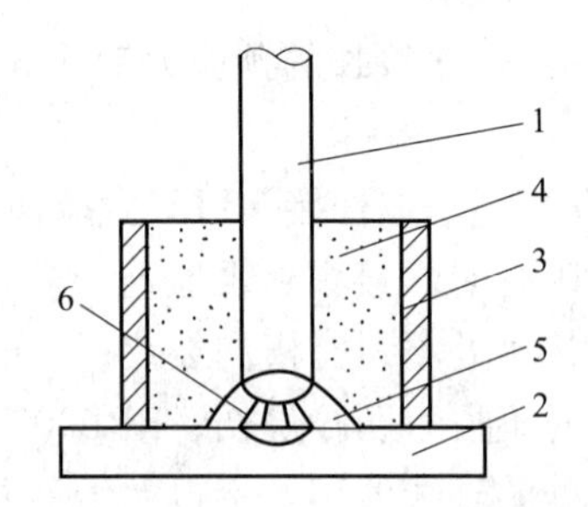


**图3－42 埋弧压力焊示意图**

1—钢筋；2—钢板；3—焊剂盒；4—431焊剂；5—电弧柱；6—弧焰

5）钢筋气压焊。钢筋气压焊是利用乙炔、氧气混合气体燃烧的高温火焰，加热钢筋结合端部，待钢筋熔融使其在高温下加压接合。气压焊的设备包括供气装置、加热器、加压器和压接器等。

气压焊操作工艺：

①施焊前，钢筋端头用切割机切齐，压接面应与钢筋轴线垂直，如稍有偏斜，两钢筋间距不得大于3mm。

②钢筋切平后，端头周边用砂轮磨成小八字角，并将端头附近50～100mm范围内钢筋表面上的铁锈、油渍和水泥清除干净。

③施焊时，先将钢筋固定于压接器上，并加以适当的压力使钢筋头接触，然后将火钳火口对准两钢筋头接缝处，加热钢筋头端部至1100～1300℃，此时钢筋头表面发深红色

时，当即以油泵加压，对钢筋头施以40MPa以上的压力使两钢筋头加压融合。

（7）钢筋的加工与安装。钢筋的加工有除锈、调直、下料剪切及弯曲成型。钢筋加工的形状、尺寸应符合设计要求，钢筋加工的允许偏差应符合表3－15的规定。

**表3－15　钢筋加工的允许偏差**

| 项　　目 | 允许偏差（mm） |
|---|---|
| 受力钢筋顺长度方向全长的净尺寸 | ±10 |
| 弯起钢筋的弯折位置 | ±20 |
| 箍筋内净尺寸 | ±5 |

1）除锈。大量钢筋除锈可通过钢筋冷拉或在钢筋调直机调直钢筋过程中完成；少量的钢筋局部除锈可采用电动除锈机或人工用钢丝刷、砂盘及喷砂和酸洗等方法进行。

2）调直。钢筋调直宜采用机械方法，也可以采用冷拉。对局部曲折、弯曲或成盘的钢筋在使用前应加以调直。钢筋调直方法很多，常用的方法是使用卷扬机拉直和用调直机调直。

3）切断。切断前，应将同规格钢筋长短搭配，统筹安排，一般先断长料，后断短料，以减少短头和损耗。钢筋切断可用钢筋切断机或手动剪切器。

4）弯曲成型。

①钢筋弯曲的顺序是画线、试弯、弯曲成型。

②钢筋画线主要根据不同的弯曲角在钢筋上标出弯折的部位，以外包尺寸为依据，扣除弯曲量度差值。

③钢筋弯曲有人工弯曲和机械弯曲。

5）安装检查。钢筋安装时，受力钢筋的品种、级别、规格和数量必须符合设计要求，并应进行隐蔽工程验收。钢筋安置位置的允许偏差应符合表3－16的规定。

**表3－16　钢筋安置位置的允许偏差和检验方法**

<table>
<tr><th colspan="3">项　　目</th><th>允许偏差（mm）</th><th>检 查 方 法</th></tr>
<tr><td rowspan="2">绑扎钢筋网</td><td colspan="2">长、宽</td><td>±10</td><td>钢尺检查</td></tr>
<tr><td colspan="2">网眼尺寸</td><td>±20</td><td>钢尺量连续三档，取最大值</td></tr>
<tr><td rowspan="2">绑扎钢筋骨架</td><td colspan="2">长</td><td>±10</td><td>钢尺检查</td></tr>
<tr><td colspan="2">宽、高</td><td>±5</td><td>钢尺检查</td></tr>
<tr><td rowspan="5">受力钢筋</td><td colspan="2">间距</td><td>±10</td><td rowspan="2">钢尺量两端、中间各一点，取最大值</td></tr>
<tr><td colspan="2">排距</td><td>±5</td></tr>
<tr><td rowspan="3">保护层<br>厚度</td><td>基础</td><td>±10</td><td>钢尺检查</td></tr>
<tr><td>柱、梁</td><td>±5</td><td>钢尺检查</td></tr>
<tr><td>板、墙、壳</td><td>±3</td><td>钢尺检查</td></tr>
<tr><td colspan="3">绑扎箍筋、横向钢筋间距</td><td>±20</td><td>钢尺量连续三档，取最大值</td></tr>
</table>

续表 3－16

| 项目 | | 允许偏差（mm） | 检查方法 |
|---|---|---|---|
| 钢筋弯起点位置 | | 20 | 钢尺检查 |
| 预埋件 | 中心线位置 | 5 | 钢尺检查 |
| | 水平高度 | +3.0 | 钢尺和塞尺检查 |

### 3. 混凝土工程

（1）混凝土的原料。

1）水泥进场时应对品种、级别、包装或散装仓号、出厂日期等进行检查。

2）当使用中对水泥质量有怀疑或水泥出厂超过3个月（快硬硅酸盐水泥超过1个月）时，应进行复验，并依据复验结果使用。

3）钢筋混凝土结构、预应力混凝土结构中，不得使用含氯化物的水泥。

4）混凝土中掺外加剂的质量应符合现行国家标准《混凝土外加剂》GB 8076—2008、《混凝土外加剂应用技术规范》GB 50119—2013等和有关环境保护的规定。

5）混凝土中掺用矿物掺合料的质量应符合现行国家标准《用于水泥和混凝土中的粉煤灰》GB 1596—2005的规定。

6）普通混凝土所用的粗、细骨料的质量应符合相关规定。

拌制混凝土宜采用饮用水；当采用其他水源时，水质应符合国家标准的相关规定。

7）混凝土原材料每盘称量的偏差应符合表3－17的规定。

表3－17 混凝土原材料每盘称量的允许偏差

| 材料名称 | 允许偏差（%） |
|---|---|
| 水泥、掺合料 | ±2 |
| 粗、细骨料 | ±3 |
| 水、外加剂 | ±2 |

（2）混凝土的施工配料。混凝土应按国家现行标准《普通混凝土配合比设计规程》JGJ 55—2011的有关规定，根据混凝土强度等级、耐久性和工作性等要求进行配合比设计。

施工配料时影响混凝土质量的因素主要有两方面：一是称量不准；二是未按砂、石骨料实际含水率的变化进行施工配合比的换算。

1）施工配合比换算。

①施工时应及时测定砂、石骨料的含水率，并将混凝土配合比换算成在实际含水率情况下的施工配合比。

②设混凝土实验室配合比为水泥∶砂子∶石子＝1∶x∶y，测得砂子的含水率为ωx、石子的含水率为ωy，则施工配合比应为：1∶x（1＋ωx）∶y（1＋ωy）。

2）施工配料。施工中往往以一袋或两袋水泥为下料单位，每搅拌一次叫作一盘。因此，求出每 $1m^3$ 混凝土材料用量后，还必须根据工地现有搅拌机出料容量确定每次需用几袋水泥，然后按水泥用量算出砂、石子的每盘用量。

（3）混凝土的搅拌。混凝土搅拌，是将水、水泥和粗细骨料进行均匀拌和及混合的过程。同时，通过搅拌还要使材料达到强化、塑化的作用。

1）混凝土搅拌机。混凝土搅拌机按搅拌原理分为自落式和强制式两类。

自落式搅拌机多用于搅拌塑性混凝土和低流动性混凝土，按照其构造的不同又分为若干种，见表 3－18。

**表 3－18 混凝土搅拌机类型**

| 自 落 式 | | | 强 制 式 | | | |
|---|---|---|---|---|---|---|
| 鼓筒式 | 双 锥 式 | | 立 轴 式 | | | 卧轴式<br>（单轴、双轴） |
| | 反转出料 | 倾翻出料 | 涡桨式 | 行星式 | | |
| | | | | 定盘式 | 盘转式 | |

强制式搅拌机多用于搅拌干硬性混凝土和轻骨料混凝土，也可搅拌低流动性混凝土。强制式搅拌机又分为立轴式和卧轴式两种。卧轴式有单轴、双轴之分，而立轴式又分为涡桨式和行星式，见表 3－18。

2）混凝土的搅拌。

①搅拌时间：混凝土的搅拌时间是从砂、石、水泥和水等全部材料投入搅拌筒起到开始卸料为止所经历的时间；搅拌时间与混凝土的搅拌质量密切相关，随搅拌机类型和混凝土的和易性不同而变化；在一定范围内，随搅拌时间的延长，强度有所提高，但过长时间的搅拌既不经济，而且混凝土的和易性又将降低，影响混凝土的质量；加气混凝土还会因搅拌时间过长而使含气量下降；混凝土搅拌的最短时间可按表 3－19 采用。

**表 3－19 混凝土搅拌的最短时间**

| 混凝土坍落度（mm） | 搅拌机机型 | 最短时间（s） | | |
|---|---|---|---|---|
| | | 搅拌机容量 <250L | 搅拌机容量 250～500L | 搅拌机容量 >500L |
| ≤30 | 自落式 | 90 | 120 | 150 |
| | 强制式 | 60 | 90 | 120 |
| >30 | 自落式 | 90 | 90 | 120 |
| | 强制式 | 60 | 60 | 90 |

②投料顺序：投料顺序应从提高搅拌质量，减少叶片、衬板的磨损，减少拌和物与搅拌筒的粘结，减少水泥飞扬，改善工作环境，提高混凝土强度及节约水泥等方面综合考虑

确定。常用一次投料法和二次投料法。

a. 一次投料法。是在上料斗中先装石子，再加水泥和砂，然后一次投入搅拌筒中进行搅拌。自落式搅拌机要在搅拌筒内先加部分水，投料时砂压住水泥，使水泥不飞扬，而且水泥和砂先进搅拌筒形成水泥砂浆，可以缩短水泥包裹石子的时间。强制式搅拌机出料口在下部，不能先加水，应在投入原材料的同时，缓慢均匀分散地加水。

b. 二次投料法。是先向搅拌机内投入水和水泥（和砂），待其搅拌1min后再投入石子和砂继续搅拌到规定时间。这种投料方法，能改善混凝土性能，提高了混凝土的强度，在保证规定的混凝土强度的前提下节约了水泥。目前常用的方法有两种：预拌水泥砂浆法和预拌水泥净浆法。预拌水泥砂浆法是指先将水泥、砂和水加入搅拌筒内进行充分搅拌，成为均匀的水泥砂浆后，再加入石子搅拌成均匀的混凝土。预拌水泥净浆法是先将水泥和水充分搅拌成均匀的水泥净浆后，再加入砂和石子搅拌成混凝土。与一次投料法相比，二次投料法可使混凝土强度提高10%～15%，节约水泥15%～20%。

水泥裹砂石法混凝土搅拌工艺，用这种方法拌制的混凝土称为造壳混凝土（简称SEC混凝土）。

分两次加水，两次搅拌。先将全部砂、石子和部分水倒入搅拌机拌和，使骨料湿润，称之为造壳搅拌。搅拌时间以45s～75s为宜，再倒入全部水泥搅拌20s，加入拌和水和外加剂进行第二次搅拌，60s左右完成，这种搅拌工艺称为水泥裹砂法。

③进料容量：进料容量是将搅拌前各种材料的体积累积起来的容量，又称干料容量。进料容量与搅拌机搅拌筒的几何容量有一定比例关系。进料容量为出料容量的1.4～1.8倍（通常取1.5倍），如任意超载（超载10%），就会使材料在搅拌筒内无充分的空间进行拌和，影响混凝土的和易性。反之，装料过少，又不能充分发挥搅拌机的效能。

（4）混凝土的运输。

1）混凝土运输的要求。

①运输中的全部时间不应超过混凝土的初凝时间。

②运输中应保持匀质性，不应产生分层离析现象，不应漏浆；运至浇筑地点应具有规定的坍落度，并确保混凝土在初凝前能有充分的时间进行浇筑。

③混凝土的运输道路要求平坦，应以最少的运转次数、最短的时间从搅拌地点运至浇筑地点。

④从搅拌机卸出后到浇筑完毕的延续时间不宜超过表3－20规定。

**表3－20 混凝土从搅拌机中卸出后到浇筑完毕的延续时间**

| 混凝土强度等级 | 延续时间（min） | |
|---|---|---|
| | 气温＜250℃ | 气温≥250℃ |
| ≤C30 | 120 | 90 |
| ＞C30 | 90 | 60 |

注：1. 掺用外加剂或采用快硬水泥拌制混凝土时，应按试验确定。

2. 轻骨料混凝土的运输、浇筑延续时间应适当缩短。

2）运输工具的选择。混凝土运输分地面垂直运输、水平运输和高空水平运输三种。

①垂直运输可采用各种井架、龙门架和塔式起重机作为垂直运输工具。对于浇筑量大、浇筑速度比较稳定的大型设备基础和高层建筑，宜采用混凝土泵，也可采用自升式塔式起重机或爬升式塔式起重机运输。

②水平运输设备：手推车、机动翻斗车、混凝土搅拌输送车。

3）泵送混凝土。混凝土用混凝土泵运输，通常称为泵送混凝土。常用的混凝土泵有液压柱塞泵和挤压泵两种。

液压柱塞泵（图3-43），它是利用柱塞的往复运动将混凝土吸入和排出。混凝土输送管有直管、弯管、锥形管和浇筑软管等，一般由合金钢、橡胶、塑料等材料制成，常用混凝土输送管的管径为100~150mm。

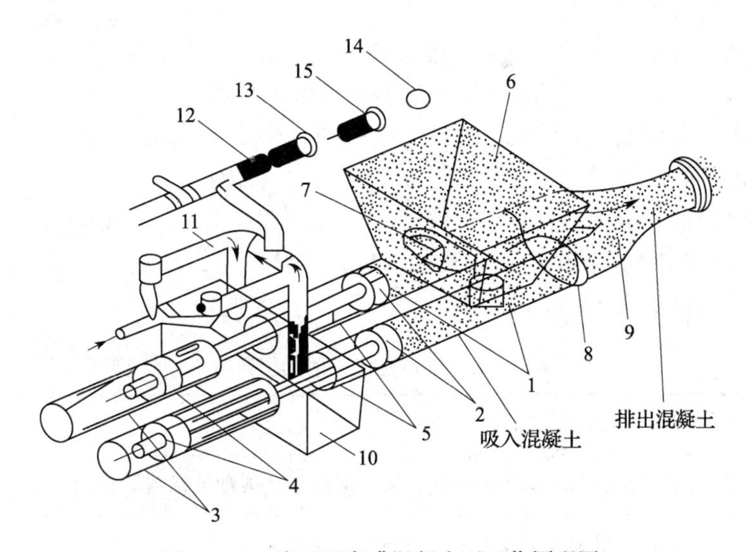


**图3-43 液压活塞式混凝土泵工作原理图**

1—混凝土缸；2—混凝土活塞；3—液压缸；4—液压活塞；5—活塞杆；6—受料斗；7—吸入端水平片阀；8—排出端竖直片阀；9—丫形输送管；10—水箱；11—水洗装置换向阀；12—水洗用高压软管；13—水洗用法兰；14—海绵球；15—清洗活塞

①泵送混凝土对原材料的要求：

a. 粗骨料。碎石最大粒径与输送管内径之比不宜大于1∶3；卵石不宜大于1∶2.5。

b. 砂。以天然砂为宜，砂率宜控制在40%~50%，通过0.315mm筛孔的砂不少于15%。

c. 水泥。最少水泥用量为300kg/m$^3$，坍落度宜为80~180mm，混凝土内宜适量掺入外加剂。泵送轻骨料混凝土的原材料选用及配合比，应通过试验确定。

②泵送混凝土施工中应注意的问题：

a. 输送管的布置宜短直，尽可能减少弯管数，转弯宜缓，管段接头要严密，少用锥形管。

b. 混凝土的供料应保证混凝土泵能连续工作，不间断；正确选择骨料级配，严格控制配合比。

c. 泵送前，为了减少泵送阻力，应先用适量与混凝土内成分相同的水泥浆或水泥砂浆润滑输送管的内壁。

d. 泵送过程中，泵的受料斗内应充满混凝土，防止吸入空气形成阻塞。

e. 防止停歇时间过长，若停歇时间超过45min，应立即用压力或其他方法冲洗管内残留的混凝土。

f. 泵送结束后，要及时清洗泵体和管道。

g. 用混凝土泵浇筑的建筑物，要加强养护，防止龟裂。

(5) 混凝土的浇筑与振捣。

1) 混凝土浇筑前的准备工作。

①混凝土浇筑前，应对模板、钢筋、支架和预埋件进行检查。

②检查模板的位置、标高、尺寸、强度和刚度是否符合要求，接缝是否严密，预埋件位置和数量是否符合图纸要求。

③检查钢筋的规格、数量、位置、接头和保护层厚度是否正确。

④清理模板上的垃圾和钢筋上的油污，浇水湿润木模板。

⑤填写隐蔽工程记录。

2) 混凝土浇筑。

①混凝土浇筑的一般规定：

a. 混凝土浇筑前不应发生离析或初凝现象，若已发生，须重新搅拌。混凝土运至现场后，其坍落度应满足表3－21的要求。

**表3－21　混凝土浇筑时的坍落度**

| 结构种类 | 坍落度（mm） |
|---|---|
| 基础或地面的垫层、无配筋的大体积结构（挡土墙、基础等）或配筋稀疏的结构 | 10～30 |
| 板、梁和大型及中型截面的柱子等 | 30～50 |
| 配筋密列的结构（薄壁、斗仓、筒仓、细柱等） | 80～70 |
| 配筋特密的结构 | 70～90 |

混凝土坍落度试验，如图3－44所示。

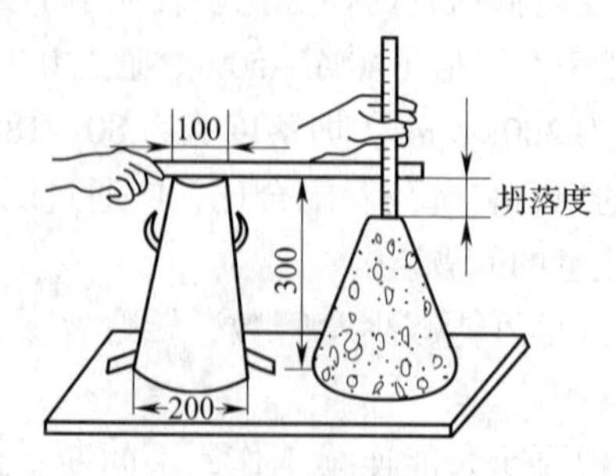


**图3－44　混凝土坍落度试验（mm）**

b. 混凝土自高处倾落时，其自由倾落高度不宜超过2m；若混凝土自由下落高度超过2m，应设串筒、斜槽、溜管或振动溜管等，如图3－45所示。

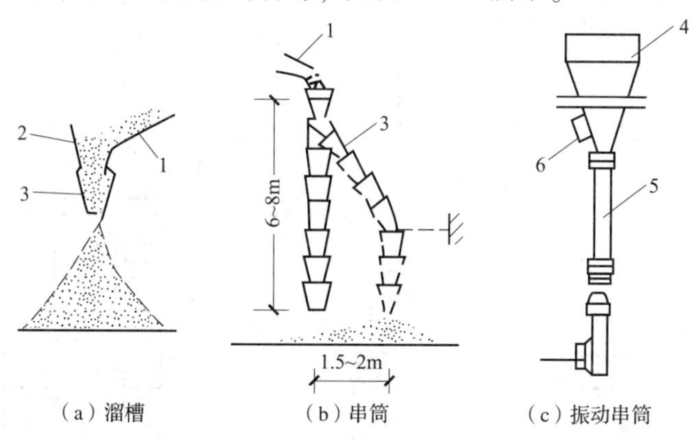


**图3－45 溜槽与串筒**

1—溜槽；2—挡板；3—串筒；4—漏斗；5—节管；6—振动器

c. 混凝土的浇筑工作，应尽量连续进行。

d. 混凝土的浇筑应分段、分层连续进行，随浇随捣。混凝土浇筑层厚度应符合表3－22的规定。

**表3－22 混凝土浇筑层厚度**

| 项次 | 捣实混凝土的方法 | | 浇筑层厚度（mm） |
| --- | --- | --- | --- |
| 1 | 插入式振捣 | | 振捣器作用部分长度的1.25倍 |
| 2 | 表面振动 | | 200 |
| 3 | 人工捣固 | 在基础、无筋混凝土或配筋稀疏的结构中<br>在梁、墙板、柱结构中<br>在配筋密列的结构中 | 250<br>200<br>150 |
| 4 | 轻骨料混凝土 | 插入式振捣器<br>表面振动（振动时须加荷） | 300<br>200 |

e. 在竖向结构中浇筑混凝土时，不得发生离析现象。

②施工缝的留设与处理：如果由于技术或施工组织上的原因，不能对混凝土结构一次连续浇筑完毕，而必须停歇较长的时间，其停歇时间已超过混凝土的初凝时间，当继续浇混凝土时，形成了接缝，即为施工缝。

a. 施工缝的留设位置。施工缝设置的原则，一般宜留在结构受力（剪力）较小且便于施工的部位。柱子的施工缝宜留在基础与柱子交接处的水平面上，或梁的下面，或吊车梁牛腿的下面、吊车梁的上面、无梁楼盖柱帽的下面，如图3－46所示。高度大于1m的钢筋混凝土梁的水平施工缝，应留在楼板底面下20～30mm处，当板下有梁托时，留在梁托下部；单向平板的施工缝，可留在平行于短边的任何位置处；对于有主次梁的楼板结构，宜顺着次梁方向浇筑，施工缝应留在次梁跨度的中间1/3范围内，如图3-47所示。

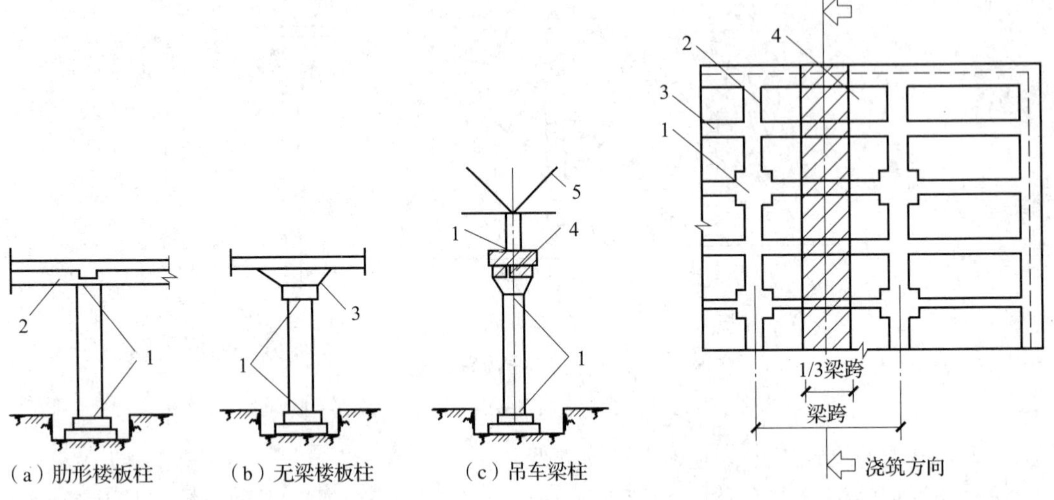


**图3-46 柱子施工缝的位置**

1—施工缝；2—梁；3—柱帽；4—吊车梁；5—屋架

**图3-47 有梁板的施工缝位置**

1—柱；2—主梁；3—次梁；4—板

b. 施工缝的处理。施工缝处继续浇筑混凝土时，应等待混凝土的抗压强度不小于1.2MPa才可进行；施工缝浇筑混凝土之前，应除去施工缝表面的水泥薄膜、松动石子和软弱的混凝土层，并加以充分湿润和冲洗干净，不得有积水；浇筑时，施工缝处宜先铺水泥浆（水泥:水=1:0.4），或与混凝土成分相同的水泥砂浆一层，厚度为30~50mm，以保证接缝的质量；浇筑过程中，施工缝应细致捣实，使其紧密结合。

③混凝土的浇筑方法：

a. 多层钢筋混凝土框架结构的浇筑。浇筑框架结构首先要划分施工层和施工段，施工层一般按结构层划分，而每一施工层的施工段划分，则要考虑工序数量、技术要求、结构特点等。

混凝土的浇筑顺序：先浇捣柱子，在柱子浇捣完毕后，停歇1~1.5h，再浇捣梁和板。

b. 大体积钢筋混凝土结构的浇筑。大体积钢筋混凝土结构多为工业建筑中的设备基础及高层建筑中厚大的桩基承台或基础底板等。特点是混凝土浇筑面和浇筑量大，整体性要求高，不能留施工缝，以及浇筑后水泥的水化热量大且聚集在构件内部，形成较大的内外温差，易造成混凝土表面产生收缩裂缝等。

为保证混凝土浇筑工作连续进行，不留施工缝，应在下一层混凝土初凝之前，将上一层混凝土浇筑完毕。要求混凝土按不小于下述的浇筑量进行浇筑：

$$Q=\frac{FH}{T} \tag{3-3}$$

式中：$Q$——混凝土最小浇筑量（$m^3/h$）；

$F$——混凝土浇筑区的面积（$m^2$）；

$H$——浇筑层厚度（m）；

$T$——下层混凝土从开始浇筑到初凝所容许的时间间隔（h）。

大体积钢筋混凝土结构的浇筑方案，一般分为全面分层、分段分层和斜面分层三种，如图 3－48 所示。

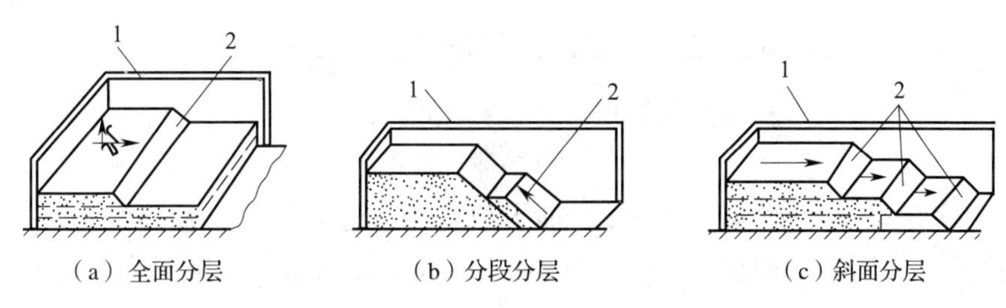


**图 3－48 大体积混凝土浇筑方案**

1—模板；2—新浇筑的混凝土

全面分层：在第一层浇筑完毕后，再回头浇筑第二层，如此逐层浇筑，直至完工为止。

分段分层：混凝土从底层开始浇筑，进行 2～3m 后再回头浇筑第二层，同样依次浇筑各层。

斜面分层：要求斜坡坡度不大于 1/3，适用于结构长度超过厚度 3 倍的情况。

3）混凝土的振捣。振捣方式分为人工振捣和机械振捣两种。人工振捣是利用捣锤或插钎等工具的冲击力来使混凝土密实成型，但其效率低、效果差；机械振捣是将振动器的振动力传给混凝土，使之发生强迫振动而密实成型，其效率高、质量好。混凝土振动机械按其工作方式分为内部振动器、表面振动器和振动台等，如图 3－49 所示。这些振动机械的构造原理，主要是利用偏心轴或偏心块的高速旋转，使振动器因离心力的作用而振动。

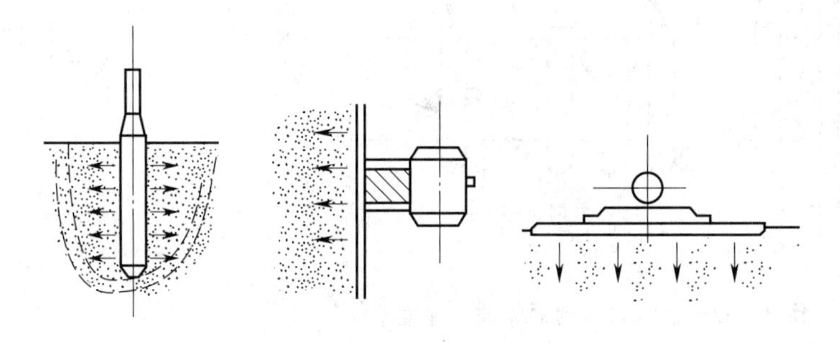

**图 3－49 振动机械示意图**

①内部振动器：内部振动器又称插入式振动器，其构造如图 3－50 所示。适用于振捣梁、柱、墙等构件和大体积混凝土。

插入式振动器操作要点：

a. 插入式振动器的振捣方法有两种：一是垂直振捣，即振动棒与混凝土表面垂直；二是斜向振捣，即振动棒与混凝土表面呈 40°～45°。

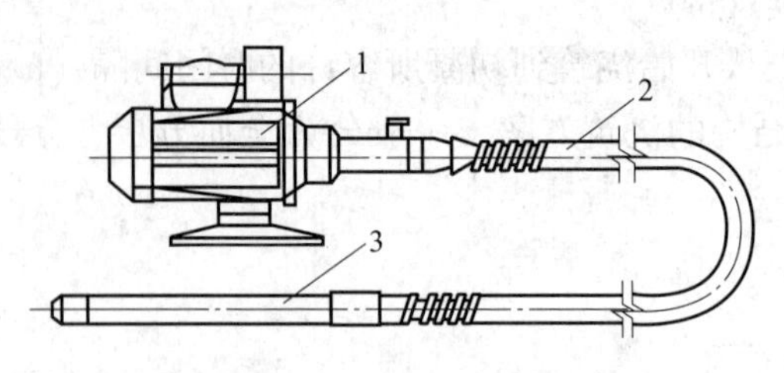


图 3－50　插入式振动器

1—电动机；2—软轴；3—振动棒

b. 振捣器的操作要做到快插慢拔，插点要均匀，逐点移动，顺序进行，不能遗漏，达到均匀振实。振动棒的移动，可采用行列式或交错式，如图 3－51 所示。

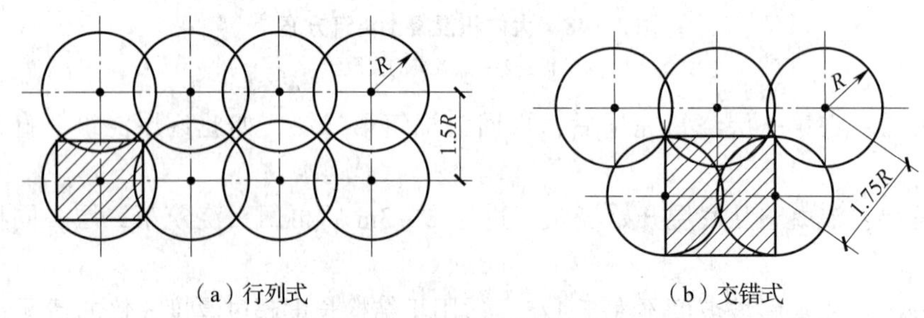


（a）行列式　　（b）交错式

图 3－51　振捣点的布置

R—振动棒有效作用半径

c. 混凝土分层浇筑时，应将振动棒上下来回抽动 50～100mm；同时，还应将振动棒深入下层混凝土中 50mm 左右，如图 3－52 所示。

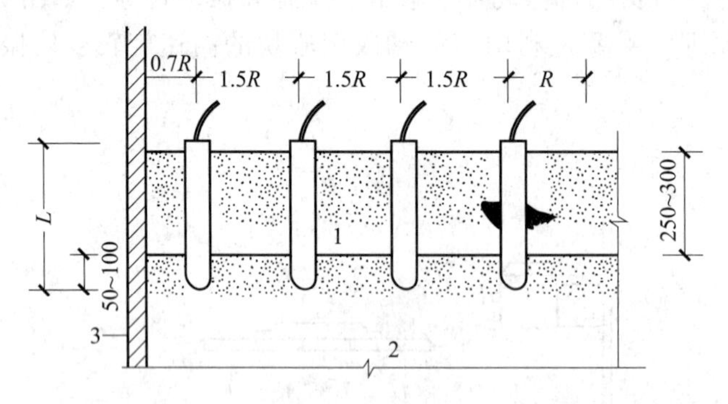


图 3－52　插入式振动器的插入深度

1—新浇筑的混凝土；2—下层已振捣但尚未初凝的混凝土；3—模板

R—有效作用半径；L—振动棒长度

d. 每一振捣点的振捣时间通常为 20～30s。

e. 使用振动器时，不允许将其支承在结构钢筋上或碰撞钢筋，不宜紧靠模板振捣。

②表面振动器：表面振动器又称平板振动器，是将电动机轴上装有左右两个偏心块的振动器固定在一块平板上构成。其振动作用可直接传递于混凝土面层上。

这种振动器适用于振捣楼板、空心板、地面和薄壳等薄壁结构。

③外部振动器：外部振动器又称附着式振动器，它是直接安装在模板上进行振捣，利用偏心块旋转时产生的振动力通过模板传给混凝土，达到振实的目的。

适用于振捣断面较小或钢筋较密的柱子、梁、板等构件。

④振动台：一般在预制厂用于振实干硬性混凝土和轻骨料混凝土。宜采用加压振动的方法，加压力为 1 ~ 3kN/m$^2$。

（6）混凝土的养护。

1）混凝土浇捣后能逐渐凝结硬化，主要是由于水泥水化作用的结果，而水化作用需要适当的湿度和温度。

2）在混凝土浇筑完毕后，应在 12h 以内加覆盖和浇水；干硬性混凝土应于浇筑完毕后立即进行养护。

3）常用的混凝土的养护方法是自然养护法。

4）自然养护又可分为洒水养护和喷洒塑料薄膜养护两种。

5）洒水养护是用吸水保温能力较强的材料（如草帘、芦席、麻袋、锯末等）将混凝土覆盖，经常洒水使其保持湿润。

6）喷洒塑料薄膜养护适用于不容易洒水养护的高耸构筑物和大面积混凝土结构及缺水地区。它是将过氯乙烯树脂塑料溶液用喷枪喷洒在混凝土表面上，溶液挥发后在混凝土表面形成一层塑料薄膜，使混凝土与空气隔绝，阻止其中水分的蒸发，以保证水化作用的正常进行。

7）混凝土必须养护至其强度达到 1.2N/mm$^2$ 以上，才准在上面行人和架设支架、安装模板，但不得冲击混凝土。

## 3.3 防水工程施工

### 3.3.1 屋面防水工程

建筑工程防水按其部位可分为屋面防水、地下防水、卫生间防水等；按其构造做法可分为结构构件的刚性自防水和用各种防水卷材、防水涂料作为防水层的柔性防水。

**1. 卷材屋面防水**

卷材防水屋面是指用胶结材料或热熔法逐层粘贴卷材进行防水的屋面。卷材防水屋面的构造如图 3－53 所示，施工时以设计图纸为施工依据。

（1）结构层、找平层施工。

1）结构层要求。屋面结构层通常采用钢筋混凝土结构，包括装配式钢筋混凝土板和整体现浇细石混凝土板；基层采用装配式钢筋混凝土板时，要求板安置平稳，板端缝要密封处理，板端、板的侧缝应用细石混凝土灌缝密实，其强度等级不应低于 C20，板缝经调节后宽度仍大于 40mm 以上时，应在板下设吊模补放构造钢筋后，再浇细石混凝土。

2）找平层施工。屋面（含天沟、檐沟）找平层的排水坡度必须符合设计要求。

找平层的作用是确保卷材铺贴平整、牢固；找平层必须清洁、干燥。

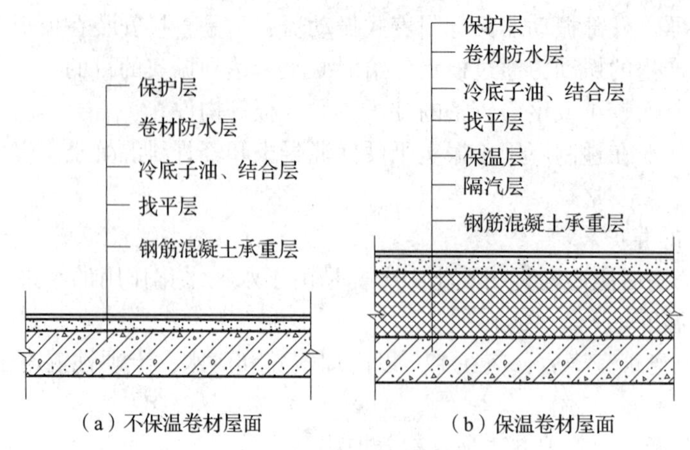


**图3-53 卷材屋面构造层次示意**

常用的找平层分为：水泥砂浆、细石混凝土、沥青砂浆找平层。找平层的排水坡度应符合设计要求。

①水泥砂浆找平层和细石混凝土找平层：

a. 厚度要求：与基层结构形式有关。水泥砂浆找平层，基层是整体混凝土时，找平层的厚度为15～20mm；基层是整体或板状材料保温层时，找平层的厚度为20～25mm；基层是装配式混凝土板，松散材料作保温层时，找平层的厚度为20～30mm；细石混凝土找平层，基层是松散材料保温层时，找平层的厚度为30～35mm。

b. 技术要求：屋面板等基层应安装牢固，不得有松动现象。

②沥青砂浆找平层：

a. 厚度要求：与基层结构形式有关。基层是整体混凝土时，找平层的厚度为15～20mm；基层是装配式混凝土板，整体或板状材料保温层时，找平层的厚度为20～25mm。

b. 技术要求：屋面板等基层应安装牢固，不得有松动之处，屋面应平整，清扫干净，沥青和砂的质量比为1:8。沥青砂浆施工时要严格控制温度。

（2）保温层施工。

保温层的含水率必须符合设计要求。

保温层包括松散材料保温层、板状保温层及整体现浇保温层。

1）松散材料保温层。基层应平整、干燥、干净；含水率应符合设计的要求；松散保温材料应分层铺设并压实，压实的程度与厚度应经试验确定；保温层材料施工完毕后，应及时进行找平层和防水层的施工；雨季施工时，保温层应采取遮盖措施。

2）板状保温层。基层应平整、干燥、干净；板状保温材料应紧靠在需保温的基层表面上，并应铺平垫稳；分层铺设的板块上下层接缝应相互错开，板间缝隙应采用同类材料填密实；粘贴的板状保温材料应贴严、粘牢。

3）整体现浇保温层。沥青膨胀蛭石、沥青膨胀珍珠岩宜用机械搅拌，并应色泽一致无沥青团；压实程度根据试验确定，其厚度应符合设计要求，表面应平整；硬质聚氨酯泡沫塑料应按配合比准确计量，发泡厚度均匀一致。

（3）防水层的施工。卷材防水层不得有渗漏或积水现象，应采用沥青防水卷材、高聚物改性沥青防水卷材或合成高分子防水卷材。

1）沥青防水层的铺设准备。防水层施工前，应将油毡上滑石粉或云母粉刷干净，以增加油毡与沥青胶的粘结能力，并随时做好防火安全工作；沥青冷底子油配制；沥青胶结材料准备；涂刷冷底子油，找平层表面要平整、干净，涂刷要薄而均匀，不得有空白、麻点、气泡，涂刷宜在铺油毡前1~2h进行，使油层干燥而不沾灰尘。

2）卷材铺贴的一般要求如下：

①卷材防水层施工应在屋面其他工程全部完工后进行。

②铺贴多跨和有高低跨的房屋时，应按先高后低、先远后近的顺序进行。

③在一个单跨房屋铺贴时，先铺贴排水比较集中的部位，按标高由低到高铺贴，坡与立面的卷材应由下向上铺贴，使卷材按流水方向搭接。

④铺贴方向一般视屋面坡度而定，当坡度在3%以内时，卷材宜平行于屋脊方向铺贴；坡度在3%~15%时，卷材可依据当地情况决定平行或垂直于屋脊方向铺贴，以免卷材溜滑。

⑤卷材平行于屋脊方向铺贴时，长边搭接不小于70mm；短边搭接，平屋面不应小于100mm，坡屋面不小于150mm，相邻两幅卷材短边接缝应错开不小于500mm；上下两层卷材应错开1/3或1/2幅度。

⑥平行于屋脊的搭接缝，应顺流水方向搭接；垂直屋脊的搭接缝应顺主导风向搭接。

⑦上下两层卷材不得相互垂直铺贴。

⑧坡度超过25%的拱形屋面和天窗下的坡面上，应尽量避免短边搭接，如必须短边搭接时，搭接处应采取防止卷材下滑的措施。

3）沥青胶的浇涂。

①沥青胶可用浇油法或涂刷法施工，浇涂的宽度应略大于油毡宽度，厚度控制在1~1.5mm。为确保油毡不歪斜，可先弹出墨线，按墨线推滚油毡。油毡一定要铺平压实，粘结紧密，赶出气泡后将边缘封严；若发现气泡、空鼓，应当场割开放气，补胶修理。压贴油毡时沥青胶应挤出，并随时刮去。

②空铺法铺贴油毡，是在找平层干燥有困难时或排气屋面的做法。空铺法贴第一层油毡时，不满涂浇沥青胶，如图3-54所示的花撒法做法。

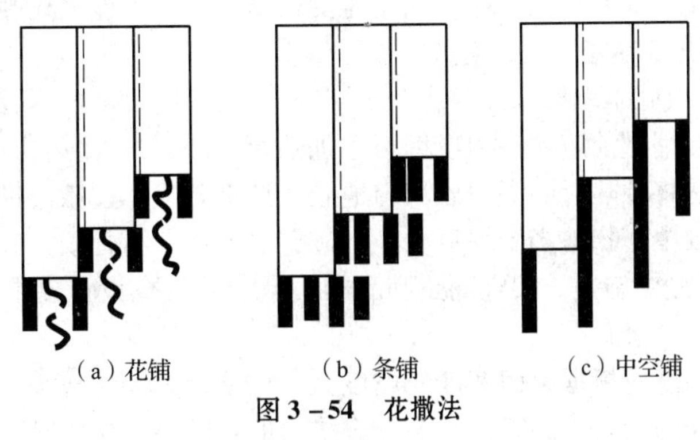


**图3-54 花撒法**

4）排气槽与出气孔做法。排气槽与出气孔主要是使基层中多余的水分通过排气孔排除，避免影响油毡质量。在预制隔热层中做排气槽、孔，排气槽孔一定要畅通，施工时注意不要将槽孔堵塞；填大孔径炉渣松散材料时，不宜太紧；砌砖出气孔时，灰浆不能堵住洞，出气口不能进水和漏水。

5）防水层卷材铺贴方法有冷粘法铺贴卷材、热熔法铺贴卷材和自粘法铺贴卷材三种。

①冷粘法铺贴卷材：胶粘剂涂刷应均匀，不露底，不堆积。根据胶粘剂的性能，应控制胶粘剂涂刷与卷材铺贴的间隔时间。铺贴的卷材下面的空气应排尽，并辊压粘结牢固。铺贴卷材应平整顺直，搭接尺寸准确，不得扭曲、皱折。接缝口应用密封材料封严，宽度不应小于10mm。

施工要点：在构造节点部位及周边200mm范围内，均匀涂刷一层不小于1mm厚度的弹性沥青胶粘剂，随即粘贴一层聚酯纤维无纺布，并在布上涂一层1mm厚度的胶粘剂。基层胶粘剂的涂刷可用胶皮刮板进行，要求涂刷均匀，不漏底、不堆积，厚度约为0.5mm。胶粘剂涂刷后，掌握好时间，由两人操作，其中一人推赶卷材，确保卷材下无空气，粘贴牢固。卷材铺贴应平整顺直，搭接尺寸准确，不得扭曲、皱折。搭接部位的接缝应涂满胶粘剂，用溢出的胶粘剂刮平封口。接缝口应用密封材料封严，宽度不小于10mm。

②热熔法铺贴卷材：火焰加热器加热卷材应均匀，不得过分加热或烧穿卷材，厚度小于3mm的高聚物改性沥青防水卷材严禁采用热熔法施工；卷材表面热熔后应立即滚铺卷材，卷材下面的空气应排尽，并辊压粘结牢固，不得空鼓；卷材接缝部位必须溢出热熔的改性沥青胶；铺贴的卷材应平整顺直，搭接尺寸准确，不得扭曲、皱折。

施工要点：清理基层上的杂质，涂刷基层处理剂，要求涂刷均匀，厚薄一致，待干燥后，按设计节点构造做好处理，按规范要求排布卷材定位、画线，弹出基线；热熔时，应将卷材沥青膜底面向下，对正粉线，用火焰喷枪对准卷材与基层的结合面，同时加热卷材与基层，喷枪距加热面50～100mm，当烘烤到沥青熔化，卷材表面熔融至光亮黑色，应立即滚铺卷材，并用胶皮压辊滚压密实。排除卷材下的空气，粘贴牢固。

③高聚物改性沥青卷材热熔法施工：热熔法施工是指高聚物改性沥青热熔卷材的铺贴方法。热熔卷材是一种在工厂生产过程中底面即涂有一层软化点较高的改性沥青热熔胶的卷材。其铺贴时不需涂刷胶粘剂，而用火焰烘烤热熔胶后直接于基层粘贴。该方法施工时受气候影响小，对基层表面干燥程度要求相对较宽松，但烘烤时对火候的掌握要求适度。热熔卷材可采用满粘法或条粘法铺贴，铺贴时要稍紧一些，不能太松弛。

（4）保护层、隔热层施工。

1）绿豆砂保护层施工。绿豆砂粒径为3～5mm，呈圆形的均匀颗粒，色浅，耐风化，经过筛洗。绿豆砂在铺撒前应在锅内或钢板上加热至100℃。在油毡面上涂2～3mm厚的热沥青胶，立即趁热将预热过的绿豆砂均匀地撒在沥青胶上，边撒边推铺绿豆砂，使一半左右粒径嵌入沥青胶中，扫除多余绿豆砂，不应露底油毡、沥青胶。

2）板块保护隔热层施工。架空隔热制品的质量必须符合设计要求，严禁有断裂的露筋等缺陷。

架空隔热层的高度应根据屋面宽度或坡度大小的变化确定，通常为100～300mm。架空隔热制品支座底面的卷材、涂膜防水层上应采取加强措施，操作时不得损坏已经完工的防水层。

## 2. 刚性防水屋面

刚性防水屋面是用细石混凝土、块体材料或补偿收缩混凝土等材料作屋面防水层。

（1）细石混凝土防水层施工。

1）分格缝留置。分格缝也叫分仓缝，应按设计要求设置，若设计无明确规定，应按下列原则留设：分格缝应设在屋面板的支承端、屋面转折处、防水层与突出层面结构的交接处，其纵横间距不宜大于6m。一般为一间一分格，分格面积不超过$20m^3$；分格缝上口宽为30mm，下口宽为20mm，应嵌填密封材料。

2）防水层细石混凝土浇捣。

①在混凝土浇捣前，应清除隔离层表面浮渣、杂物，先在隔离层上刷水泥浆一道，使防水层与隔离层紧密结合，随即浇筑细石混凝土。

②混凝土的浇捣按先远后近、先高后低的原则进行。

③施工时，一个分格缝范围内的混凝土必须一次浇完，不得留施工缝；分格缝做成直立反边，并与板一次浇筑成型。

3）分格缝及其他细部做法。分格缝采用盖缝式及贴缝式做法。

4）密封材料嵌缝。密封材料嵌缝必须密实、连续、饱满、粘结牢固，无气泡、开裂、脱落等缺陷。

①密封防水部位的基层应牢固，表面应平整、密实，不得有蜂窝、麻面、起皮和起砂现象；嵌填密封材料的基层应干净、干燥。

②密封防水处理的基层，应涂刷与密封材料相配套的基层处理剂，处理剂应配比准确，搅拌均匀。

（2）隔离层施工。

为了减小结构变形对防水层的不利影响，可将防水层和结构层完全脱离，在结构层和防水层之间增加一层厚度为10～20mm的黏土砂浆，或铺贴卷材隔离层。

1）黏土砂浆隔离层施工：将石灰膏∶砂∶黏土＝1∶2.4∶3.6材料均匀拌和，铺抹厚度为10～20mm，压平抹光，待砂浆基本干燥后，进行防水层施工。

2）卷材隔离层施工：用1∶3水泥砂浆找平结构层，在干燥的找平层上铺一层干细砂，然后在其上铺一层卷材隔离层，搭接缝用热沥青玛蹄脂浇注。

**3. 屋面防水工程质量要求**

（1）防水层不得有渗漏或积水现象。

（2）使用的材料应符合设计要求和质量标准的规定。

（3）找平层表面应平整，不得有疏松、起砂、起皮现象。

（4）保温层的厚度、含水量和表观密度应符合设计要求。

（5）天沟、檐沟、泛水和变形缝等构造，应符合设计要求。

（6）卷材表贴方法和搭接顺序应符合设计要求，搭接宽度正确，接缝严密，不得有折皱、鼓泡和翘边现象。

（7）涂膜防水层的厚度应符合设计要求，涂层无裂纹、皱折、流淌、鼓泡和露胎体现象。

（8）刚性防水层表面应平整、压光，不起砂，不起皮，不开裂。分格缝应平直，位置正确。

（9）嵌缝密封材料应与两侧基层粘牢，密封部位光滑、平直，不得有开裂、鼓泡、塌落现象。

检查屋面有无渗漏、积水和排水系统是否畅通，应在雨后或持续淋水 2h 后进行。屋面验收后，应填写分部工程质量验收记录，交建设单位和施工单位存档。

### 3.3.2 地下防水工程

**1. 防水混凝土结构施工**

防水混凝土的抗压强度和抗渗压力须符合设计要求。防水混凝土的变形缝、施工缝、后浇带、穿墙管道、埋设件等设置和构造，均须符合设计要求，严禁有渗漏。

防水混凝土结构是依靠混凝土材料本身的密实性而具有防水能力的整体式混凝土或钢筋混凝土结构。它既是承重结构、围护结构，又满足抗渗、耐腐和耐侵蚀结构要求。

浇筑防水混凝土结构常采用普通防水混凝土和外加剂防水混凝土。

普通防水混凝土是在普通混凝土骨料级配的基础上，调整配合比，控制水胶比、水泥用量、灰砂比和坍落度来提高混凝土的密实性，从而抑制混凝土中的孔隙，达到防水的目的。

外加剂防水混凝土是加入适量外加剂（减水剂、防水剂），改善混凝土内部组织结构，增加混凝土的密实性，提高混凝土的抗渗能力。

（1）防水混凝土材料要求。采用的水泥强度等级不应低于 32.5 级；砂宜用中砂，含泥量不得大于30%，泥块含量不得大于1.0%；石子的粒径宜为5~40mm，含泥量不得大于1.0%，泥块含量不得大于0.5%；用水采用一般饮用水或天然洁净水；外加剂的技术性能，应符合国家或行业标准一等品及以上的质量要求。

（2）防水混凝土配合比。防水混凝土的配合比应根据设计要求确定。每立方米混凝土的水泥用量不少于 300kg，水胶比不宜大于 0.55，砂率宜为 35% ~40%，灰砂比宜为 1:2~1:2.5，混凝土的坍落度不宜大于 50mm。

（3）防水混凝土的施工要点。

1）支模模板严密不漏浆，有足够的刚度、强度和稳定性，固定模板的铁件不得穿过防水混凝土，结构用钢筋不得触击模板，避免形成渗水路径。

2）搅拌符合一般普通混凝土搅拌原则。防水混凝土必须用机械充分均匀拌和，不得用人工搅拌，搅拌时间比普通混凝土搅拌时间略长，通常为 120s。

3）运输中防止漏浆和离析泌水现象，若发生泌水离析，应在浇筑前进行二次拌和。

4）浇筑、振捣浇筑前应清理模板内的杂质、积水，模板应湿水。

5）施工缝的要求：施工缝是防水较薄弱的部位，应不留或者少留施工缝。施工缝的做法，如图 3-55 所示。

6）养护与拆模养护对防水混凝土的抗渗性能影响很大，尤其是早期湿润养护更为重要，若早期失水，将导致防水混凝土的抗渗性大幅度降低。

**2. 水泥砂浆防水层施工**

水泥砂浆防水层各层之间必须结合牢固，无空鼓现象。

水泥砂浆防水层是在混凝土或砌砖的基层上用多层抹面的水泥砂浆等构成的防水层，它是利用抹压均匀、密实，并交替施工构成坚硬封闭的整体，具有较高的抗渗能力（2.5~3.0MPa，30d 无渗漏），以达到阻止压力水的渗透作用。

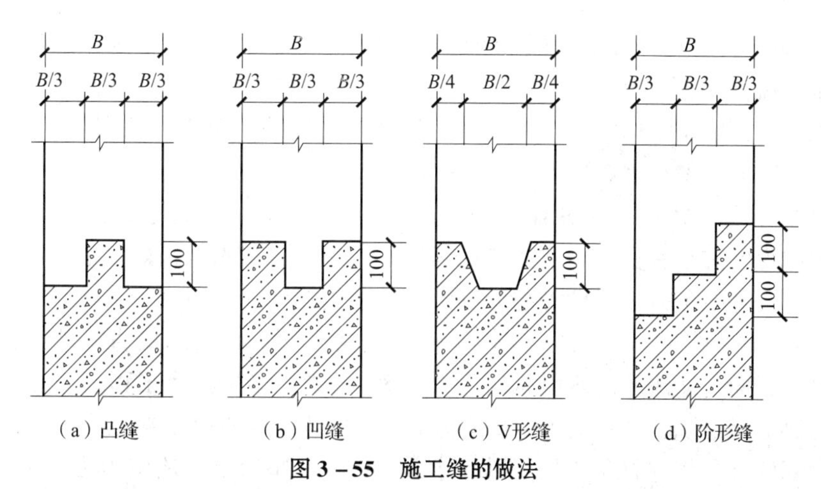


**图 3-55 施工缝的做法**

适用于承受一定静水压力的地下和地上钢筋混凝土、混凝土和砖石砌体等防水工程。

(1) 水泥砂浆防水层基层要求。水泥砂浆铺抹前，基层的混凝土和砌筑砂浆强度不低于设计值 80%；基层表面应坚实、平整、粗糙、洁净，并充分湿润，无积水；基层表面的孔洞、缝隙应用与防水层相同的砂浆填塞抹平。

(2) 水泥砂浆防水层施工要点。

1) 基层的处理。基层处理包括清理、浇水、刷洗、补平等工序，应使基层表面保持清洁、湿润、坚实、平整、粗糙。

2) 灰浆的配合比和拌制。与基层结合的第一层水泥浆是用水泥和水拌和而成，水胶比 0.55～0.60；其他层水泥浆的水胶比为 0.37～0.40；水泥砂浆由水泥、砂、水拌和而成，水胶比为 0.40～0.50，灰砂比为 1.5～2.0。

3) 防水层施工。水泥砂浆防水层，在迎水面基层的防水层一般采用“五层抹面法”；背水面基层的防水层通常采用“四层抹面法”。防水层的施工缝需留斜坡阶梯形槎；一般留在地面上，具体要求，如图 3-56 所示。

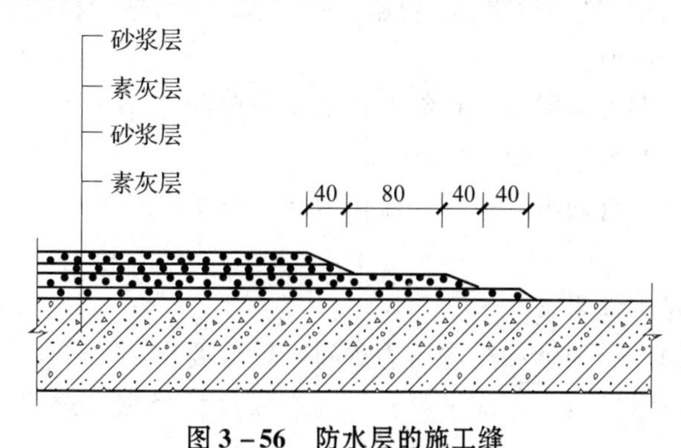


**图 3-56 防水层的施工缝**

4) 防水层的养护。水泥砂浆防水层施工完毕后应立即进行养护，对于地上防水部分应浇水养护，地下潮湿部位不必浇水养护。

**3. 卷材防水层施工**

卷材防水层应采用高聚物改性沥青防水卷材和合成高分子防水卷材。所选用的基层处理剂、胶粘剂、密封材料等配套材料，都应与铺贴卷材性相容。卷材防水层应在地下工程主体迎水面铺贴。

卷材防水层是依靠结构的刚度由多层卷材铺贴而成的，要求结构层坚固、形式简单，粘贴卷材的基层面要平整干燥。

(1) 地下结构卷材防水层的铺贴方式。地下防水工程一般把卷材防水层设在建筑结构的外侧，称为外防水；受压力水的作用紧压在结构上，防水效果好。

外防水有两种施工方法，即外防外贴法和外防内贴法。

1) 外防外贴法施工。外贴法（图3－57）是将立面卷材防水层直接铺设在需设防水结构的外墙外表面。适用于防水结构层高大于3m的地下结构防水工程。

2) 外防内贴法施工。外防内贴法（图3－58）是浇筑混凝土垫层后，在垫层上将永久保护墙全部砌好，将卷材防水层铺贴在永久保护墙和垫层上。适用于防水结构层高小于3m的地下结构防水工程。

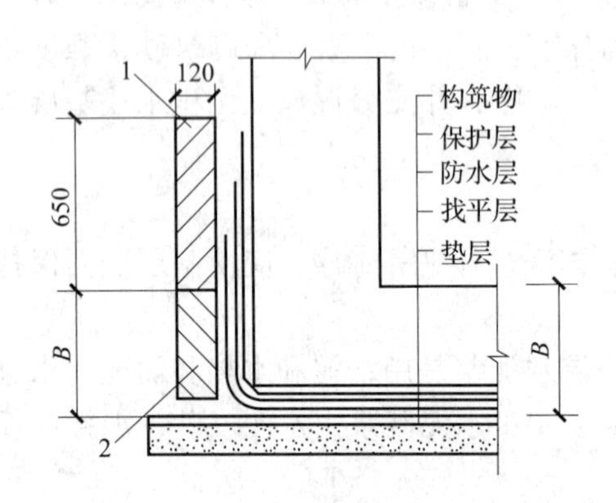


**图3－57 外贴法**

1—临时保护墙；2—永久保护墙

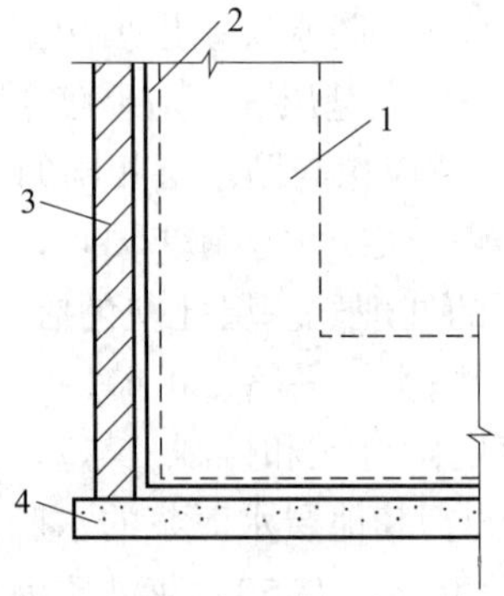

**图3－58 内贴法**

1—待施工的构筑物；2—防水层；3—保护层；4—垫层

3) 卷材防水层粘贴工艺分冷粘法铺贴卷材和热熔法铺贴卷材。

(2) 卷材防水层的铺设工艺。

1) 墙上卷材应垂直方向铺贴，相邻卷材搭接宽度应不小于100mm，上下层卷材的接缝应相互错开1/3～1/2卷材宽度。

2) 墙面上铺贴的卷材如需接长时，应用阶梯形接缝相连接，上层卷材盖过下层卷材不应少于150mm。

**4. 地下防水工程质量要求**

1) 防水混凝土的抗压强度和抗渗压力须符合设计要求。

2) 防水混凝土应密实，表面应平整，不得有露筋、蜂窝等缺陷；裂缝宽度应符合设计要求。

3) 水泥砂浆防水层应密实、平整、粘结牢固，不得有裂纹、空鼓、起砂、麻面等缺陷；防水层厚度应符合设计要求。

4) 卷材接缝应粘结牢固、封闭严密，防水层不得有损伤、空鼓、皱折等缺陷。

5) 涂层应粘结牢固，不得有流淌、脱皮、露胎、鼓泡、皱折等缺陷；涂层厚度应符合设计要求。

6）塑料板防水层铺设牢固、平整，搭接焊缝严密，不得有焊穿、下垂、绷紧现象。

7）金属板防水层焊缝不得有未熔合、裂纹、焊瘤、夹渣、弧穿、咬边、针状气孔等缺陷；保护涂层应符合设计要求。

8）变形缝、施工缝、后浇带、穿墙管道等防水构造应符合设计要求。

## 3.3.3 屋面及地下防水工程的安全技术

### 1. 一般要求

（1）施工前应进行安全技术交底工作。

（2）对沥青过敏的人不得参加操作。

（3）沥青操作人员不得赤脚、穿短衣服进行作业；手不得直接接触沥青，并应戴口罩，加强通风。

（4）注意风向，防止在下风操作人员中毒。

（5）严禁烟火、防止火灾。

（6）运输线路应畅通，运输设施可靠，屋面洞口应设有安全措施。

（7）高空作业人员身体应健康，无心脏病、恐高症。

（8）屋面施工时不准穿带钉鞋入内。

### 2. 熬油

（1）熬油锅灶必须距建筑物10m以上，距易燃仓库25m以上；锅灶上空不得有电线，地下5m以内不得有电缆；锅灶宜设在下风口。

（2）锅口应稍高，炉口处应砌筑高度不小于500mm的隔火墙。

（3）锅灶附近严禁放置煤油等易燃、易爆物品。

（4）沥青锅内不得有水，装入锅内沥青不应超过锅容量的2/3。

（5）熬制时，应随时注意沥青温度的变化，当石油沥青熬到由白烟转为很浓的红黄烟时，有着火的危险，应立即停火。

（6）锅灶附近应备有锅盖，如果着火用锅盖或铁板封盖油锅。

（7）配冷底子油时，禁止用铁棒搅拌，要严格掌握沥青温度，当发现冒大量蓝烟时应立即停止加热。

### 3. 运油

（1）装油的桶应用铁皮咬口制成，不得用锡焊，最好要加盖。

（2）防止提升油桶摆动；吊运时，桶下10m半径范围内禁止站人。

（3）运送热沥青时，不允许两人抬；装油不超过桶高的2/3。

（4）屋面运油时，油桶下应加垫，要放置平稳。

### 4. 铺毡

（1）浇油者与铺毡者保持一定距离，避免热沥青伤人。

（2）浇油时，檐口下方不得有人行走、停留，以免热沥青流下伤人。

（3）大风雨天，应停止铺毡。

（4）经常从事沥青工作的工人，应定期检查身体。

# 3.4 装饰和节能工程施工

## 3.4.1 抹灰工程

抹灰是将各种砂浆、装饰性石屑浆、石子浆涂抹在建筑物的墙面、顶棚、地面等表面，除了保护建筑物外，还可作为饰面层起装饰作用。

**1. 抹灰工程的分类**

抹灰工程按材料和装饰效果分为一般抹灰和装饰抹灰。一般抹灰指石灰砂浆、水泥砂浆、混合砂浆、聚合物水泥砂浆、膨胀珍珠岩水泥砂浆、麻刀灰、纸筋灰、石膏灰等抹灰工程。装饰抹灰的底层和中层与一般抹灰做法基本相同，其面层主要有水刷石、水磨石、斩假石、干粘石、喷涂、滚涂、弹涂、仿石和彩色抹灰等。

**2. 一般抹灰施工**

抹灰一般分三层，即底层、中层和面层（或罩面），如图3-59所示。

底层主要起与基层粘结的作用，厚度一般为5~9mm。底层砂浆的强度不能高于基层强度，以免抹灰砂浆在凝结过程中产生较强的收缩应力，破坏强度较低的基层，从而产生空鼓、裂缝、脱落等质量问题；中层起找平的作用，中层应分层施工，每层厚度应控制在5~9mm；面层起装饰作用，要求涂抹光滑、洁净。

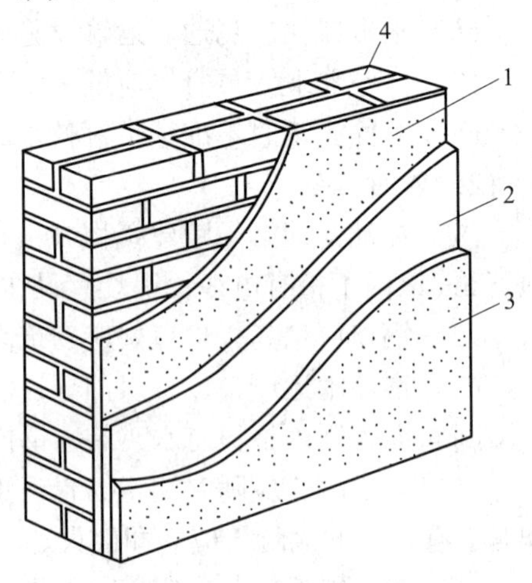

**图3-59 抹灰层的组成**

1—底层；2—中层；3—面层；4—基层

一般抹灰的施工程序为：

（1）基层处理。表面污物的清除，各种孔洞、剔槽的墙砌修补，凹凸处的剔平或补齐，墙体的浇水湿润等。对于光滑的混凝土墙，顶棚应凿毛，以增加粘结力，对不同用料的基层交接处应加铺金属网，以防抹灰因基层吸湿程度和温度变化引起膨胀不同而产生裂缝。

（2）找规矩。包括贴灰饼、标筋（冲筋）、阴阳角找方等工作。中级抹灰可不做阴角找方；高级抹灰应全部做好；普通抹灰不必做这道工序。

贴灰饼和标筋是为了满足墙面抹灰后垂直度、平整度要求，在墙面距阴角100~200mm处的上下四角用砂浆各做一个标志块。然后在上下两标志块之间分几遍抹出若干条灰埂，使其通长上下标志块相平，作为控制抹灰层垂直、平整的依据（冲筋）。

阴阳角找方是指在待抹灰的房间内的阴角和阳角处，用方尺规方，并贴灰饼控制。同时对门窗洞口应做水泥砂浆护角，护角每边宽度不小于50mm，高度距地面不低于2m。

顶棚抹灰无须贴饼、冲筋。抹灰前应在四周墙上弹出水平线，以控制顶棚抹灰层平整。

(3) 底层抹灰。底层抹灰也叫“刮糙”。方法是将砂浆抹于墙面两标筋之间，厚度应低于标筋，务必与基层紧密结合。对混凝土基层，抹底层前应先刮素水泥浆一遍。

(4) 中层抹灰。中层抹灰根据抹灰等级分一遍或几遍成活。待底层灰凝结后抹中层灰，中层灰每层厚度一般为5~7mm，中层砂浆同底层砂浆。抹中层灰时，以灰筋为准满铺砂浆，然后用大木杠紧贴灰筋，将中层灰刮平，最后用木抹子搓平。

(5) 面层抹灰。当中层灰干后，普通抹灰可用麻刀灰罩面，高级抹灰应用纸筋灰罩面，用铁抹子抹平，并分两遍连续适时压实收光，如中层灰已干透发白，应先适度洒水湿润后，再抹罩面灰，一般采用钢皮抹子，两遍成活。

## 3.4.2 门窗工程

### 1. 铝合金门窗

铝合金门窗是用经过表面处理的型材，通过下料、打孔、铣槽、攻丝和制门窗等加工过程而制成的门窗框料构件，再与连接件、密封件和五金配件一起组装而成。安装要点如下：

(1) 弹线。铝合金门、窗框一般是用后塞口方法安装。在结构施工期间，应根据设计将洞口尺寸留出。门窗框加工的尺寸应比洞口尺寸略小，门窗框与结构之间的间隙，应视不同的饰面材料而定。抹灰面一般为20mm；大理石、花岗石等板材，厚度通常为50mm。以饰面层与门窗框边缘正好吻合为准，不可让饰面层盖住门窗框。弹线时应注意：

1) 同一立面的门窗在水平与垂直方向应做到整齐一致。安装前，应先检查预留洞口的偏差。对于尺寸偏差较大的部位，应剔凿或填补处理。

2) 在洞口弹出门、窗位置线。安装前一般是将门窗立于墙体中心线部位。也可将门窗立在内侧。

3) 门的安装，需注意室内地面的标高。地弹簧的表面，应与室内地面饰面的标高一致。

(2) 门窗框就位和固定。按弹线确定的位置将门窗框就位，先用木楔临时固定，待检查立面垂直、左右间隙、上下位置等符合要求后，用射钉将铝合金门窗框上的铁脚与结构固定。

(3) 填缝。铝合金门窗安装固定后，应按照设计要求及时处理窗框与墙体缝隙。如果设计未规定具体堵塞材料时，应采用矿棉或玻璃棉毡分层填塞缝隙，外表面留5~8mm深槽口，槽内填嵌缝油膏或在门窗两侧做防腐处理后填入1:2水泥砂浆。

(4) 门、窗扇安装。门窗扇的安装，需在土建施工基本完成后进行，框装上扇后应保证框扇的立面在同一平面内，保持窗扇就位准确，启闭灵活。平开窗的窗扇安装前应先固定窗，然后再将窗扇与窗铰固定在一起；推拉式门窗扇，应先装室内侧门窗扇，后装室外侧门窗扇；固定扇应装在室外侧，并固定牢固，保证使用安全。

(5) 安装玻璃。平开窗的小块玻璃用双手操作就位。如果单块玻璃尺寸较大，可使用玻璃吸盘就位。玻璃就位后，即以橡胶条固定。型材凹槽内镶装饰玻璃，先用橡胶条挤紧，然后再在橡胶条上注入密封胶；也可以直接用橡胶衬条封缝、挤紧表面不再注胶。

为防止因玻璃的胀缩而造成型材的变形，型材下面槽内可先放置橡胶垫块，避免因玻璃自重而直接落在金属型材表面上，并且也要使玻璃的侧边及上部不可与框、扇及连接件相接触。

（6）清理。铝合金门窗交工前，将型材表面的保护胶纸撕掉，如果有胶迹，可用香蕉水清理干净。

铝合金门窗安装质量的允许偏差应符合规范要求。

**2. 塑料门窗**

塑料门窗及其附件应符合国家标准，按设计选用。塑料门窗不能有开焊、断裂等损坏现象，如有损坏，应予以修复或更换。塑料门窗进场后应存放在有靠架的室内并与热源隔开，避免受热变形。

塑料门窗在安装前，先装五金配件及固定件。因为塑料型材是中空多腔的，材质较脆，因此，不能用螺丝直接锤击拧入，应先用手电钻钻孔，后用自攻螺丝拧入。钻头直径应比所选用自攻螺丝直径小0.5～1.0mm，这样可以防止塑料门窗出现局部凹陷、断裂和螺丝松动等质量问题，确保零附件及固定件的安装质量。

与墙体连接的固定件应用自攻螺钉等紧固于门窗框上。将五金配件及固定件安装完工并检查合格的塑料门窗框，放入洞口，调整至横平竖直后，用木楔将塑料框料四角塞牢作临时固定，但不宜塞得过紧以免外框变形。然后用尼龙胀管螺栓将固定件与墙体连接牢固。

塑料门窗框与洞口墙体的缝隙，用软质保温材料填充饱满，如泡沫塑料条、泡沫聚氨酯条、油毡卷条等。但不得填塞过紧，因过紧会使框架受压发生变形；但是也不能填塞过松，否则会使缝隙密封不严，在门窗周围形成冷热交换区发生结露现象，影响门窗防寒、防风的正常功能和墙体寿命。最后将门窗框四周的内外接缝用密封材料嵌缝严密。

### 3.4.3 吊顶工程

**1. 木吊顶施工**

（1）弹水平线。根据楼层+500mm标高水平线，顺墙高量至顶棚设计标高，沿墙和柱的四周弹顶棚标高水平线。根据吊顶标高线，检查吊顶以上部位的设备、管道、灯具对吊顶是否有影响。

（2）主龙骨的安装。主龙骨与屋顶结构或楼板结构连接主要有三种方式：用屋面结构或楼板内预埋铁件固定吊杆；用射钉将角钢等固定于楼底面固定吊杆；用金属膨胀螺栓固定铁件再与吊杆连接，如图3－60所示。

主龙骨安装后，沿吊顶标高线固定沿墙木龙骨，木龙骨的底边与吊顶标高线齐平。一般是用冲击电钻在标高线以上10mm处墙面打孔，孔内塞入木楔，将沿墙龙骨钉固于墙内木楔上。然后将拼接组合好的木龙骨架托到吊顶标高位置，整片调正调平后，将其与沿墙龙骨和吊杆连接，如图3－61所示。

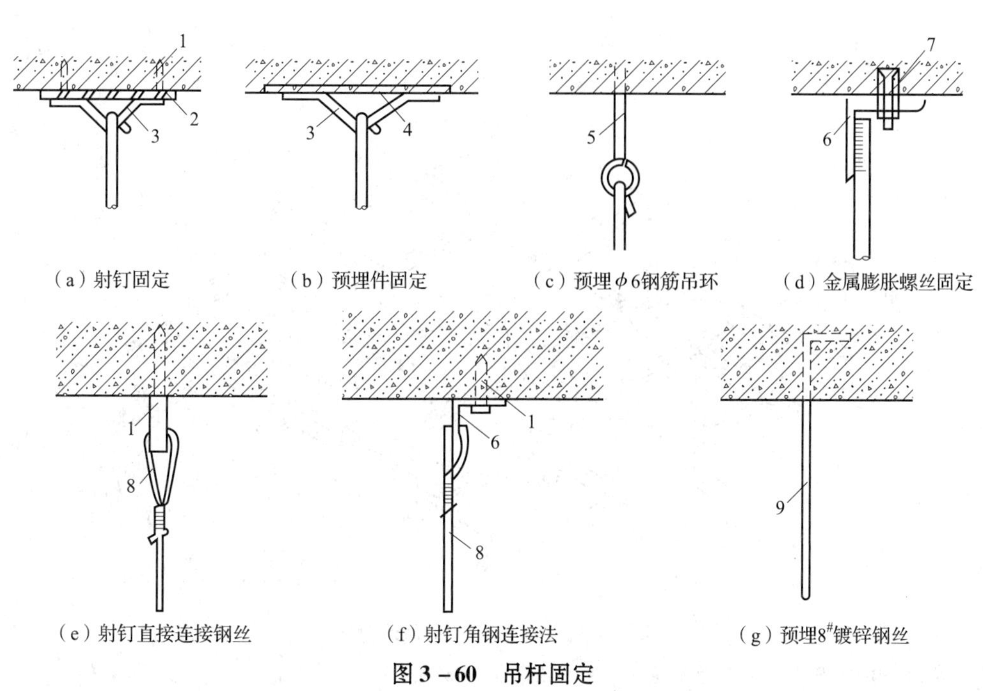


**图 3-60　吊杆固定**

1—射钉；2—焊板；3—$\phi$10 钢筋吊环；4—预埋钢板；5—$\phi$6 钢筋；6—角钢；7—金属膨胀螺丝；8—铝合金丝；9—8#镀锌钢丝

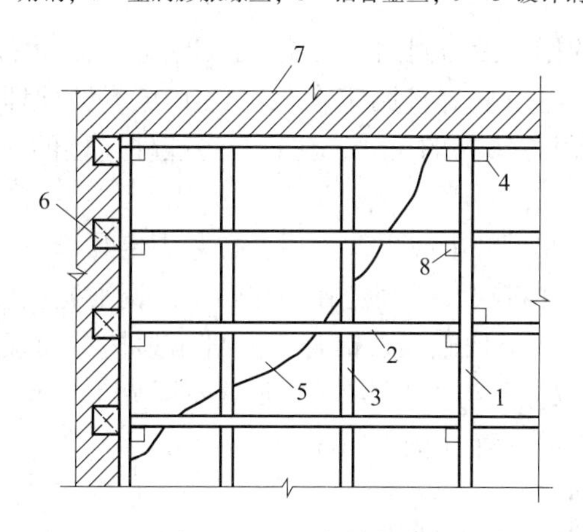


**图 3-61　木龙骨吊顶**

1—吊筋；2—罩面板；3—横撑龙骨；4—吊筋；5—罩面板；6—木砖；7—砖墙；8—吊木

(3) 罩面板的铺钉。罩面板多采用人造板，应按照设计要求切成方形、长方形等。板材安装前，按分块尺寸弹线，安装时由中间向四周呈对称排列，顶棚的接缝与墙面交圈应保持一致。面板应安装牢固且不得出现折裂、翘曲、脱层和缺棱掉角等缺陷。

**2. 轻金属龙骨吊顶施工**

轻金属龙骨按材料分为轻钢龙骨和铝合金龙骨。

(1) 轻钢龙骨装配式吊顶施工。利用薄壁镀锌钢板带经机械冲压而成的轻钢龙骨即为吊顶的骨架型材。轻钢吊顶龙骨有 U 形和 T 形两种。

U 形轻钢龙骨安装方法如图 3-62 所示。

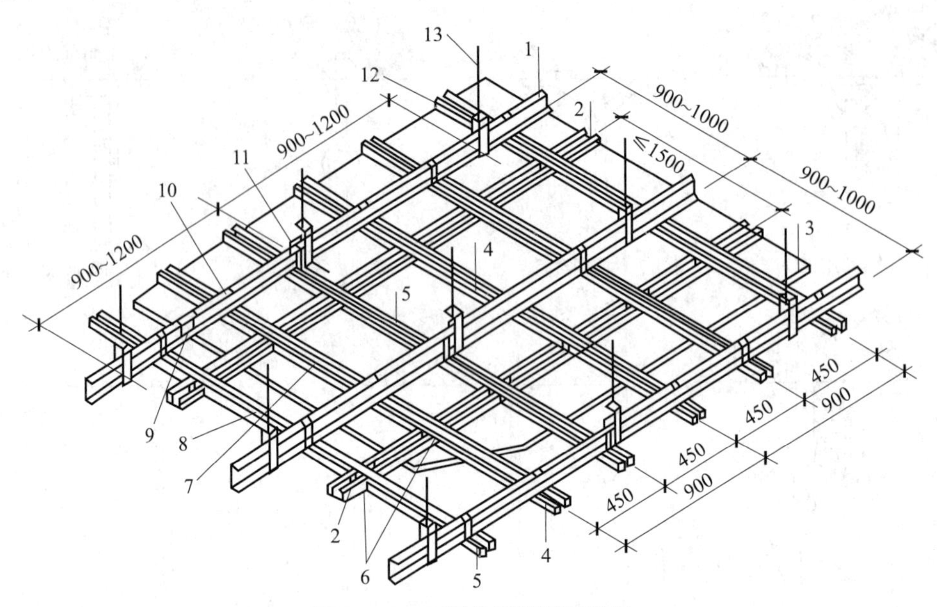


图 3-62 U 形龙骨吊顶示意图

1—BD 大龙骨；2—UZ 横撑龙骨；3—吊顶板；4—UZ 龙骨；5—UX 龙骨；6—$UZ_3$ 支托连接件；7—$UZ_2$ 连接件；8—$UX_2$ 连接件；9—$BD_2$ 连接件；10—$UX_1$ 吊挂件；11—$UX_2$ 吊件；12—$BD_1$ 吊件；13—$UX_3$ 吊杆（$\phi6 \sim \phi10$）

施工前，先按龙骨的标高沿房间四周的墙上弹出水平线，再按龙骨的间距弹出龙骨的中心线，找出吊点中心，将吊杆焊接固定在预埋件上（不设预埋件的则按吊点中心用射钉或铁丝固定吊杆）。计算好吊杆的尺寸，注意与吊挂件连接的一端套丝长度应留有余地以备紧固，并配好螺帽。

主龙骨的吊顶挂件连在吊杆上校平调正后，拧紧固定螺母，然后按设计和饰面板尺寸要求确定的间距，用吊挂件将次龙骨固定在主龙骨上，调平调正后安装饰面板。

（2）铝合金龙骨装配式吊顶施工。铝合金龙骨吊顶按罩面板的要求不同分龙骨底面外露和龙骨底面不外露两种形式；按龙骨结构形式不同分 T 形和 TL 形。TL 形龙骨属于安装饰面板后龙骨底面外露的一种（图 3-63、图 3-64）。

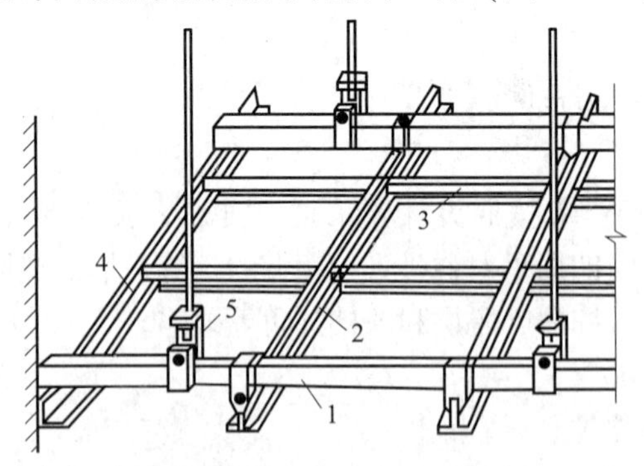


图 3-63 TL 形铝合金吊顶

1—大龙骨；2—大 T；3—小 T；4—角条；5—大吊挂件

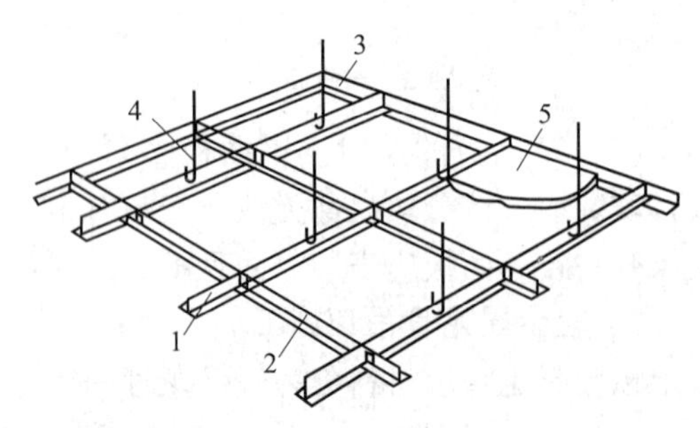


图 3-64 TL 形铝合金不上人吊顶

1—大 T；2—小 T；3—吊件；4—角条；5—饰面板

铝合金吊顶龙骨的安装方法与轻钢龙骨吊顶基本相同。

（3）常见饰面板的安装。铝合金龙骨吊顶与轻钢龙骨吊顶饰面板安装方法基本相同。石膏饰面板的安装可采用钉固法、粘贴法和暗式企口胶结法。U形轻钢龙骨采用钉固法安装石膏板时，使用镀锌自攻螺钉与龙骨固定。钉头要求嵌入石膏板内0.5～1mm，钉眼用腻子刮平，并用石膏板与同色的色浆腻子涂刷一遍。螺钉规格为M5×25或M5×35。螺钉与板边距离应不大于15mm，螺钉间距以150～170mm为宜，均匀布置，并且与板面垂直。石膏板之间应留出8～10mm的安装缝。

等待石膏板全部固定好后，用塑料压缝条或铝压缝条压缝，钙塑泡沫板的主要安装方法有钉固和粘贴两种。钉固法即用圆钉或木螺丝，将面板钉在顶棚的龙骨上，要求钉距不大于150mm，钉帽应与板面齐平，排列整齐，并用与板面颜色相同的涂料装饰。钙塑板的交角处，用木螺丝将塑料小花固定，并在小花之间沿板边按等距离加钉固定。用压条固定时，压条应平直，接口严密，不得翘曲。钙塑泡沫板用粘贴法安装时，胶粘剂可用401胶或氯丁胶浆聚异氰酸酯胶（10:1），涂胶后应等待稍干，才可把板材粘贴压紧。胶合板、纤维板安装应用钉固法，要求胶合板钉距80～150mm，钉长25～35mm，钉帽应打扁，并进入板面0.5～1mm，钉眼用油性腻子抹平；纤维板钉距80～120mm，钉长20～30mm，钉帽进入板面0.5mm，钉眼用油性腻子抹平；硬质纤维板应用水浸透，自然阴干后安装。矿棉板安装的方法主要有搁置法、钉固法和粘贴法。顶棚为轻金属T形龙骨吊顶时，在顶棚龙骨安装放平后，将矿棉板直接平放在龙骨上，矿棉板每边应留有板材安装缝，缝宽不宜大于1mm。顶棚为木龙骨吊顶时，可以在矿棉板每四块的交角处和板的中心用专门的塑料花托脚，用木螺丝固定在木龙骨上；混凝土顶面可按装饰尺寸做出平顶木条，然后再选用适宜的粘胶剂将矿棉板粘贴在平顶木条上。金属饰面板主要有金属条板、金属方板和金属格栅。板材安装方法有卡固法和钉固法。卡固法要求龙骨形式与条板配套；钉固法采用螺钉固定时，后安装的板块压住前安装的板块，将螺钉遮盖，拼缝严密。方形板可用搁置法和钉固法，也可用铜丝绑扎固定。格栅安装方法有两种，一种是将单体构件先用卡具连成整体，然后通过钢管与吊杆相连接；另一种是用带卡口的吊管将单体物体卡住，然后将吊管用吊杆悬吊。金属板吊顶与四周墙面空隙，应用同材质的金属压缝条找齐。

### 3.4.4 饰面板（砖）工程

#### 1. 饰面砖镶贴

（1）施工准备。饰面砖的基层处理和找平层砂浆的涂抹方法与装饰抹灰基本相同。饰面砖在镶贴前，应按照设计对釉面砖和外墙面砖进行选择，要求挑选规格一致，形状平整方正，不缺棱掉角，不开裂和脱釉，无凹凸扭曲，颜色均匀的面砖及各种配件。按标准尺寸检查饰面砖，分出符合标准尺寸和大于或小于标准尺寸三种规格的饰面砖，同一类尺寸应用于同一层间或同一面墙上，以做到接缝均匀一致。陶瓷锦砖应根据设计要求选择好色彩和图案，统一编号，便于镶贴时依编号施工。

釉面砖和外墙面砖镶贴前应先清扫干净，然后置于清水中浸泡。釉面砖浸泡到不冒气泡为止，通常为2～3h。外墙面砖则需隔夜浸泡、取出晾干。以饰面砖表面有潮湿感，但手按无水迹为准。

饰面砖镶贴前应进行预排，预排时应注意同一墙面的横竖排列，均不得有一行以上的非整砖。非整砖应排在最不醒目的部位或阴角处，用接缝宽度调整。

外墙面砖预排时应根据设计图纸尺寸，进行排砖分格并绘制大样图。一般要求水平缝应与旋脸、窗台齐平，竖向要求阴角及窗口处均为整砖，分格按整块分均，并根据已确定的缝子大小做分格条和划出皮数杆。对墙、墙垛等处要求先测好中心线、水平分格线和阴阳角垂直线。

（2）釉面砖镶贴。

1）墙面镶贴方法。釉面砖的排列方法有“错缝排列”和“对缝排列”两种。

在清理干净的找平层上，按照室内标准水平线，校核地面标高和分格线。以所弹地平线为依据，设置支撑釉面砖的地面木托板，加木托板的目的是为防止釉面砖因自重向下滑移，木托板表面应加工平整，其高度为非整砖的调节尺寸。整砖的镶贴，就从木托板开始、自下而上进行。每行的镶贴宜以阳角开始，把非整砖留在阴角。

调制糊状的水泥浆，其配合比为水泥: 砂 = 1: 2（体积比）另掺入水泥重量 3% ~4% 的 107 胶水；掺入时先将 107 胶用两倍的水稀释，然后加在搅拌均匀的水泥砂浆中，继续搅拌至混合为止。也可按照水泥: 107 胶水: 水 = 100: 5: 26 的比例配制纯水泥浆进行镶贴。镶贴时，用铲刀将水泥砂浆或水泥浆均匀涂抹在釉面砖背面（水泥砂浆厚度为 6 ~ 10mm，水泥浆厚度为 2 ~ 3mm 为宜），四周刮成斜面，按线就位后，用手轻压，然后用橡皮锤或小铲柄轻轻敲击，使其与中层贴紧，确保釉面砖四周砂浆饱满，并用靠尺找平。镶贴釉面砖宜先沿底线横向贴 10 行，再沿垂直线竖向贴几行，然后从下往上从第二横行开始，在已贴的釉面砖口间拉上准线（用细铁丝），横向各行釉面砖依准线镶贴。

釉面砖镶贴完毕后，用清水或棉纱，将釉面砖表面擦洗干净。室外接缝应用水泥浆或水泥砂浆勾缝，室内接缝宜用与釉面砖相同颜色的石灰膏或白水泥色浆擦嵌密实，并将釉面砖表面擦净。全部完工后，按照污染的不同程度，用棉纱或稀盐酸擦洗并及时用清水冲净。

镶贴墙面时，应先贴大面，后贴阴阳角、凹槽等难度较大、耗工较多的部位。

2）顶棚镶贴方法。镶贴前，应把墙上的水平线翻到墙顶交接处（四边均弹水平线），校核顶棚方正情况，阴阳角应找直，并按水平线将顶棚找平；如果墙与顶棚均贴釉面砖时，则房间要求规方，阴阳角都须方正，墙与顶棚呈 90°，排砖时，非整砖应留在同一方向，使墙顶砖缝交圈整齐；镶贴时应先贴标志块，间距通常为 1.2m，其他操作与墙面镶贴相同。

（3）外墙釉面砖镶贴。外墙釉面砖镶贴由底层灰到中层灰、结合层及面层组成。

外墙釉面砖的镶贴形式由设计确定。矩形釉面砖宜竖向镶贴；釉面砖的接缝宜采用离缝，缝宽不大于 10mm；釉面砖一般应对缝排列，不宜采用错缝排列。

1）外墙面贴釉面砖应从上而下分段，每段内应由下而上镶贴。

2）在整个墙面两头各弹一条垂直线，如墙面较长，在墙面中间部位再增弹几条垂直线，垂直线之间距离应为釉面砖宽的整倍数（包括接缝宽），墙面两头垂直线应距墙阳角（或阴角）为一块釉面砖的宽度；垂直线作为竖行标准。

3）在各分段分界处各弹一条水平线，作为贴釉面砖横行标准。各水平线的距离应为釉面砖高度（包括接缝）的整倍数。

4）清理底层灰面，并浇水湿润，刷一道素水泥浆，紧接着抹上水泥石灰砂浆，随即将釉面砖对准位置镶贴上去，用橡胶锤轻敲，使其贴实平整。

5）每个分段中宜先沿水平线贴横向一行砖，再沿垂直线贴竖向几行砖，从下往上第二横行开始，应在垂直线处已贴的釉面砖上口间拉上准线，横向各行釉面砖依准线镶贴。

6）阳角处正面的釉面砖应盖住侧面的釉面砖端边，即将接缝留在侧面，或在阳角处留成方口，以后用水泥砂浆勾缝。阴角处应使釉面砖的接缝正对着阴角线。

7）镶贴完一段后，即把釉面砖的表面擦洗干净，用水泥细砂浆勾缝，待其于硬后，再擦洗一遍釉面砖面。

8）墙面上如有突出的预埋件时，此处釉面砖的镶贴，应按照具体尺寸用整砖裁割后贴上去，不可用碎块砖拼贴。

9）同一墙面应用同一品种、同一色彩、同一批号的釉面砖；注意花纹倒顺。

（4）外墙锦砖（马赛克）镶贴。外墙贴锦砖可采用陶瓷锦砖或玻璃锦砖。锦砖镶贴由底层灰、中层灰、结合层及面层等组成。

锦砖的品种、颜色以及图案选择由设计而定。锦砖是成联供货的，所镶贴墙面的尺寸最好是砖联尺寸的整倍数，尽可能避免将砖联拆散。

外墙镶贴锦砖施工要点：

1）外墙镶贴锦砖应自上而下进行分段，每段内从下而上镶贴。

2）底层灰凝固后，清理墙面使其干净。按砖联排列位置，在墙面上弹出砖联分格线；根据图案形式，在各分格内写上砖联编号杠、相应在砖联纸背上也写上砖联、编号，以便对号镶贴。

3）清理各砖联的粘贴面（锦砖背面），按编号顺序预排就位。

4）在底层灰面上洒水湿润，刷上素水泥浆一道（中层灰），接着涂抹纸筋石灰膏水泥混合灰结合层，紧跟着将砖联对准位置镶贴上去并用木垫板压住，再用橡胶锤全面轻轻敲打一遍，使砖联贴实平整。砖联可预先放在木垫板上，连同木垫板整齐贴上去，敲打木垫板即可。砖联平整后即取下木垫板。

5）等待结合层的混合灰能粘住砖联后，即洒水湿润砖联的背纸，轻轻将其揭掉。要将背纸撕揭干净，不留残纸。

6）在混合灰初凝前，修整各锦砖间的接缝，如果接缝不正、宽窄不一、应予拨正。如有锦砖掉粒，应予补贴。

7）在混合灰终凝后，用同色水泥擦缝（略洒些水）。白色为主的锦砖应用白水泥擦缝；深色为主的锦砖应用普通水泥擦缝。

8）擦缝水泥干硬后，用清水擦洗锦砖面。

9）非整砖联处，应根据所镶贴的尺寸，预砖联裁割，去掉不需要的部分（连同背纸），再镶贴上去，不可将锦砖块从背纸上剥下来，一块一块地贴上去。

10）如结合层所用的混合灰中未掺入107胶，应在砖联的粘贴面随贴随刷一道混凝土界面处理剂，以增强砖联与结合层的粘结力。

11）每个分段内的锦砖宜连续贴完。

12）墙及柱的阳角处，不宜将一面锦砖边凸出去盖住另一面锦砖接缝，而应各自贴到阳角线处，缺口处用水泥细砂浆勾缝。

**2. 大理石板、花岗石板、青石板、预制水磨石板等饰面板的安装**

（1）小规格饰面板的安装。小规格大理石板、花岗石板、青石板、预制水磨石板，板材尺寸小于300mm×300mm，板厚为8～12mm，粘贴高度低于3m，用以装饰踢脚线板、勒脚、窗台板等，可采用水泥砂浆粘贴的方法安装。

1）踢脚线粘贴。用1:3水泥砂浆打底，找规矩，厚约12mm，用刮尺刮平，划毛。等待底子灰凝固后，将经过湿润的饰面板背面均匀地抹上厚2～3mm的素水泥浆，随即将其贴于墙面，用木槌轻敲，使其与基层粘结紧密。随之用靠尺找平，使相邻各块饰面板接缝齐平，高差不超过0.5mm，并将边口和挤出拼缝的水泥擦净。

2）窗台板安装。安装窗台板时，先校正窗台的水平，确定窗台的找平层厚度，在窗口两边按图纸要求的尺寸在墙上剔槽。多窗口的房屋剔槽时要拉通线，并将窗口找平。

清除窗台上的垃圾杂物，洒水润湿。用1:3干硬性水泥砂浆或者细石混凝土抹找平层，用刮尺刮平，均匀地撒上干水泥，等待水泥充分吸水呈水泥浆状态，再将湿润后的板材平稳地安上，用木槌轻轻敲击，使其平整并与找平层有良好粘结。在窗口两侧墙上的剔槽处要先浇水润湿，板材伸入墙面的尺寸（进深与左右）要相等。板材放稳后，应用水泥砂浆或细石混凝土将嵌入墙的部分塞密堵严。窗台板接槎处注意平整，并与窗下槛同一水平。

如果有暗炉片槽，且窗台板长向由几块拼成，在横向挑出墙面尺寸较大时，应先在窗台板下预埋角钢，要求角钢埋置的高度、进出尺寸一致，其表面应平整，并用较高标号的细石混凝土灌注后再安装窗台板。

3）碎拼大理石。大理石厂生产光面和镜面大理石时，裁割的边角废料，经过适当的分类加工，可作为墙面的饰面材料；能取得较好的装饰效果。如矩形块料、冰裂状块料、毛边碎块等各种形体的拼贴组合，都会给人以乱中有序、自然优美的感觉。主要是采用不同的拼法和嵌缝处理，来求得一定的饰面效果。

①矩形块料：对于锯割整齐而大小不等的正方形大理石边角块料，以大小搭配的形式镶拼在墙面上，缝隙间距为1～1.5mm，镶贴后用同色水泥色浆嵌缝，可嵌平缝，也可嵌凸缝，擦净后上蜡打光。

②冰状块料：将锯割整齐的各种多边形大理石板碎料；搭配成各种图案。缝隙可做成凹凸缝，也可做成平缝，用同色水泥色浆嵌抹，擦净后上蜡打平缝的间隙可以稍小，凹凸缝的间隙可在10～12mm，凹凸值为2～4mm。

③毛边碎料：选取不规则的毛边碎块，因为不能密切吻合，因此镶拼的接缝比以上两种块料为大，应注意大小搭配，乱中有序，生动自然。

（2）湿法铺贴工艺。湿法铺贴工艺适用于板材厚为20～30mm的大理石、花岗石或预制水磨石板，墙、体为砖墙或混凝土墙。

湿法铺贴工艺是传统的铺贴方法，即在竖向基体上预挂钢筋网，用铜丝或镀锌铁丝绑扎板材并灌水泥砂浆粘牢。这种方法的优点是牢固可靠，缺点是工序烦琐，卡箍多样，板材上钻孔易损坏，特别是灌注砂浆易污染板面和使板材移位。

采用湿法铺贴工艺，墙体应设置锚固体。砖墙体应当在灰缝中预埋钢筋钩，钢筋钩中距为500mm或按板材尺寸，当挂贴高度大于3m时，钢筋钩改用$\phi10$钢筋，钢筋钩埋入墙体内深度应不小于120mm，伸出墙面30mm，混凝土墙体可射入$\phi3.7\times62$的射钉，中距为500mm或按材尺寸，射钉打入墙体内30mm，伸出墙面32mm。

挂贴饰面板之前，将$\phi6$钢筋网焊接或绑扎于锚固件上。钢筋网向中距为500mm或按板材尺寸。

在饰面板上下两边各钻不少于两个$\phi5$的孔，孔深15mm，清理饰面板的背面占用双股18号铜丝穿过钻孔，把饰面板绑牢于钢筋网上。饰面板的背面距墙面应不小于50mm。

饰面板的接缝宽度可垫木楔调整，应保证饰面板外表面平整、垂直及板的上沿平顺。

每安装好一行横向饰面板后，即进行灌浆。灌浆前，应浇水将饰面板背面及墙体表面湿润，在饰面板的竖向接缝内填塞15~20mm深的麻丝或泡沫塑料条以防漏浆（光面、镜面和水磨石饰面板的竖缝，可用石膏灰临时封闭，并在缝内填塞泡沫塑料条）。

拌和好1:2.5水泥砂浆，将砂浆分层灌注到饰面板背面与墙面之间的空隙内，每层灌注高度为150~200mm，且不得大于板高的1/3，并插捣密实。待砂浆初凝后，应检查板面位置，如有移动错位应拆除重新安装；若无移位，才可安装上一行板。施工缝应留在饰面板水平接缝以下50~100mm处。

突出墙面的勒脚饰面板安装，应待墙面饰面板安装完工后进行。

待水泥砂浆硬化后，将填缝材料清除。饰面板表面清洗干净。光面和镜面的饰面经清洗晾干后，方可打蜡擦亮。

（3）干法铺贴工艺。干法铺贴工艺，通常称为干挂法施工，即在饰面板材上直接打孔或开槽，用各种形式的连接件与结构基体用膨胀螺栓或其他架设金属连接而不需要灌注砂浆或细石混凝土。饰面板与墙体之间留出40~50mm的空腔。这种方法适用于30m以下的钢筋混凝土结构基体上，不适用于砖墙和加气混凝土墙。

干法铺贴工艺的主要优点是：

1）在风力和地震作用时，允许产生适量的变位，而不致出现裂缝和脱落。

2）冬季照常施工，不受季节限制。

3）没有湿作业的施工条件，既改善了施工环境，同时也避免了浅色板材透底污染的问题以及空鼓、脱落等问题的发生。

4）可以采用大规格的饰面石材铺贴，从而提高了施工效率。

5）可自上而下拆换、维修，无损于板材和连接件，使饰面工程拆改翻修方便。

干法铺贴工艺主要采用扣件固定法。扣件固定法的安装施工步骤见表3-23。

**表3-23 扣件固定法的安装施工步骤**

| 序号 | 施工步骤 | 主要内容 |
| --- | --- | --- |
| 1 | 板材切割 | 根据设计图图纸要求在施工现场进行切割，由于板块规格较大宜采用石材切割机切割，注意保持板块边角的挺直和规矩 |

续表 3-23

| 序号 | 施工步骤 | 主 要 内 容 |
|---|---|---|
| 2 | 磨边 | 板材切割后，为使其边角光滑，再采用手提式磨光机进行打磨 |
| 3 | 钻孔 | 相邻板块采用不锈钢销钉连接固定，销钉插在板材侧面孔内。孔径 $\phi$5mm，深度 12mm，用电钻打孔。由于它关系到板材的安装精度，因而要求钻孔位置准确 |
| 4 | 开槽 | 因为大规格石板的自重大，除了由钢扣件将板块下口托牢以外，还需在板块中部开槽设置承托扣件以支承板材的自重 |
| 5 | 涂防水剂 | 在板材背面涂刷一层丙烯酸防水涂料，以增强外饰面的防水性能 |
| 6 | 墙面修整 | 如果混凝土外墙表面有局部凸出处会向扣件安装时，必须进行凿平修整 |
| 7 | 弹线 | 从结构中引出楼面标高和轴线位置，在墙面上弹出安装板材的水平和垂直控制线，并做出灰饼以控制板材安装的平整度 |
| 8 | 墙面涂刷防水剂 | 因为板材与混凝土墙身之间不填充砂浆，为防止因材料性能或施工质量可能造成的渗漏，在外墙面上涂刷一层防水剂，以加强外墙的防水性能 |
| 9 | 板材安装 | 安装板块的顺序是自下而上进行，在墙面最下一排板材安装位置的上下口拉两条水平控制线，板材从中间或墙面阳角开始就位安装。先安装好第一块作为基准，其平整度以事先设置的灰饼为依据，用线锤垂吊直，经校准后加以固定。一排板材安装完毕，再进行上一排扣件固定和安装。板材安装要求四角平整，纵横对缝 |
| 10 | 板材固定 | 钢扣件和墙身用胀铆螺栓固定，扣件为一块钻有螺栓安装孔和销钉孔的平钢板，根据墙面与板材之间的安装距离，在现场用手提式折压机将其加工成角型钢。扣件上的孔洞均呈椭圆形，方便安装时调节位置 |
| 11 | 板材接缝的防水处理 | 石板饰面接缝处的防水处理采用密封硅胶嵌缝。嵌缝之前先在缝隙内嵌入柔性条状泡沫聚乙烯材料作为衬底，以控制接缝的密封深度和加强密封胶的粘结力 |

### 3. 金属面板施工工艺

(1) 金属板材。常用的金属饰面板有不锈钢板、铝合金板、铜板、薄钢板等。不锈钢材料耐腐蚀、耐气候、防火、耐磨性均良好，具有较高的强度，抗拉能力强，并且具有质软、韧性强、便于加工的特点，是建筑物室内、室外墙体和柱面常用的装饰材料。

铝合金耐腐蚀、耐气候、防火，具有可进行轧花，涂不同色彩，压制成不同波纹、花纹和平板冲孔的加工特性，适用于中、高级室内装修。

铜板具有不锈钢板的特点，其装饰效果金碧辉煌，多用于高级装修的柱、门厅入口、大堂等建筑局部。

（2）不锈钢板、铜板施工工艺。不锈钢、铜板比较薄，不能直接固定于柱、墙面上，为了确保安装后表面平整、光洁无钉孔，需用木方、胶合板做好胎模，组合固定于墙、柱面上。

1）柱面不锈钢板、铜板饰面安装，如图3－65所示。

2）墙面不锈钢板、铜板安装，如图3－66所示。

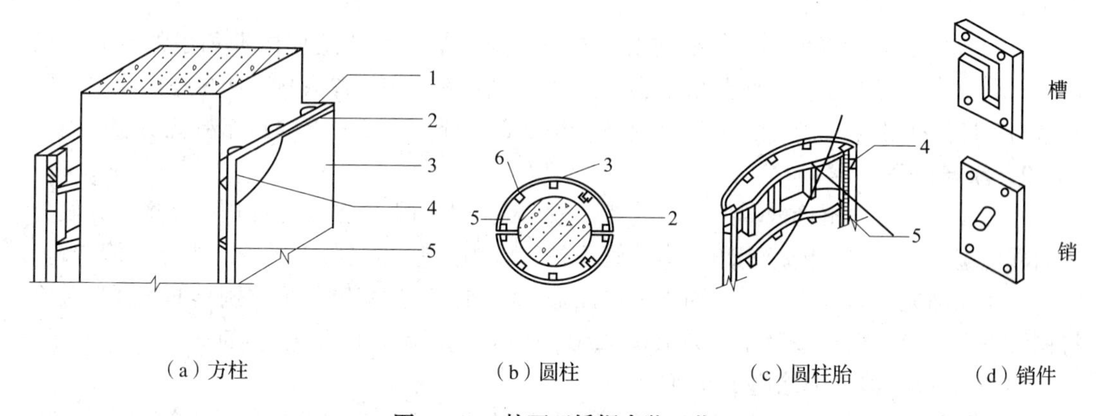


**图3－65 柱面不锈钢安装工艺**

1—木骨架；2—胶合板；3—不锈钢板；4—销件；5—中密度板；6—木质竖筋

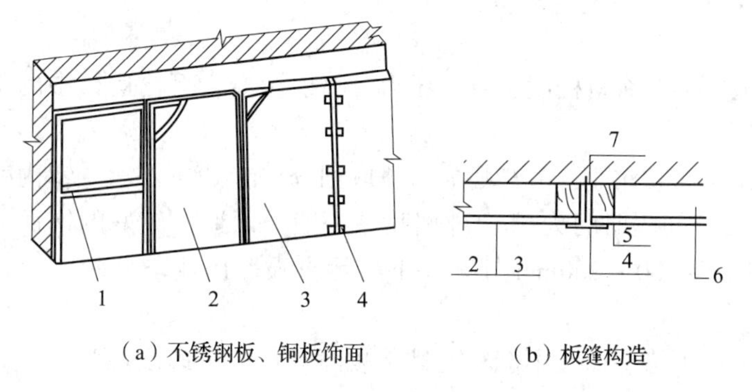


**图3－66 不锈钢墙面安装工艺**

1—骨架；2—胶合板；3—饰面金属板；4—临时固定木条；5—竖筋；6—横筋；7—玻璃胶

**4. 饰面工程的质量要求**

饰面所用材料的品种、规格、颜色、图案及镶贴方法应符合设计要求；饰面工程的表面不得有变色、起碱、污点、砂浆流痕和显著的光泽受损处；突出的管线、支承物等部位镶贴的饰面砖，应套割吻合；饰面板和饰面砖不得有歪斜、翘曲、空鼓、缺楞、掉角、裂缝等缺陷；镶贴墙裙、门窗贴脸的饰面板、饰面砖，其突出墙面的厚度应一致。

饰面工程质量的允许偏差应符合相关规范规定。

## 3.4.5 涂饰工程

建筑装饰涂料一般适用于混凝土基层、水泥砂浆或混合砂浆抹面、水泥石棉板、加气混凝土、石膏板砖墙等各种基层面。通常采用刷、喷、滚、弹涂施工。

**1. 基层处理和要求**

(1) 新抹砂浆常温要求7d以上，现浇混凝土常温要求28d以上，方可涂饰建筑涂料，否则会出现粉化或色泽不均匀等现象。

(2) 基层要求平整，但又不应太光滑。孔洞和不必要的沟槽应提前进行修补，修补材料可采用108胶加水泥和适量水调成的腻子。太光滑的表面对涂料粘结性能有影响；太粗糙的表面，涂料消耗量大。

(3) 在喷、刷涂料前，一般要先喷、刷一道与涂料体系相适应的冲稀了的乳液，稀释了的乳液渗透能力强，可使基层坚实、干净，粘结性好并节省涂料。如果在旧涂层上刷新涂料，应除去粉化、破碎、生锈、变脆、起鼓等部分，否则刷上的新涂料就不会牢固。

**2. 涂饰程序**

外墙面涂饰时，不论采取何种工艺，一般均应由上而下、分段分部进行涂饰，分段分片的部位应选择在门、窗、拐角、水落管等处，因为这些部位易于掩盖。内墙面涂饰时，应在顶棚涂饰完毕后进行，由上而下分段涂饰；涂饰分段的宽度要根据刷具的宽度以及涂料稠度决定；快干涂料慢涂宽度为150～250mm，慢干涂料快涂宽度为450mm左右。

**3. 刷、喷、滚、弹涂施工要点**

(1) 刷涂。涂刷时，其涂刷方向和行程长短均应一致。涂刷层次，一般不少于两度，在前一度涂层表干后才能进行后一度涂刷。前后两次涂刷的相隔时间与施工现场的温度、湿度有密切关系，通常不少于2～4h。

(2) 喷涂。

1) 在喷涂施工中，涂料稠度、空气压力、喷射距离、喷枪运行中的角度和速度等方面均有一定要求。

2) 施工时，应连续作业，一气呵成，争取到分格缝处再停歇。室内喷涂一般先喷顶后喷墙，两遍成活，间隔时间为2h；外墙喷涂一般为两遍，较好的饰面为三遍。罩面喷涂时，喷至离脚手架100～200mm处，往下另行再喷。作业段分割线应设在水落管、接缝、雨罩等处。

3) 灰浆管道产生堵塞而又不能马上排除故障时，要迅速改用喷斗上料继续喷涂，不留接搓，直到喷完为止，以免影响质量。

4) 要注意基层干湿度，尽量使其干湿度一致。

5) 颜料一次不要拌太多，避免变稠再加水。

(3) 滚涂施工。

1) 施工时在辊子上蘸少量涂料后再在被滚墙面上轻缓平稳地来回滚动，直上直下，避免歪扭蛇行，以保证涂层厚度一致、色泽一致、质感一致。

2) 滚涂包括干滚法和湿滚法。干滚法辊子上下一个来回，再向下走一遍，表面均匀拉毛即可；湿滚法要求辊子蘸水上墙，或向墙面洒少量的水，滚到花纹均匀为止。

3) 横滚的花纹容易积尘污染，不宜采用。

4) 若产生翻砂现象，应再薄抹一层砂浆重新滚涂，不得事后修补。

5) 因罩面层较薄，因此要求底层顺直平整，避免面层做后产生露底现象。

6）滚涂应按分格缝或分段进行，不得任意甩槎。

（4）弹涂施工（宜用云母片状和细料状涂料）。

1）彩弹饰面施工的全过程都必须根据事先所设计的样板上的色泽和涂层表面形状的要求进行。

2）在基层表面先刷1～2度涂料，作为底色涂层。待底色涂层干燥后，才能进行弹涂。门窗等不必进行弹涂的部位应予遮挡。

3）弹涂时，手提彩弹机，先调整和控制好浆门、浆量和弹棒，然后开动电动机，使机口垂直对准墙面，保持适当距离（一般为300～500mm），按一定手势和速度，自上而下，自右（左）至左（右），循序渐进，要注意弹点密度均匀适当，上下左右接头不明显。

4）大面积弹涂后，如出现局部弹点不均匀或压花不合要求影响装饰效果时，应进行修补，修补方法有补弹和笔绘两种。修补所用的涂料，应该与刷底或弹涂用同一颜色的涂料。

# 4 标准化相关知识

## 4.1 工程建设标准体系

### 4.1.1 工程建设标准体系的概念

工程建设标准之间存在着客观的内在联系，它们相互依存、相互制约、相互补充和衔接，成为一个科学的有机整体，构成工程建设标准的体系。与工程建设某一专业有关的标准，可以构成该专业的工程建设标准体系。与某一工程建设行业有关的标准，可以构成该行业的工程建设标准体系。以实现全国工程建设标准化为目的的所有工程建设标准，可以形成全国工程建设标准体系。建立和完善工程建设标准体系，以达到工程建设标准结构优化、数量合理、全面覆盖、减少重复和矛盾，以最小的资源投入获得最大的标准化效果的目的。

### 4.1.2 制定标准体系的作用及原则

**1. 制定标准体系的作用**

标准体系的建立可有效促进工程建设标准化的改革与发展，保护国内市场、开拓国际市场，提高标准化管理水平，确保标准编制工作的秩序，减少标准之间的重复与矛盾，因此，运用系统分析的方法建立标准体系十分重要。

工程建设标准体系是指导今后一定时期内工程建设标准制、修订立项，以及标准的科学管理的基本依据。

**2. 制定标准体系的原则**

（1）有利于推进工程建设标准体制、管理体制、运行机制的改革，有利于工程建设标准化工作的科学管理。

（2）有利于满足新技术的发展及推广，尤其是高新技术在工程建设领域的推广应用，充分发挥标准化的桥梁作用，扩大覆盖面，起到保证工程建设质量与安全的技术控制作用。

（3）应以最小的资源投入获得最大标准化效果的思想为指导，兼顾现状并考虑今后一定时期内技术发展的需要，以合理的标准数量覆盖最大范围。

（4）以系统分析的方法，做到结构优化、数量合理、层次清楚、分类明确、协调配套，形成科学、开放的有机整体。

### 4.1.3 标准体系的总体构成

工程建设标准体系现包括十五部分，如城乡规划、城镇建设、房屋建筑、铁路工程、水利工程、矿山工程等。每部分体系包含若干（$n$ 个）专业，其框架如图 4－1 所示。

每部分体系中的综合标准（图4－1左侧）均是涉及质量、安全、卫生、环保和公众利益等方面的目标要求，或为达到这些目标而必需的技术要求及管理要求。它对该部分所包含各专业的各层次标准均具有制约和指导作用。

每部分体系中所含各专业的标准分体系（图4－1右侧），按各自学科或专业内涵排列，在体系框图中竖向分为基础标准、通用标准和专用标准三个层次。上层标准的内容包括了其以下各层标准的某个或某些方面的共性技术要求，并指导其下各层标准，共同成为综合标准的技术支撑。

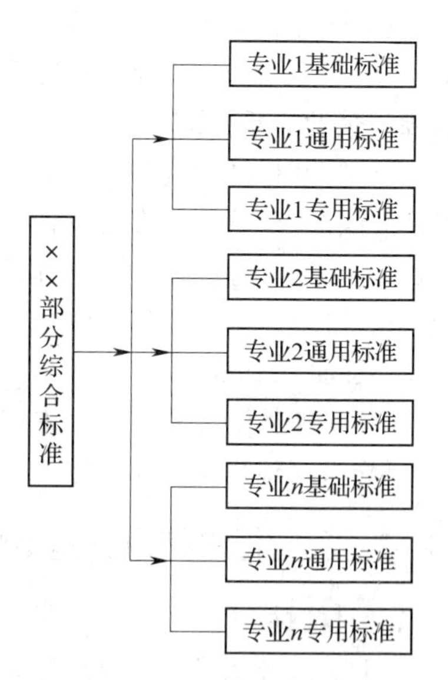


**图4－1 工程建设标准体系（××部分）框架示意图**

（1）基础标准。基础标准是指在某一专业范围内作为其他标准的基础并普遍使用，具有广泛指导意义的术语、符号、计量单位、图形、模数、基本分类、基本原则等的标准。如城市规划术语标准、建筑结构术语和符号标准等。

（2）通用标准。通用标准是指针对某一类标准化对象制订的覆盖面较大的共性标准。它可作为制定专用标准的依据。如通用的安全、卫生与环保要求，通用的质量要求，通用的设计、施工要求与试验方法，以及通用的管理技术等。

（3）专用标准。专用标准是指针对某一具体标准化对象或作为通用标准的补充、延伸制定的专项标准。它的覆盖面一般不大。如某种工程的勘察、规划、设计、施工、安装及质量验收的要求和方法，某个范围的安全、卫生、环保要求，某项试验方法，某类产品的应用技术以及管理技术等。

# 4.2 企业标准体系

## 4.2.1 企业标准体系的概念

企业标准体系是企业内的标准按其内在的联系形成的科学有机整体。企业标准体系的建立和实施必须紧密围绕实现企业的总方针总目标的要求，特别是国家有关标准化的法律法规和国家、行业、地方的有关企业生产、经营、管理和服务的强制性标准的规定。因此，企业标准体系内的所有标准都要在本企业方针、目标和有关标准化法律法规的指导下形成，包括企业贯彻、采用的上级标准和本企业制定的标准。

## 4.2.2 企业标准体系的构成

### 1. 企业技术标准

企业技术标准主要包括：技术基础标准、设计技术标准、产品标准、采购技术标准、工艺标准、工装标准、原材料及半成品标准、能源和公用设施技术标准、信息技术标准、设备技术标准、零部件和元器件标准、包装和储运标准、检验和试验方法标准、安全技术标准、职业卫生和环境保护标准等。

**2．企业管理标准**

企业管理标准主要包括：管理基础标准、营销管理标准、设计和开发管理标准、采购管理标准、生产管理标准、设备管理标准、产品验证管理标准、不合格品及纠正措施管理标准、人员管理标准、安全管理标准、环境保护和卫生管理标准、能源管理标准和质量成本管理标准等。

**3．企业工作标准**

企业工作标准主要包括：中层以上管理人员通用工作标准、一般管理人员通用工作标准和操作人员通用工作标准等。

### 4.2.3 企业标准体系的基本特征

**1．目的性**

企业标准体系是企业管理体系的一个组成部分，并为实现企业方针、目标服务。在企业标准体系建立过程中，目标是否明确、是否科学，对于体系建成后能否发挥其应有的功能关系极大。因此，建立标准体系，应当紧紧围绕企业的方针、目标和企业的自身运作特点进行，盲目照搬其他企业的现成标准体系，是企业建立标准体系时目标性不明确的主要表现。

**2．集成性**

企业标准体系由一定数量、不同类型的标准组成，这些标准间相互联系、相互制约，形成一个有机整体。孤立地制定一两个标准不能构成一个体系，当然，也产生不了标准体系所能发挥的系统效应。标准体系中的标准数量不是越多越好，应以满足当前实际需要为原则。标准数量过多则可能出现主次不分、削弱重点的弊端。

**3．层次性**

标准类别不同，其具有的功能不同，相互关系也不同。基础标准对普遍性的问题或有相关功能要求的标准具有指导或制约作用，体现在标准体系中，是上层与下层的关系，这就是层次性。换句话说，把体系中共性的和对其他标准的制定、实施起统一、协调和制约作用的标准放到体系的较高层次，其他标准置于该层标准之下，形成一个塔状、层次分明的体系结构。

**4．动态性**

标准服务于社会和经济以及标准本身随着科学技术的进步不断修订、补充的特点，决定了标准体系是开放的、动态发展的。标准体系建立后，不断地淘汰那些不适应的要素，补充新的要素，使体系处于不断进化的过程，才能确保体系满足企业管理和企业发展的需要。

### 4.2.4 企业标准体系表编制的原则与要求

**1．企业标准体系表编制的原则**

（1）目标明确。企业标准体系表的编制，应首先明确建立标准体系的目标。不同的目标，可以编制出不同的企业标准体系表。

（2）全面成套。企业标准体系表的全面成套应围绕着标准体系的目标展开，体现在体系的系统整体性，即体系的子体系及子体系的全面成套和标准明细表所列标准的全面成套。

（3）层次适当。列入标准明细表内的每一项标准都应安排在恰当的层次上。从一定范围内的若干个标准中，提取共性特征并制定成共性标准。然后将此共性标准安排在标准体系内的被提取的若干个标准之上，这种提取出来的共性标准构成标准体系中的一个层次。基础标准宜安排在较高层次上，即扩大其通用范围以利于一定范围内的统一。应注意同一标准不要同时列入两个以上体系或子体系内，以避免同一标准由两个或两个以上部门重复修订。

根据标准的适用范围，恰当地将标准安排在不同的层次上。一般应尽量扩大标准的适用范围，或尽量安排在高层次上，即应在大范围内协调统一的标准不应在数个小范围内各自制定，达到体系组成尽量合理简化。

（4）划分清楚。企业标准体系表内的子体系或类别的划分，主要应按行业、专业或门类等标准化活动性质的同一性，而不宜按行政机构的管辖范围而划分。

**2. 企业标准体系表的编制要求**

（1）一般要求。

1）标准体系表包括标准体系结构图、标准明细表、标准统计表和编制说明。

2）标准体系结构图可由总结构方框图和若干个子方框图组成。

3）标准体系的结构关系一般分为：上下层之间的“层次”关系，或按一定的逻辑顺序排列起来的“序列”关系。

4）也可以由以上几种结构相结合的组合关系。

5）每个方框可编上图号，并按图号编制标准明细表。

（2）符号与约定。

1）标准体系结构图内，方框间用实线或虚线连接。

2）用实线表示方框间的层次关系、序列关系，不表示上述关系的连线用虚线。

3）为了表示与其他系统的协调配套关系，用虚线连接表示本体系方框与相关标准间的关联关系。

4）对于由本体系负责制定的，而应属其他体系的标准也作为相关标准并用虚线相连，且应在编制说明中加以说明。

5）带文字下划线的方框，仅表示体系标题之意，不包含具体的标准。

（3）层次结构。

1）全国企业标准体系的层次结构，如图4－2所示。

2）包含多个行业产品时的层次结构，如图4－3所示。

（4）序列结构。序列结构是指围绕着产品（或服务）、过程的标准化建设，按生命周期阶段的序列，或空间序列等编制出的序列状标准体系结构图。

（5）标准明细表及统计表格式。对标准体系结构图中各层次或各序列中只起标题作用而无标准内容的方框不宜给出编号，而对含有标准内容的方框宜给出编号，此编号同时又是标准明细表的标题编号。

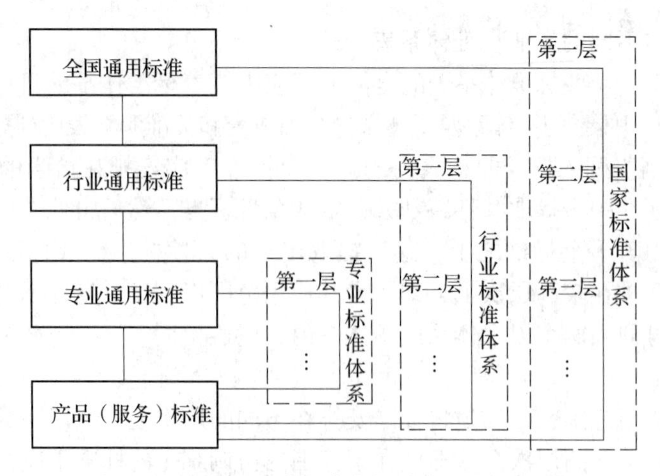


图 4-2 全国、行业、专业标准体系的层次结构

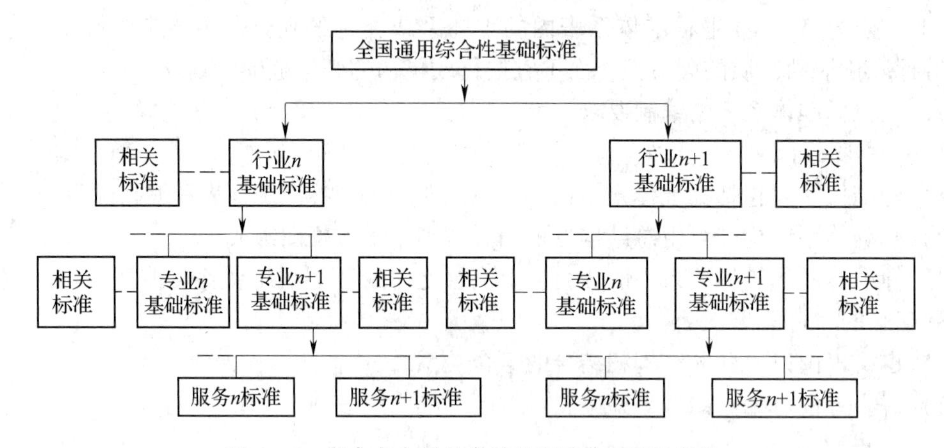


图 4-3 包含多个行业产品的标准体系层次结构

注：1. 图中“专业 $n$ 基础标准”表示第 $n$ 个行业下的第 $n$ 个专业的基础标准。

2. 图中的服务 $n$ 标准，指第 $n$ 个产品（或服务）标准。

标准体系标准明细表的一般格式见表 4-1。为适应企业的统计查找等需求，标准体系明细表可简化为表 4-2 标准明细简表格式。

表 4-1 ××（层次或序列编号）标准明细表

| 序号 | 标准代号编码 | 标准名称 | 宜定级别 | 实施日期 | 对应的国际或国外标准号及采用关系 | 评审意见 | 被代替标准号或作废 | 备注 |
|---|---|---|---|---|---|---|---|---|
| | | | | | | | | |
| | | | | | | | | |

注：1. 表中的“标准代号和编码”是对应现有标准，而“宜定级别”则对应尚未制定的标准；对现有标准也可同时标出“标准代号和编码”和“宜定级别”，表示拟将现有级别改成宜定级别。

2. 表中“评审意见”表示对标准应在一定期限内（比如，3 年或 5 年）进行评审，以确定该标准是否继续有效、需要修订或作废，并提出实施意见，审核的结果用“评审意见”表示（对国家标准或行业标准可提出建议）。

**表 4－2 ××（层次或序列编号）标准明细简表**

| 序　号 | 标准代号和编码 | 标 准 名 称 | 备　注 |
|---|---|---|---|
| | | | |
| | | | |
| | | | |
| | | | |
| | | | |

标准统计表的格式根据统计目的，可设置不同的标准类别及统计项，一般格式见表 4－3。

**表 4－3 标准统计表**

| 统 计 项 | 应有数（__个） | 现有数（__个） | 现有数/应有数（__个） |
|---|---|---|---|
| 标准类别 | | | |
| 国家标准 | | | |
| 行业标准 | | | |
| 地方标准 | | | |
| 基础标准 | | | |
| 企业标准 | | | |
| 共计 | | | |
| | | | |
| 方法标准 | | | |
| 产品、过程、服务标准 | | | |
| 零部件、元器件标准 | | | |
| 原材料标准 | | | |
| 安全、卫生、环保标准 | | | |
| 其他 | | | |
| 共计 | | | |

（6）编制说明内容要求。标准体系表应同时包括编制说明，其内容一般包括：

1）编制体系表的依据及要达到的目标。

2）国内外标准概括。

3）结合统计表，分析现有标准与国际或国外标准的差距和薄弱环节，明确今后的主攻方向。

4）专业划分依据和划分情况。

5）与其他体系交叉情况和处理意见。

6）需要其他体系协调配套的意见。

7）其他。

# 4.3 施工企业标准体系

## 4.3.1 施工企业工程建设标准体系表及编制

### 1. 施工企业工程建设标准体系表的层次结构通用图

企业工程建设标准体系包括技术标准体系、管理标准体系和工作标准体系，其中工作标准体系是在技术和管理标准体系指导制约下的下层次标准，如图4－4所示。

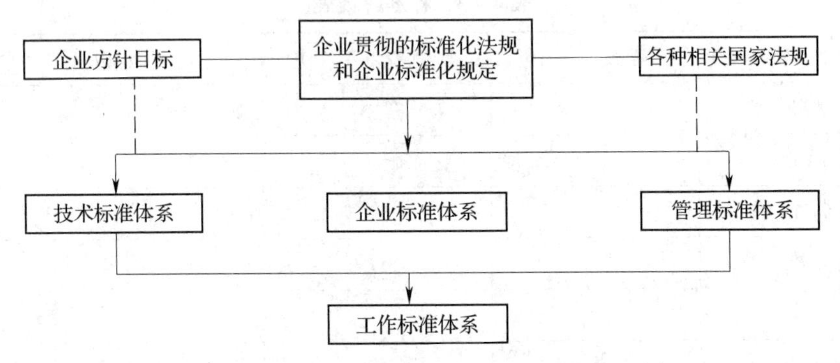


**图4－4 企业工程建设标准体系层次结构通用图**

### 2. 施工企业工程建设技术标准体系层次结构基本图

如图4－5所示，技术标准强制性条文及全文强制性标准是第一级的，属于“技术法规”，应根据应用情况逐条列出和落实。技术标准应列出明细表，见表4－4。体系表的编码，在企业内应统一。

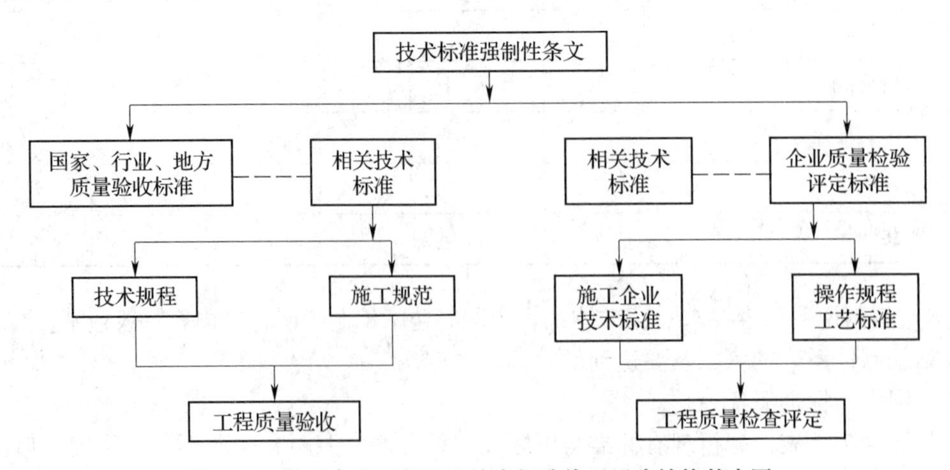


**图4－5 施工企业工程建设技术标准体系层次结构基本图**

表4－4 ××层次工程建设技术标准名称表

| 序号 | 编码 | 标准代号和编号 | | 标准名称 | 实施日期 | 被替代标准号 | 备注 |
|---|---|---|---|---|---|---|---|
| | | 国标、行标、地标 | 企标 | | | | |
| | | | | | | | |
| | | | | | | | |
| | | | | | | | |

**3. 施工企业工程建设标准体系表编制的基本要求**

（1）符合企业方针目标，贯彻国家现行有关标准化的法律法规和企业标准化规定。

（2）国标、行标、地标和企标都应为现行的有效版本，并实施动态管理，及时更新。

（3）积极补充和完善国标、行标、地标的相关内容，做到全覆盖。

（4）与企业质量、安全管理体系相配套和协调。

（5）体系表编制后，应进行符合性和有效性评价，以求不断改进。

## 4.3.2 施工企业工程建设技术标准化管理

**1. 施工企业工程建设技术标准化管理**

（1）定义。指施工企业贯彻有关工程建设标准，建立企业工程建设标准体系，制定和实施企业标准，以及对其实施进行监督检查等有关技术管理的活动。

（2）基本任务。

1）执行国家现行有关标准化法律法规和规范性文件，以及工程建设技术标准。

2）实施现行的国家标准、行业标准和地方标准。

3）建立和实施企业工程建设技术标准体系表。

4）制定和实施企业技术标准。

5）对国家标准、行业标准、地方标准和企业技术标准实施的监督检查。

（3）目的。施工企业工程建设技术标准化管理的目的是提高企业技术创新和竞争能力，建立企业施工技术管理的最佳秩序，获得好的质量、安全和经济效益。

（4）施工企业技术标准。

1）施工企业技术标准内容。

①补充或细化国家标准、行业标准和地方标准未覆盖的，企业又需要的一些技术要求。

②企业自主创新成果。

③有条件的施工企业为更好地贯彻落实国家、行业和地方标准，也可将其制定成严于该标准的企业施工工艺标准、施工操作规程等企业技术标准。

施工企业技术标准主要包括：企业施工技术标准、工艺标准或操作规程和相应的质量检验评定标准等。

2）施工工艺标准。为有序完成工程的施工任务，并满足安全和规定的质量要求，工程项目施工作业层需要统一的操作程序、方法、要求和工具等事项所制定的方法标准。

3）施工操作规程。对施工过程中为满足安全和质量要求需要统一的技术实施程序、技能要求等事项所制定的有关操作要求。

4）工法。工法是以工程为对象、工艺为核心，运用系统工程原理，结合先进技术和科学管理，经过工程实践并证明是属于技术先进有创新、效益显著、经济适用、符合节能环保要求的施工方法。工法分为企业级、省级和国家级。

**2．施工企业工程建设标准化工程机构**

（1）施工企业工程建设标准化工作机构层次。施工企业工程建设标准化工作机构层次，如图4－6所示。

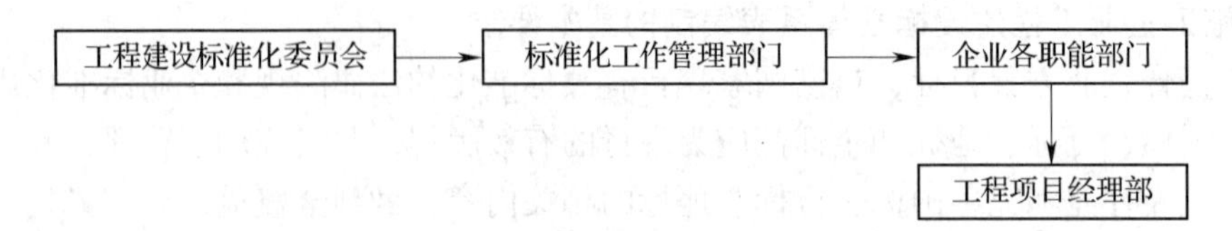


**图4－6 施工企业工程建设标准化工作机构层次**

（2）施工企业标准化管理层次的主要工作职责。

施工企业标准化管理层次的主要工作职责，见表4－5。

**表4－5 施工企业标准化管理层次的主要工作职责**

| 序号 | 管理层次 | 主要职责 |
| --- | --- | --- |
| 1 | 工程建设标准化委员会 | 统一领导和协调企业的工程建设标准化工作；贯彻国家现行有关标准化法律法规、规范性文件，以及工程建设标准 |
| | | 确定与本企业方针目标相适应的工程建设标准化工作任务和目标 |
| | | 审批企业工程建设标准化工作的长远规划、年度计划和标准化活动经费 |
| | | 审批工程建设标准体系表和企业技术标准 |
| | | 确定企业工程建设标准化工作管理部门、人员和职责 |
| | | 审批企业工程建设标准化工作的管理制度和奖惩办法 |
| | | 负责国家、行业、地方和企业技术标准的实施，以及企业技术标准化工作的监督检查 |
| 2 | 工程建设标准化工作管理部门 | 贯彻国家现行有关标准化法律法规、规范性文件，以及工程建设标准 |
| | | 组织制定和落实企业工程建设标准化工作任务和目标 |
| | | 组织编制和执行企业工程建设标准化工作的长远规划、年度计划和标准化活动经费计划等 |
| | | 组织编制和执行企业工程建设标准体系表，负责企业技术标准的编制及管理 |

续表 4－5

| 序号 | 管理层次 | 主要职责 |
| --- | --- | --- |
| 2 | 工程建设标准化工作管理部门 | 负责组织协调本企业工程建设标准化工作，以及专、兼职标准化工作人员的业务管理 |
| | | 组织编制企业工程建设标准化工作管理制度和奖惩办法，并贯彻执行 |
| | | 负责组织国家标准、行业标准、地方标准和企业技术标准执行情况的监督检查 |
| | | 贯彻落实企业工程建设标准化委员会对工程建设标准化工作的决定 |
| | | 参加国家、行业有关标准化工作活动等 |
| 3 | 企业各职能部门 | 组织实施企业标准化工作管理部门下达的标准化工作任务 |
| | | 组织实施与本部门相关的技术标准 |
| | | 确定本部门负责标准化工作的人员 |
| | | 按技术标准化工作要求对员工进行培训、考核和奖惩 |
| 4 | 工程项目经理部（标准员主要职责） | 负责确定建筑工程项目应执行的工程建设标准，并配置有效版本和组织学习 |
| | | 制定工程建设标准实施计划和措施，并组织交底 |
| | | 负责施工作业过程中对工程建设标准实施进行监督，对执行不到位的应向项目部提出纠正措施 |
| | | 协助质量和生产安全事故调查、分析，找出标准及措施中的不足 |
| | | 负责收集工程建设标准执行记录，对实施效果进行评价 |

**3. 施工企业技术标准的编制**

（1）施工企业技术标准的编制的基本要求。

1）应贯彻执行现行国家有关标准化法律、法规，符合国家有关技术标准的要求。

2）应积极采用新技术、新工艺、新设备、新材料，合理利用资源、节约能源，符合环境保护政策的要求；纳入标准的技术应成熟、先进，并且针对性强、有可操作性。

3）应符合工程建设标准编写的有关规定。

4）总包企业除满足指导本企业施工外，还应对相应专业分包单位的施工具有可控性和指导性。

（2）施工企业技术标准的编制程序。施工企业技术标准的编制程序包括：准备阶段、征求意见阶段、审查阶段和报批阶段。各阶段主要工作内容，见表 4－6。

表 4－6 施工企业技术标准的编制程序和主要工作内容

| 序号 | 阶段 | 主 要 内 容 |
| --- | --- | --- |
| 1 | 准备阶段 | 依据企业年度企标制（修）计划，组成编制组 |
| | | 召开编制组会议，确定编写提纲、进度和分工等 |
| | | 展开编制工作 |
| 2 | 征求意见阶段 | 编制调研及调研报告 |
| | | 测试验证及结果专家鉴定 |
| | | 根据需要召开专题会议，解决标准编制中的重大问题 |
| | | 分别形成企标的初稿、讨论稿及征求意见稿 |
| | | 搜集意见，分析研究并提出处理意见，修改征求意见稿，形成送审稿 |
| 3 | 审查阶段 | 企标送审文件 |
| | | 召开审查会议，形成会议纪要和修改意见汇总表 |
| 4 | 报批阶段 | 修改送审稿，形成报批稿 |
| | | 企业标准化工作管理部门审核 |
| | | 企业工程建设标准化委员会批准 |

### 4. 施工企业工程建设标准的组织实施

（1）施工企业工程建设标准化工作计划。包括标准化工作长远规划、年度工作计划、人员培训计划、企业标准的编制计划、经费计划，以及年度和阶段标准实施的监督检查计划等。计划的主要内容见表 4－7。

表 4－7 工程建设标准化工作计划内容

| 序号 | 计 划 种 类 | 计 划 内 容 |
| --- | --- | --- |
| 1 | 长远规划 | 本企业标准化工作任务目标 |
| | | 标准化领导机构和管理部门的不断健全和完善 |
| | | 标准化人员的配置 |
| | | 标准体系表的完善 |
| | | 标准化工作经费的保证 |
| | | 贯彻落实国标、行标和地标的措施、细则的不断改进和完善 |
| | | 企标的编制、实施 |
| | | 国标、行标、地标和企标实施情况的监督检查等 |
| 2 | 年度计划（长远规划工作项目的分解和落实） | 年度人员培训计划。不同工作岗位人员培训目标、学时、内容和方式等 |
| | | 年度企标的编制计划。包括标准名称、技术要求、负责编制部门、编制组组成、时间要求和经费 |
| | | 年度和阶段标准实施的监督检查计划。包括检查的重点标准、重点问题，检查要达到的目的，检查组织、人员、时间和次数等 |

（2）工程建设标准的实施。施工企业工程建设标准化工作中，强制性条文和全文强制性标准的贯彻落实是管理的重点，贯彻落实国家标准、行业标准和地方标准是主要任务。

工程建设标准的实施基本要求：

1）强制性条文及全文强制性标准。

①相关人员逐条学习和领会。

②单独建立强制性条文表和逐条的落实措施。

③明确强制性条文检查项目及要求，规定合格判定条件。

④施工组织设计和施工技术方案审批的重点，技术交底的主要内容。

⑤其他要求同国标、行标和地标的管理要求。

2）国家标准、行业标准和地方标准。

①学习标准，对关键技术和控制重点进行专题研究。

②应用标准，编制标准的落实措施或实施细则。

③工程项目技术交底，将标准落实到项目管理层。

④施工操作技术交底，将标准落实到项目操作层。

⑤检查落实措施的有效性和效果，不断完善落实标准的措施。

3）企业标准。与国标、行标、地标实施管理协调一致。

（3）工程建设标准实施的监督检查。

1）监督检查的基本要求。

①以工程项目为基础，分层次进行：工程项目经理部以工程项目为重点检查。企业工程建设标准化管理部门组织有关职能部门以工程项目和技术标准为重点进行检查。

②明确重点：对技术标准检查重点为控制措施和实施结果。施工前，应检查相关技术标准的配备和落实措施，或实施细则等落实，技术标准措施文件的编制情况；施工中，应检查有关落实技术标准及措施文件的执行情况；在每道工序及工程项目完工后，应检查有关技术标准的实施结果情况。

2）工程项目监督检查的主要指标。工程项目各项技术标准的落实监督检查的主要指标，具体反映在标准落实的有效性和标准的覆盖率上。

标准的覆盖率，检查项目施工中有没有无标准施工的工序；标准的有效性，反映标准有效版本的配置及落实措施的效果。根据这两个指标的统计，并结合工程项目工程建设标准化工作情况进行评估。

# 5 施工项目质量标准化管理

## 5.1 施工项目质量管理概述

### 5.1.1 施工项目质量管理的特点

由于项目施工涉及面广，是一个极其复杂的综合过程，再加上项目位置固定、生产流动、结构类型不一、质量要求不一、施工方法不一、体型大、整体性强、建设周期长、受自然条件影响大等特点，因此，工程项目的质量管理比一般工业产品的质量管理更加难以实施，主要表现在以下几个方面：

（1）影响质量的因素多。如设计、材料、机械、地形、地质、水文、气象、施工工艺、操作方法、技术措施、管理制度等，均直接影响工项目的质量。

（2）容易产生质量变异。项目施工不像工业产品生产，有固定的自动性和流水线，有规范化的生产工艺和完善的检测技术，有成套的生产设备和稳定的生产环境，有相同系列规格和相同功能的产品；同时，由于影响施工项目质量的偶然性因素和系统性因素都较多，因此，很容易产生质量变异。如材料性能微小的差异、机械设备正常的磨损、操作微小的变化、环境微小的波动等，均会引起偶然性因素的质量变异；当使用材料的规格、品种有误，施工方法不妥，操作不按规程，机械故障，仪表失灵，设计计算错误等，则会引起系统性因素的质量变异，造成工程质量事故。为此，在施工中要严防出现系统性因素的质量变异；要把质量变异控制在偶然性因素范围内。

（3）容易产生第一、第二判断错误。施工项目由于工序交接多，中间产品多，隐蔽工程多，若不及时检查实质，事后再看表面，就容易产生第二判断错误，也就是说，容易将不合格的产品，认为是合格的产品；反之，若检查不认真，测量仪表不准，读数有误，就会产生第一判断错误，也就是说容易将合格产品，认为是不合格的产品。这点，在进行质量检查验收时，应特别注意。

（4）质量检查不能解体、拆卸。工程项目建成后，不可能像某些工业产品那样，再拆卸或解体检查内在的质量，或重新更换零件；即使发现质量有问题，也不可能像工业产品那样实行“包换”或“退款”。

（5）质量要受投资、进度的制约。施工项目的质量受投资、进度的制约较大，如一般情况下，投资大、进度慢，质量就好；反之，质量则差。因此，项目在施工中，还必须正确处理质量、投资、进度三者之间的关系，使其达到对立的统一。

### 5.1.2 施工项目质量管理的基本要求

（1）建立持续改进质量管理体系，设立专职管理部门或专职人员。

（2）坚持预防为主的原则，按照策划、实施、检查、处置的循环方式（PDCA 循环）

进行系统运作。

（3）质量管理应满足发包人及其他相关方的要求以及建设工程技术标准和产品的质量要求。

（4）通过对人员、机具、设备、材料、方法、环境等要素的过程管理，实现过程、产品和服务的质量目标。

### 5.1.3 施工项目质量管理程序

施工项目质量管理实施应按以下程序进行：

（1）进行质量策划，确定质量目标。

（2）编制质量计划。

（3）实施质量计划。

（4）总结项目质量管理工作，提出持续改进的要求。

## 5.2 施工项目质量控制

### 5.2.1 施工项目质量控制目标、原则及依据

工程质量控制是指致力于满足质量要求，也就是为了保证工程质量满足工程合同规范所采取的一系列措施、方法和手段。对于施工项目而言，就是为了确保合同、规范所规定的质量标准，所采取的一系列检测、监控措施、手段和方法。

**1. 施工项目质量控制的目标**

一般来说，施工项目质量控制的目标要求如下：

（1）工程设计必须符合设计承包合同规定的规范标准的质量要求，投资额、建设规模应控制在批准的设计任务书范围内。

（2）设计文件、图纸要清晰完整，各相关图纸之间无矛盾。

（3）工程项目的设备选型、系统布置要经济合理、安全可靠、管线紧凑、节约能源。

（4）环境保护措施、“三废”处理、能源利用等要符合国家和地方政府规定的指标。

（5）施工过程与技术要求相一致，与计划规范相一致，与设计质量要求相一致，符合合同要求和验收标准。

**2. 施工项目质量控制的原则**

在进行施工项目质量控制的过程中，应遵循以下原则：

（1）坚持质量第一原则。建筑产品作为一种特殊的商品，使用年限长，是“百年大计”，直接关系到人民生命财产的安全。所以，应自始至终地把“质量第一”作为对工程项目质量控制的基本原则。

（2）坚持以人为控制核心。人是质量的创造者，质量控制必须“以人为核心”，把人作为质量控制的动力，发挥人的积极性、创造性，处理好业主监理与承包单位各方面的关系，增强人的责任感，树立“质量第一”的思想，提高人的素质，避免人的失误，以人的工作质量保证工序质量、保证工程质量。

（3）坚持以预防为主。预防为主是指要重点做好质量的事前控制、事中控制，同时，严格对工作质量、工序质量和中间产品质量的检查。这是确保工程质量的有效措施。

（4）坚持质量标准。质量标准是评价产品质量的尺度，数据是质量控制的基础。产品质量是否符合合同规定的质量标准，必须通过严格检查，以数据为依据。

（5）贯彻科学、公正、守法的职业规范。在控制过程中，应尊重客观事实，尊重科学，客观、公正、不持偏见，遵纪守法，坚持原则，严格要求。

**3．施工项目质量管理的依据**

施工项目质量的控制依据如下：

（1）工程合同文件。工程施工承包合同文件和委托监理合同文件中分别规定了参与建设各方在质量控制方面的权利和义务，有关各方必须履行在合同中的承诺。

（2）设计文件。“按图施工”是施工项目质量控制的一项重要原则。因此，经过批准的设计图纸和技术说明书等设计文件就是质量控制的重要依据。所以，在施工准备阶段，要进行“三方”（监理单位、设计单位和承包单位）的图纸会审，以达到了解设计意图和质量要求，发现图纸差错和减少质量隐患的目的。

（3）国家和地方政府有关部门颁布的有关质量管理方面的法律法规性文件，包括《中华人民共和国建筑法》、《建设工程质量管理条例》、《建筑业企业资质管理规定》，它们是建设行业必须遵循的基本法律、法规性文件，还有一些地方政府根据本地区特点所颁布的法规性文件也应遵循。

（4）有关质量检验与控制的专门技术法规性文件。这类文件一般是针对不同行业、不同的质量对象而制定的技术法规性文件，包括各种有关的标准、规范、规程和规定。

## 5.2.2 施工项目质量控制的过程

任何施工项目都是由分项工程、分部工程和单位工程所组成的，而工程项目的建设，则通过一道道工序来完成。所以，施工项目的质量控制是从工序质量到分项工程质量、分部工程质量、单位工程质量的系统控制过程，如图 5－1（a）所示；也是一个由对投入原材料的质量控制开始，直到完成工程质量检验为止的全过程的系统过程，如图 5－1（b）所示。

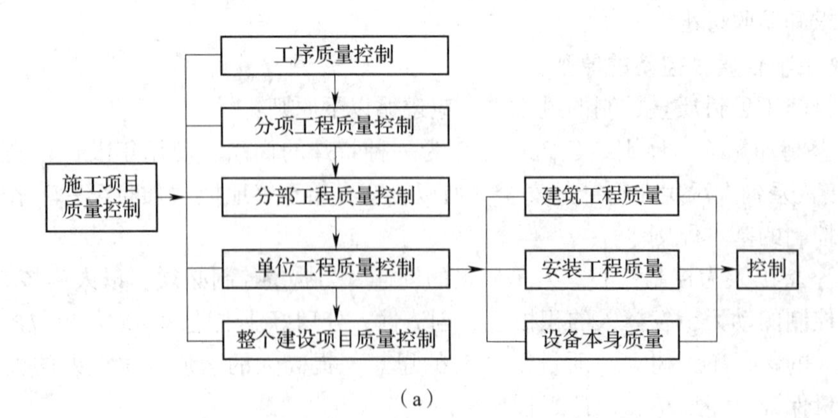


（a）

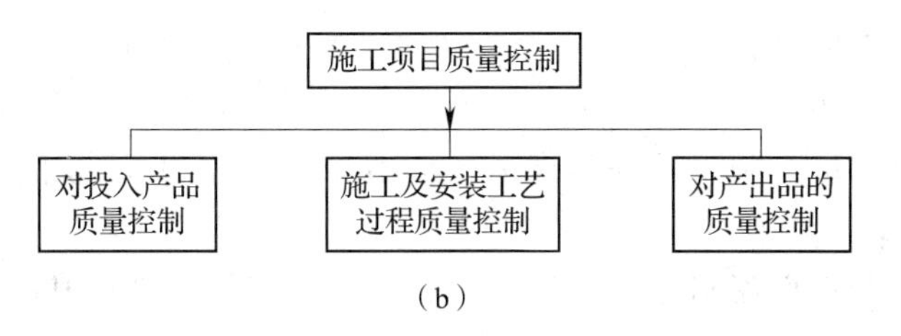


（b）

**图 5－1 施工项目质量管理过程**

为了加强施工项目质量控制，明确整个质量控制过程中的重点所在，可将施工项目质量控制的过程分为事前控制、事中控制和事后控制三个阶段，如图 5－2 所示。

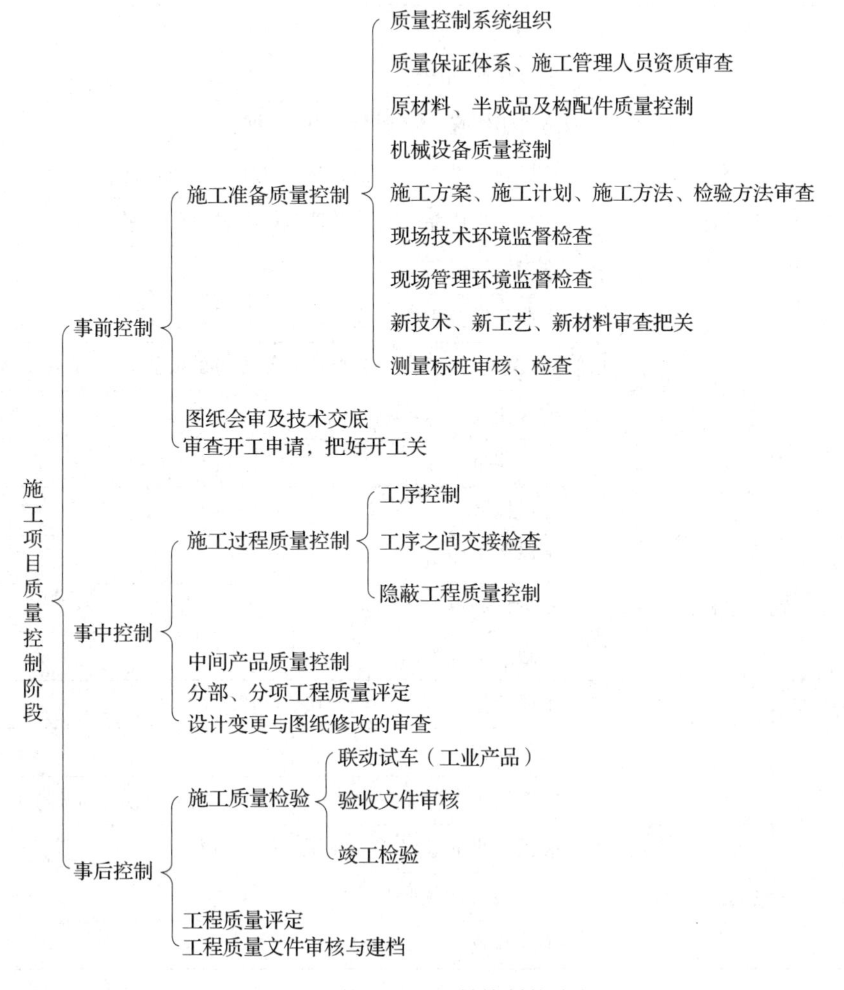


**图 5－2 施工阶段质量控制的阶段**

## 5.2.3 施工项目质量控制的方法

### 1. 施工项目质量控制基本原理

（1）全过程控制。施工项目质量控制是一个由对投入的资源和条件的质量控制，进而对生产过程及各环节质量进行控制，直到对所完成的工程产出品的质量检验与控制为止的全过程的系统控制过程。

（2）动态控制。进行施工质量的事前、事中和事后控制，采用 PDCA 循环的基本工作方法，持续改进。

（3）主动控制和重点控制。预防为主，控制重心前移至事前和事中控制阶段，设质量控制点实施重点控制。

**2．施工项目质量控制的基本环节**

施工项目质量控制的基本环节，见表 5 – 1。

**表 5 – 1　施工项目的质量控制**

| 序号 | 质 量 控 制 | 主 要 内 容 |
|---|---|---|
| 1 | 施工准备控制 | 设计交底和图纸会审 |
| | | 施工组织设计（质量计划）、施工方案及作业指导书 |
| | | 现场施工准备（定位、标高基准；平面布置） |
| | | 材料、半成品、成品及建筑构配件（进场验收等） |
| | | 施工机械设备 |
| | | 作业队伍及主要岗位人员 |
| | | 新技术、新工艺、新材料及新设备的应用 |
| 2 | 施工过程控制 | 技术交底 |
| | | 施工测量 |
| | | 计量控制 |
| | | 工序施工质量 |
| | | 质量控制点 |
| | | 隐蔽工程验收 |
| | | 工序交接（专业工程交接） |
| | | 成品保护 |
| | | 施工过程工程质量验收（检验批、分项、分部工程） |
| 3 | 竣工验收控制 | 竣工验收准备（工程收尾、竣工资料） |
| | | 初步验收（预验收） |
| | | 正式验收 |

**3．施工项目质量控制的方法**

施工项目质量控制的方法，标准员主要是审查有关质量文件、报告和直接参与进行现场检查或必要的试验等。

（1）审查有关质量文件。具体内容包括：

1）分包单位技术资质证明文件和质量保证体系文件。

2）施工方案、施工组织设计和技术措施。

3）有关材料、半成品及构配件的质量检验报告。

4）反映工序质量动态的统计资料或控制图表。

5）设计变更、修改图纸和技术核定书。

6）有关质量问题的处理方案及实施记录。

7）有关应用新工艺、新材料、新技术的现场试验报告及鉴定书。

8）有关工序交接检查，分项、分部工程质量检查验收记录。

9）相关方现场签署的有关技术签证、文件等。

（2）现场质量检查。

1）现场质量检查的内容。

①开工前检查：目的是检查是否具备开工条件，开工后能否连续正常施工，能否保证工程质量。

②工序交接检查：对于重要的工序或对工程质量有重大影响的工序，在自检、互检的基础上，还要组织专职人员进行工序交接检查。

③隐蔽工程检查：凡是隐蔽工程均应检查认证后方能掩盖。

④停工后复工前的检查：因处理质量问题或客观原因停工后需复工时，亦应经检查认可后方能复工。

⑤分项、分部工程完工后，应经检查认可，签署验收记录后，才可进行下一工程项目施工。

⑥成品保护检查：检查成品有无保护措施及保护措施是否可靠。

此外，还应经常深入现场，对施工操作质量进行巡视检查；必要时，还应进行跟班或追踪检查。

2）现场质量检查的方法。现场进行质量检查的方法主要有目测法、实测法和试验法三种，详见表5－2。

**表5－2 现场质量检查的方法**

| 序号 | 检查方法 | 检查方式 |
|---|---|---|
| 1 | 目测法 | 看：根据质量标准进行外观目测，如检查清水墙面是否洁净，喷涂是否密实和颜色是否均匀，混凝土外观是否符合要求，施工顺序是否合理，工人操作是否正确等 |
| | | 摸：通过触摸手感检查，如检查水刷石、干粘石粘结牢固程度，油漆的光滑度，浆活是否掉粉等 |
| | | 敲：运用敲击工具进行音感检查，如对地面工程、装饰工程中的面层等，均应进行敲击检查，通过声音的虚实确定有无空鼓 |
| | | 照：对于难以看到或光线较暗的部位，则可采用镜子反射或灯光照射的方法进行检查。如管道井、电梯井等内的管线、设备安装质量检查，装饰吊顶内连接及设备安装质量检查等 |

续表 5－2

| 序号 | 检查方法 | 检 查 方 式 |
| --- | --- | --- |
| 2 | 实测法 | 靠：用直尺、塞尺检查，如检查墙面、地面、屋面的平整度 |
| | | 量：用测量工具和计量仪表等检查断面尺寸、轴线、标高、湿度、温度等的偏差。如检查钢筋间距、结构模板断面尺寸、混凝土坍落度等 |
| | | 吊：用托线板以线锤吊线检查垂直度，如检查砌体、柱模的垂直度等 |
| | | 套：以方尺套方，辅以塞尺检查。如阴阳角的方正、踢脚线的垂直度、预制构件的方正等项目的检查；对门窗口及构件的对角线检查等 |
| 3 | 试验法 | 理化试验：包括物理力学性能检验和化学成分及其含量的测定，如桩或地基的静载试验；材料的抗拉强度、抗压等试验；材料密度、含水量检测；钢材的磷、硫含量检测；防水层蓄水试验等 |
| | | 无损检测：利用专门仪器从表面探测对象的内部结构或损伤情况，如超声波检测、回弹仪检测、X、$\gamma$ 射线探伤等 |

# 5.3　施工项目质量事故调查与分析

## 5.3.1　事故产生的原因

工程项目在施工中产生的质量事故形式有多种多样，如建筑结构的错位、变形、倾斜、倒塌、破坏、开裂、渗水、刚度差、强度不足、断面尺寸不准等。通常发生质量事故的原因，见表 5－3。

表 5－3　工程质量事故发生的原因

| 序号 | 事 故 原 因 | 内容及说明 |
| --- | --- | --- |
| 1 | 违背建设程序 | 1. 未经可行性论证，不作调查分析就拍板定案；<br>2. 未搞清工程地质、水文地质条件就仓促开工；<br>3. 无证设计、无证施工，任意修改设计，不按图纸施工；<br>4. 工程竣工不进行试车运转，未经验收就交付使用 |
| 2 | 工程地质勘查原因 | 1. 未认真进行地质勘查，就提供地质资料，数据有误；<br>2. 钻孔间距太大或钻孔深度不够，致使地质勘查报告不详细、不准确 |
| 3 | 未加固处理好地基 | 对不均匀地基未进行加固处理或处理不当，导致重大质量问题 |

续表 5－3

| 序号 | 事 故 原 因 | 内容及说明 |
| --- | --- | --- |
| 4 | 计算问题 | 设计考虑不周，结构构造不合理、计算简图不正确、计算荷载取值过小、内力分布有误等 |
| 5 | 建筑材料及制品不合格 | 导致混凝土结构强度不足，裂缝，渗漏，蜂窝、露筋，甚至断裂、垮塌 |
| 6 | 施工和管理问题 | 1. 不熟悉图纸，未经图纸会审，盲目施工；<br>2. 不按图施工，不按有关操作规程施工，不按有关施工验收规范施工；<br>3. 缺乏基本结构知识，施工蛮干；<br>4. 施工管理紊乱，施工方案考虑不周，施工顺序错误，未进行施工技术交底，违章作业等 |
| 7 | 自然条件影响 | 温度、湿度、日照、雷电、大风、暴风等都可能造成重大的质量事故 |
| 8 | 建筑结构使用问题 | 1. 建筑物使用不当，使用荷载超过原设计的容许荷载；<br>2. 任意开槽、打洞，削弱承重结构的截面等 |

## 5.3.2 事故特点及分类

**1. 工程质量事故的特点**

工程质量事故具有复杂性、严重性、可变性和多发性的特点。具体如下：

(1) 复杂性。工程质量事故的复杂性，主要表现在引发质量事故的因素复杂，从而增加了对质量事故的性质、危害的分析、判断和处理的复杂性。

(2) 严重性。工程质量事故，轻者影响施工顺利进行，拖延工期，增加工程费用；重者给工程留下隐患，成为危房，影响安全使用或不能使用；更严重的是引起建筑物倒塌，造成人民生命财产的巨大损失。

(3) 可变性。许多工程质量事故还将随着时间不断发展变化，所以，在分析、处理工程质量事故时，一定要特别重视质量事故的可变性，应及时采取可靠的措施，以免事故进一步恶化。

(4) 多发性。工程中有些质量事故，就像“常见病”、“多发病”一样经常发生，而成为质量通病。另有一些同类型的质量事故，往往一再重复发生。因此，吸取多发性事故的教训，认真总结经验，是避免事故重演的有效措施。

**2. 工程质量事故的分类**

工程质量事故有多种分类方法，见表 5－4。

表5－4 工程质量事故的分类

<table>
<tr><th>序号</th><th>分类方法</th><th>事故类别</th><th>内容及说明</th></tr>
<tr><td rowspan="2">1</td><td rowspan="2">按事故的性质及严重程度划分</td><td>一般事故</td><td>通常是指经济损失在0.5万～10万元额度内的质量事故</td></tr>
<tr><td>重大事故</td><td>凡是有下列情况之一者，可列为重大事故：<br>1. 建筑物、构筑物或其他主要结构倒塌；<br>2. 超过规范规定或设计要求的基础严重不均匀沉降，建筑物倾斜，结构开裂或主体结构强度严重不足，影响结构物的寿命，造成不可补救的永久性质量缺陷或事故；<br>3. 影响建筑设备及其相应系统的使用功能，造成永久性质量缺陷；<br>4. 经济损失在10万元以上</td></tr>
<tr><td rowspan="2">2</td><td rowspan="2">按事故造成的后果区分</td><td>未遂事故</td><td>发现了质量问题，经及时采取措施，未造成经济损失、延误工期或其他不良后果的，均属未遂事故</td></tr>
<tr><td>已遂事故</td><td>凡出现不符合质量标准或设计要求，造成经济损失、工期延误或其他不良后果的，均构成已遂事故</td></tr>
<tr><td rowspan="2">3</td><td rowspan="2">按事故责任区分</td><td>指导责任事故</td><td>指由于工程实施不当或领导失误造成的质量事故</td></tr>
<tr><td>操作责任事故</td><td>指在施工过程中，由于实施操作者不按规程或标准实施操作，而造成的质量事故</td></tr>
<tr><td rowspan="3">4</td><td rowspan="3">按质量事故产生的原因区分</td><td>技术原因引发的质量事故</td><td>指在工程项目实施中由于设计、施工技术上的失误而造成的质量事故。主要包括：<br>1. 结构设计计算错误；<br>2. 地质情况估计错误；<br>3. 盲目采用技术上未成熟、实际应用中未得到充分的实践检验证实其可靠的新技术；<br>4. 用了不适宜的施工方法或工艺</td></tr>
<tr><td>管理原因引发的质量事故</td><td>主要是指由于管理上的不完善或失误而引发的质量事故。主要包括：<br>1. 施工单位或监理单位的质量体系不完善；<br>2. 检验制度的不严密，质量控制不严格；<br>3. 质量管理措施落实不力；<br>4. 检测仪器设备管理不善而失准；<br>5. 进料检验不严格</td></tr>
<tr><td>社会、经济原因引发的质量事故</td><td>主要指由于社会、经济因素及社会上存在的弊端和不正之风引起建设中的错误行为，而导致出现的质量事故</td></tr>
</table>

### 5.3.3 事故原因分析步骤

工程质量事故原因分析基本步骤如下：

(1) 进行细致的现场调查研究，观察记录全部实况，充分了解与掌握引发质量问题的现象和特征。

(2) 收集调查与质量事故有关的全部设计和施工资料，分析摸清工程在施工或使用过程中所处的环境及面临的各种条件和情况。

(3) 找出可能产生质量事故的所有因素。

(4) 分析、比较和判断，找出最可能造成质量事故的原因。

(5) 进行必要的计算分析或模拟试验予以论证确认。

# 6 施工项目安全标准化管理

## 6.1 施工项目安全管理概述

### 6.1.1 施工项目安全管理的概念及目标

安全生产是指在劳动生产过程中，通过努力改善劳动条件，克服不安全因素，防止伤亡事故发生，使劳动生产在保障劳动者安全健康和国家财产及人民生命财产不受损失的前提下顺利进行。

施工项目安全管理就是用现代管理的科学知识，概括施工项目安全生产的目标要求，进行控制、处理，以提高安全管理工作的水平。在施工过程中，只有用现代管理的科学方法去组织、协调生产，方能大幅度降低伤亡事故，才能充分调动施工人员的主观能动性。在提高经济效益的同时，改变不安全、不卫生的劳动环境和工作条件；在提高劳动生产率的同时，加强对施工项目的安全管理。

施工项目安全管理目标如下：

根据施工企业安全管理总体目标，结合施工项目的实际情况确定具体目标。安全管理目标应包括生产安全事故控制指标、安全生产隐患治理目标，以及安全生产、文明施工管理目标等，安全管理目标应予量化。

（1）生产安全事故控制指标。如杜绝死亡和重伤事故，一般负伤频率可控制在6‰以下。

（2）安全生产隐患治理目标。如及时消除重大安全隐患，一般隐患整改率不低于95%。

（3）安全生产、文明施工管理目标。如按安全检查标准施工现场安全达标合格率100%，优良率80%以上；扬尘、噪声、职业危害作业点合格率可达100%。

### 6.1.2 施工项目安全管理的任务

（1）正确贯彻执行国家和地方的安全生产、劳动保护和环境卫生的法律法规、方针政策和标准规程，使施工现场安全生产工作做到目标明确，组织、制度、措施落实，保障施工安全。

（2）建立完善施工现场的安全生产管理制度，制定本项目的安全技术操作规程，编制有针对性的安全技术措施。

（3）组织安全教育，提高职工安全生产素质，促进职工掌握生产技术知识，遵章守纪地进行施工生产。

（4）运用现代管理和科学技术，选择并实施实现安全目标的具体方案，对本项目的安全目标的实施进行控制。

（5）按“四不放过”的原则对事故进行处理，并向政府有关安全管理部门汇报。

### 6.1.3 施工项目安全管理的内容

1. 安全组织管理

为保证国家有关安全生产的政策、法规及施工现场安全管理制度的落实，施工企业应建立健全安全管理机构，并对安全管理机构的构成、职责及工作模式作出规定。施工企业还应重视安全档案管理工作，及时整理、完善安全档案、安全资料，为预防、预测、预报安全事故提供依据。

**2. 安全制度管理**

项目确立以后，施工单位就要根据国家及行业有关安全生产的政策、法规、规范和标准，建立一整套符合项目特点的安全管理制度，包括安全生产责任制度、安全生产教育制度、安全生产检查制度、现场安全管理制度、电气安全管理制度、防火、防爆安全管理制度、高处作业安全管理制度、劳动卫生安全管理制度等。用制度约束施工人员的行为，达到安全生产的目的。

**3. 施工人员操作规范化管理**

施工单位要严格按照国家及行业的有关规定，按各工种操作规程及工作条例的要求规范施工人员的行为，坚决贯彻执行各项安全管理制度，杜绝由于违反操作规程而引发的工伤事故。

**4. 施工安全技术管理**

在施工生产过程中，为了防止和消除伤亡事故，保障职工安全，企业应根据国家及行业的有关规定，针对工程特点、工现场环境、使用机械以及施工中可能使用的有毒有害材料，提出安全技术和防护措施。安全技术措施在开工前应根据施工图编制。施工前必须以书面形式对施工人员进行安全技术交底，对不同工程特点和可能造成的安全事故，从技术上采取措施，消除危险，保证施工安全。

施工中对各项安全技术措施要认真组织实施，经常进行监督检查。对施工中出现的新问题，技术人员和安全管理人员要在调查分析的基础上，提出新的安全技术措施。

**5. 施工现场安全设施管理**

根据原建设部颁发的《建筑工程施工现场管理规定》中对施工现场的运输道路、附属加工设施、给水排水、动力及照明、通信等管线，临时性建筑（仓库、工棚、食堂、水泵房、变电所等），材料、构件、设备及工器具的堆放点，施工机械的行进路线，安全防火设施等一切施工所必需的临时工程设施进行合理的设计、有序摆放和科学管理。

### 6.1.4 施工项目安全管理的实施程序

施工项目安全管理实施程序，如图 6－1 所示。

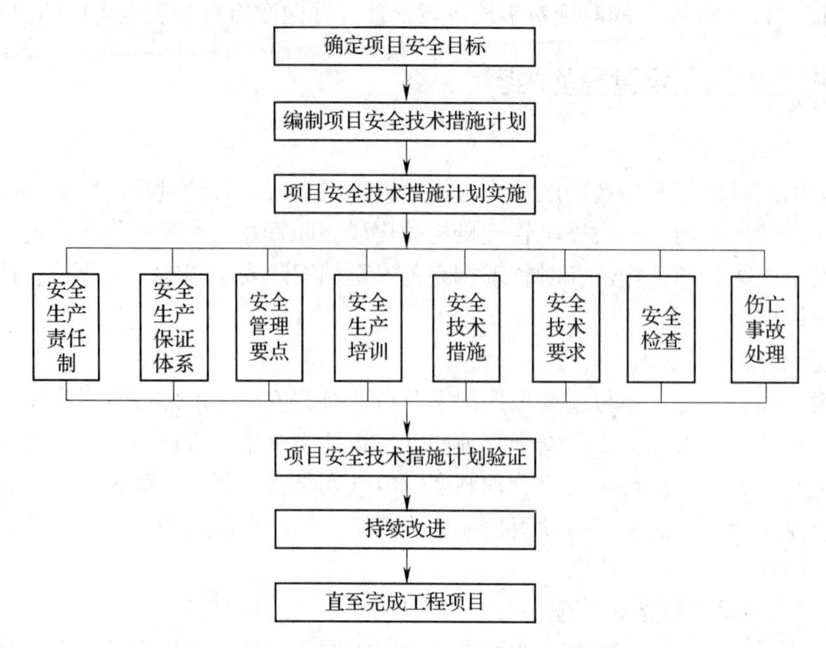


图6-1 施工项目安全管理程序

# 6.2 施工现场安全控制的基本方法

## 6.2.1 施工现场安全控制的基本措施

### 1. 落实安全责任、实施责任管理

（1）项目经理是工程项目施工现场安全生产第一责任人，负责组织落实安全生产责任，实施考核，实现项目安全管理目标。

（2）工程项目施工实行总承包的，应成立由总承包单位、专业承包和劳务分包单位项目经理、技术负责人和专职安全生产管理人员组成的安全管理领导小组。

（3）按规定配备项目专职安全生产管理人员，负责施工现场安全生产日常监督管理。

（4）工程项目部其他管理人员应承担本岗位管理范围内与安全生产相关的职责。

（5）分包单位应服从总包单位管理，落实总包企业的安全生产要求。

（6）施工作业班组应在作业过程中实施安全生产要求。

（7）作业人员应严格遵守安全操作规程，做到不伤害自己、不伤害他人和不被他人所伤害。

### 2. 安全教育与培训

安全教育和培训的类型包括岗前教育、日常教育、年度继续教育，以及各类证书的初审、复审培训。

（1）企业主要负责人、项目负责人和专职安全生产管理人员必须经安全生产知识和管理能力考核合格，依法取得安全生产考核合格证书。

（2）企业的技术和相关管理人员必须具备与岗位相适应的安全管理知识和能力，依法取得必要的岗位资格证书。

（3）特种作业人员必须经安全技术理论和操作技能考核合格，依法取得建筑施工特种作业人员操作资格证书。

**3. 安全检查和整改**

施工安全检查和改进，包括安全检查的内容、形式、类型、标准、方法、频次，检查、整改、复查，安全生产管理评估与持续改进等工作内容。

**4. 作业标准化**

按科学的作业标准规范人的行为，有利于控制人的不安全行为，减少人为失误。

**5. 生产技术与安全技术的统一**

生产必须安全。生产技术是通过完善生产工艺、完备生产设备、规范工艺操作，发挥技术的作用，保证生产顺利进行的，包含了安全技术在保证生产顺利进行的全部职能和作用。

**6. 文明施工**

文明施工是施工现场安全生产必不可少的内容。

**7. 正确对待事故的调查与处理**

生产安全事故发生后，建筑施工企业应按照有关规定及时、如实上报，实行施工总承包的，应由总承包企业负责上报。

标准员应参与事故的处理，重点通过事故的分析和验证，找出相关标准实施的薄弱环节并制定改进措施。

### 6.2.2 施工现场安全检查的方法

安全检查是发现、消除事故隐患，落实整改措施，防止事故伤害，改善劳动条件的重要方法。安全检查的形式包括普遍检查，专业检查和季节性检查。

**1. 建筑施工企业安全检查的内容**

（1）安全目标的实现程度。

（2）安全生产职责的落实情况。

（3）各项安全管理制度的执行情况。

（4）施工现场安全隐患排查和安全防护情况。

（5）生产安全事故、未遂事故和其他违规违法事件的调查、处理情况。

（6）安全生产法律法规、标准规范和其他要求的执行情况。

**2. 安全检查的类型**

包括日常巡查、专项检查、季节性检查、定期检查、不定期抽查等。

（1）工程项目部每天应结合施工动态，实行安全巡查；总承包工程项目部应组织各分包单位每周进行安全检查，每月对照《建筑施工安全检查标准》，至少进行一次定量检查。

（2）企业每月应对工程项目施工现场安全职责落实情况至少进行一次检查，并针对检查中发现的倾向性问题、安全生产状况较差的工程项目，组织专项检查。

(3) 企业应针对承建工程所在地区的气候与环境特点，组织季节性的安全检查。

**3. 安全检查方法**

(1)《建筑施工安全检查标准》JGJ 59—2011。《建筑施工安全检查标准》JGJ 59—2011是以检查评分表形式的定量检查方法。检查评分表分为安全管理、文明施工、脚手架、基坑工程、模板支架、高处作业、施工用电、物料提升机与施工升降机、塔式起重机与起重吊装、施工机具分项检查评分表和检查评分汇总表。

分项检查评分表和检查评分汇总表的满分分值均应为100分，分项检查评分表包括保证项目和一般项目（其中高处作业、施工机具分表不设保证项目），保证项目应全数检查。

按汇总表的总得分和分项检查评分表的得分，对建筑施工安全检查评定划分为优良、合格、不合格三个等级。

优良：分项检查评分表无零分，汇总表得分值应在80分及以上。

合格：分项检查评分表无零分，汇总表得分值应在80分以下、70分及以上。

不合格。

①当汇总表得分值不足70分时；

②当有一分项检查评分表得零分时。

对安全检查中发现的问题和隐患，应定人、定时间、定措施组织整改，并跟踪复查。当建筑施工安全检查评定的等级为不合格时，必须限期整改达到合格。

(2) 安全检查的一般方法。

①问：通过询问、提问形式检查，如检查现场管理和作业人员的基本素质、安全意识等。

②看：通过安全资料的查看和现场巡视方式检查，如检查人员持证上岗情况；安全标志设置；劳动防护用品使用；安全防护及安全设施情况等。

③量：通过使用量测工具进行实测实量检查，如检查脚手架各杆件间距；安全防护栏杆的高度；电气开关箱安装高度；外电安全防护安全距离等。

④测：通过使用专用仪器、仪表对特定对象的技术参数的测试。如检查漏电保护器的动作电流和时间；接地装置接地电阻；电机绝缘电阻；塔吊、施工电梯安装的垂直度等。

⑤运转试验：通过专业人员对机械设备进行实际操作、试验，检验其运转的可靠性或安全限位装置的灵敏性。如物料提升机超高限位、短绳保护等试验；施工电梯制动器、限速器、上下极限限位器、门连锁装置等试验；塔吊力矩限制器、变幅限位器等安全装置试验。

## 6.3 施工项目安全事故调查与分析

### 6.3.1 伤亡事故的概念及原因

**1. 伤亡事故的定义**

事故是指人们在进行有目的的活动过程中，发生了违背人们意愿的不幸，使其有目的的行动暂时或永久地停止。事故可能造成人员的死亡、伤害、职业病、财产损失或其他损失。伤亡事故是指职工在劳动生产过程中发生的人身伤害、急性中毒事故。

**2. 伤亡事故原因**

按照《企业职工伤亡事故分类》GB 6441—1986 的规定，直接导致职工受到伤害的原因（即伤害方式）分为二十类：

（1）物体打击，指落物、滚石、锤击、碎裂崩块、碰伤等伤害，包括因爆炸而引起的物体打击。

（2）车辆伤害，包括挤、压、撞、倾覆等。

（3）机械伤害，包括绞、碾、碰、割、戳等。

（4）起重伤害，指起重设备或操作过程中所引起的伤害。

（5）触电，包括雷击伤害。

（6）淹溺。

（7）灼烫。

（8）火灾。

（9）高处坠落，包括从架子、屋顶上坠落以及从平地坠入地坑等。

（10）坍塌，包括建筑物、堆置物、土石方倒塌等。

（11）冒顶片帮。

（12）透水。

（13）放炮。

（14）火药爆炸，指生产、运输、储藏过程中发生的爆炸。

（15）瓦斯爆炸，包括煤粉爆炸。

（16）锅炉爆炸。

（17）容器爆炸。

（18）其他爆炸（化学爆炸，炉膛、钢水包爆炸等）。

（19）中毒和窒息，指煤气、油气、沥青、化学、一氧化碳中毒等。

（20）其他伤害，如扭伤、跌伤、野兽咬伤等。

## 6.3.2 伤亡事故的分类

根据国务院 75 号令《企业职工伤亡事故报告和处理规定》，按照事故的严重程度，职业健康安全事故分为：轻伤、重伤、死亡、重大死亡事故、急性中毒事故。

（1）轻伤和轻伤事故。轻伤是指造成职工肢体伤残，或某些器官功能性或器质性轻度损伤，表现为劳动能力轻度或暂时丧失的伤害。一般指受伤职工歇工在一个工作日以上但够不上重伤者。轻伤事故是指一次事故中只发生轻伤的事故。

（2）重伤和重伤事故。重伤是指造成职工肢体残缺或视觉、听觉等器官受到严重损伤，一般能引起人体长期存在功能障碍，或劳动能力有重大损失的伤害。重伤事故是指一次事故中发生重伤（包括伴有轻伤）、无死亡的事故。

（3）死亡事故。是指一次死亡 1 ~ 2 人的事故。

（4）重大死亡事故。是指一次死亡 3 人以上（含 3 人）的事故。

（5）急性中毒事故。是指生产性毒物一次或短期内通过人的呼吸道、皮肤或消化道大量进入体内，使人体在短时间内发生病变，导致职工立即中断工作，并须进行急救或死亡的事故。

## 6.3.3 伤亡事故分析

（1）通过全面的调查，查明事故经过，弄清造成事故的原因，包括人、物、生产管理和技术管理等方面的问题，进行认真、客观、全面、细致、准确的分析。

（2）事故分析步骤，首先整理和仔细阅读调查材料，按规定进行分析，确定直接原因、间接原因和事故责任者。

（3）分析事故原因，应根据调查所确认事实，从直接原因入手，逐步深入到间接原因。通过对直接原因和间接原因的分析，确定事故中的直接责任者和领导责任者，再根据其在事故发生过程中的作用，确定主要责任者。

（4）按有关规定确定事故的性质和责任。

1）责任事故：是指由于人的过失造成的事故。

2）非责任事故：即由于人们不能预见或不可抗力的自然条件变化所造成的事故，或是在技术改造、发明创造、科学试验活动中，由于科学技术条件的限制而发生的无法预料的事故。但是，对于能够预见并可以采取措施加以避免的伤亡事故，或没有经过认真研究解决技术问题而造成的事故，不能包括在内。

3）破坏性事故：即为达到既定目的而故意制造的事故。对已确定为破坏性事故的，由公安机关认真追查破案，依法处理。

# 7 施工项目工程建设标准的实施

## 7.1 施工项目建设标准的实施计划

### 7.1.1 施工项目建设标准的实施计划的编制

**1. 施工项目建设标准的识别和配置**

（1）设计文件采用的常用标准图。为了加快设计和施工速度，提高设计与施工质量，把建筑工程中常用的、大量性的构件、配件按统一模数、不同规格设计出系列施工图，供设计部门、施工企业选用，这样的图称为标准图。标准图装订成册后，就称为标准图集或通用图集。标准图（集）的适用范围为：经国家部、委批准的，可在全国范围内使用；经各省、市、自治区有关部门批准的，一般可在相应地区范围内使用。

（2）标准图（集）有两种。一种是整幢建筑的标准设计（定型设计）图集；另一种是目前大量使用的建筑构、配件标准图集。

**2. 施工项目建设标准实施计划的编制**

（1）编制形式。施工项目建设标准的实施计划形式，可以结合工程项目的具体情况，可选择作为项目施工组织设计内容的一部分，或单独编制等形式。

（2）编制内容。施工项目建设标准的实施计划，作为施工项目建设标准实施管理的依据，应包括以下内容，见表7-1。

**表7-1 施工项目建设标准实施计划的主要内容**

| 序号 | 项　目 | 主要内容 | 重　点 |
| --- | --- | --- | --- |
| 1 | 工程概况和编制依据 | 1. 工程概况：工程建设概况、工程建设地点特征、建筑结构设计概况和工程施工特点等；<br>2. 编制依据：相关法律法规、企业标准体系及管理文件、项目设计文件、施工组织设计和有关工程建设标准等 | 1. 设计特殊要求；<br>2. 新结构、新材料、新技术、新工艺；<br>3. 质量重点及管件部位和安全重大危险源 |
| 2 | 计划目标及管理组织 | 1. 质量、安全目标；<br>2. 工程建设标准实施目标；<br>3. 项目管理组织机构人员及职责 | 工程建设标准实施目标，应包括标准的覆盖率和执行效果指标 |
| 3 | 执行强制性条文表 | 1. 项目执行施工质量方面强制性条文表；<br>2. 项目执行施工安全方面强制性条文表 | 与项目施工有关的强制性条文应逐条列出 |

续表 7－1

| 序号 | 项　目 | 主 要 内 容 | 重　点 |
|---|---|---|---|
| 4 | 执行建设标准项目表 | 1. 项目执行施工质量方面建设标准项目表；<br>2. 项目执行施工安全方面建设标准项目表 | 应具体到每个分部分项工程和每项作业内容，做到全覆盖 |
| 5 | 项目建设标准落实措施 | 1. 项目建设标准配置及有效性审查；<br>2. 项目建设标准的宣贯、交底；<br>3. 项目建设标准落实的基本措施和专门措施（组织管理、技术、经济等） | 措施的可操作性、针对性和有效性 |
| 6 | 项目建设标准监督检查计划 | 1. 建设标准实施的监督检查组织及工作流程；<br>2. 建设标准实施的监督检查方法和重点；<br>3. 建设标准实施不符合的判定和处理 | 强制性条文和强制性标准监督检查 |
| 7 | 项目建设标准实施相关记录 | 1. 建设标准交底记录；<br>2. 建设标准监督检查记录；<br>3. 建设标准试验效果的评价（总结） | 强制性条文和强制性标准监督检查记录 |

（3）施工项目执行强制性条文表。

（4）施工项目执行标准项目表。施工项目执行标准项目表的编制，可根据企业标准体系，结合施工项目实际可按专业工程、分部分项工程、工种等分别列表，编码可按企业标准体系要求统一设置。如某施工项目基础工程执行工程建设标准项目表，见表 7－2。

**表 7－2　××项目基础分部工程执行工程建设标准项目表（施工质量部分）（摘录）**

| 序号 | 编　码 | 标 准 名 称 | 标 准 代 号 |
|---|---|---|---|
| 1 | ×× | 建筑工程施工质量验收统一标准 | GB 50300—2013 |
| 2 | ×× | 混凝土结构工程施工质量验收规范 | GB 50204—2015 |
| 3 | ×× | 建筑地基基础工程施工质量验收规范 | GB 50202—2002 |
| 4 | ×× | 混凝土强度检验评定标准 | GB 50107—2010 |
| 5 | ×× | 砌体结构工程施工质量验收规范 | GB 50203—2011 |
| 6 | ×× | 建筑基桩检测技术规范 | JGJ 106—2014 |
| 7 | ×× | 大体积混凝土施工规范 | GB 50496—2009 |
| 8 | ×× | 建筑基坑工程监测技术规范 | GB 50497—2009 |
| 9 | ×× | 建筑桩基技术规范 | JGJ 94—2008 |
| 10 | ×× | 地下防水工程质量验收规范 | GB 50208—2012 |
| 11 | ×× | 地下工程防水技术规范 | GB 50108—2008 |
| 12 | ×× | 人民防空工程施工及验收规范 | GB 50134—2004 |
| 13 | ×× | 建筑基坑支护技术规程 | JGJ 120—2012 |
| 14 | ×× | 工程测量规范 | GB 50026—2007 |
| — | … | … | … |

## 7.1.2　施工项目工程建设标准的实施计划落实

### 1．施工项目工程建设标准实施计划落实措施

施工项目工程建设标准实施计划落实措施，见表7－3。

**表7－3　施工项目工程建设标准实施计划落实措施**

| 措施项目 | 主 要 内 容 | 重　　点 |
|---|---|---|
| 标准宣贯与学习 | 1．及时掌握标准信息及准备学习资料；<br>2．积极参加行业协会、企业等组织的标准宣贯或培训活动；<br>3．组织项目部相关人员学习标准等 | 使项目相关人员掌握标准，并自觉准确应用标准 |
| 组织措施 | 1．项目部配置专职人员（标准员）；<br>2．工作任务分工、管理职能分工中体现标准实施的内容；<br>3．确定标准实施的相关工作流程等 | 领导重视、组织保障 |
| 技术措施 | 1．加强施工组织设计、专项施工方案和技术措施的符合性审核；<br>2．标准实施的技术细化。如编制作业指导书、标准重大技术问题的专题论证、工艺评价及改进、制定或修订企业技术标准等；<br>3．加强标准交底等 | 措施讲究其针对性、可操作性和有效性 |
| 经济措施 | 1．保证标准实施的基本经费；<br>2．标准实施列入相关职能部门及人员绩效考核的内容，奖罚分明；<br>3．分包方标准实施的奖罚措施 | 以激励为主 |
| 管理措施 | 1．采取合同措施，加强分包管理；<br>2．调整管理方法及管理手段；<br>3．注重风险管理 | 实施精细化管理 |

### 2．施工项目建设标准的交底

施工项目建设标准的交底，一般与正常技术交底结合进行的方式，把工程建设标准交底作为技术交底的一个方面内容，标准员参与技术交底工作；也可结合施工项目情况采用建设标准专项交底的形式，标准员组织建设标准的技术交底。

施工项目开工前，应由项目技术负责人向承担施工的负责人或分包人进行书面技术交底。每一分部分项工程作业前应进行作业技术交底，技术交底书应由施工项目技术人员编制（标准员参与），并经项目技术负责人批准实施。技术交底资料应办理签字手续并归档保存。

技术交底的主要内容包括：做什么——任务范围；怎么做——施工方案（方法）、工艺、材料、机具等；做成什么样——质量、安全标准；注意事项——施工应注意质量安全问题、基本措施等；做完时限——进度要求等。

技术交底的形式可采用：书面、口头、会议、挂牌、样板、示范操作等。

施工项目建设标准的交底资料格式参见表7－4。

**表7－4 施工项目建设标准交底记录**

<table>
<tr><td colspan="2">工程名称</td><td colspan="2"></td><td colspan="2">交底日期</td><td colspan="2">年　月　日</td></tr>
<tr><td colspan="2">施工单位</td><td colspan="2"></td><td colspan="2">分项工程名称</td><td colspan="2"></td></tr>
<tr><td colspan="2">交底提要</td><td colspan="6"></td></tr>
<tr><td colspan="8">交底内容：</td></tr>
<tr><td>审核人</td><td colspan="2"></td><td>交底人</td><td colspan="2"></td><td>接受交底人</td><td></td></tr>
</table>

注：1. 本表头及交底内容由交底人填写，交底人与接受交底人各保存一份。
2. 当做分部、分项施工作业安全交底时，应填写“分部、分项工程名称”栏。
3. 交底提要应根据交底内容把交底内容关键词写上。

## 7.2 施工过程建设标准实施的监督检查

### 7.2.1 施工过程建设标准实施的监督检查方法和重点

标准员对施工过程建设标准实施的监督检查，主要根据工程建设标准实施计划进行。施工过程建设标准实施的监督检查方法可根据内容选择资料核查、参与现场检查、验证或监督等。施工过程建设标准实施的监督检查的重点应是工程建设强制性标准（条文）。

施工过程建设标准实施的监督检查方法和重点可参照表7－5要求进行。

表7-5 施工过程建设标准实施的监督检查方法和重点

| 检查对象 | 主要监督检查内容 | 标准员工作重点 | 检查方法 |
| --- | --- | --- | --- |
| 施工准备 | 设计交底和图纸会审 | 1. 了解设计意图和设计要求；<br>2. 配置执行工程建设标准及标准图 | 资料核查，参与现场检查及验收等 |
| | 施工组织设计、施工方案及作业指导书 | 1. 负责编制工程建设标准实施计划；<br>2. 参与审查工程建设标准贯彻计划情况 | |
| | 技术交底 | 1. 参与技术交底资料核查；<br>2. 组织工程建设标准的交底 | |
| | 各生产要素准备（人、料、机、作业面等） | 1. 材料进场验收；<br>2. 关键岗位人员资格；<br>3. 主要机械设备进场安装及验收 | |
| 施工过程质量 | 工序质量 | 1. 作业规程和工艺标准；<br>2. 关键控制点 | |
| | 主要技术环节 | 1. 设计变更、技术核定；<br>2. 隐蔽验收、施工记录；<br>3. 施工检查、施工试验 | |
| | 质量验收（检验批、分项、分部工程） | 1. 验收程序、组织、方法和标准；<br>2. 验收资料；<br>3. 质量缺陷及事故的处理 | |
| 施工过程安全 | 重大危险源 | 1. 方案审核及论证；<br>2. 交底与培训；<br>3. 监督与验收 | |
| | 作业人员 | 1. 安全操作规程及交底；<br>2. 作业行为 | |
| | 安全检查 | 1. 安全检查制度、组织、方法和标准；<br>2. 隐患整改 | |
| | 事故（已遂与未遂）处理 | 1. 应急处置；<br>2. 事故报告、分析、处理和改进 | |

## 7.2.2 施工过程建设标准实施不符合的判定和处理

标准员通过资料审查以及现场检查验证，根据相关判定要求，参与对施工过程工程建设标准的实施情况做出判定，如不符合应确定处置方案，分析原因并提出改进措施。

**1. 准确判定执行强制性标准（条文）的情况**

执行工程建设标准强制性标准（条文）的情况的判定，一般包括以下四种情形：

（1）符合强制性标准。各项内容满足标准的规定即可判定为符合。

（2）可能违反强制性标准，但是检查时还难以做出结论，需要进一步判定，这时通过经检测单位检测，设计单位核定后，再判定。

（3）违反强制性标准。对于一些资料性的内容，如果个别地方出现笔误，且不直接影响工程质量与安全，经过整改能够到达规范要求的可以判定为符合强制性标准。但是，如果未经过验收或者验收以后不符合规范要求，而继续进行下一道工序过程的施工，应判定为违反强制性标准。

（4）严重违反强制性标准。此时比违反强制性标准更为严重，出现质量安全事故。

**2. 违反强制性标准（条文）的处理**

根据违反强制性标准的严重程度，处理步骤及内容包括：停止违反行为、应急处置、补救措施（方案）及实施、预防及改进、责任处罚等。

当建筑工程质量不符合要求时，应按下列规定进行处理：

（1）经返工重做或更换器具、设备的检验批，应重新进行验收。

（2）经有资质的检测单位检测鉴定能够达到设计要求的检验批，应予以验收。

（3）经有资质的检测单位检测鉴定达不到设计要求，但经原设计单位核算认可能够满足结构安全和使用功能的检验批，可予以验收。

（4）经返修或加固处理的分项、分部工程，虽然改变外形尺寸但仍能满足安全使用要求，可按技术处理方案和协商文件进行验收。

（5）通过返修或加固处理仍不能满足安全使用要求的分部工程、单位（子单位）工程，严禁验收。

**3. 违反强制性标准的处罚**

《实施工程建设强制性标准监督规定》（原建设部令 81 号），对参与建设活动各方责任主体违反强制性标准的处罚做出了具体的规定，这些规定与《建设工程质量管理条例》相一致。

### 7.2.3 施工项目标准实施情况记录

标准员对施工项目工程建设标准实施情况的记录，是反映标准执行的原始资料，是评价标准实施情况及改进的基本依据；也是相关监督方检查验收的依据。因此，标准实施记录应做到真实、全面、及时。

施工项目工程建设标准实施情况的记录形式，按照各地方规定及企业要求确定。记录资料除采用文字表格外，还可采用图片、录像等载体。通常可选择以下形式：

**1. 工作日记**

标准员按时间顺序每日记载施工现场有关标准实施的基本情况，主要问题及处理结果等，作为标准员的日常工作记录。

**2. 专题记录**

标准员专门对某项工作全过程的有关标准实施方面所做的完整记录。如标准员针对本项目所采用的新材料、新技术或者新工艺，从技术论证、准用许可（备案）、工艺验证、交底培训、现场控制和验收、效果评价和改进，最后形成企业标准的全面记录。专题记录也适用于项目的质量与安全的关键部位标准实施的重点控制，或重大质量安全事故分析处理。

**3. 分门别类记录**

一般可按施工项目施工顺序，分专业及分部分项工程类别，分别进行标准实施的检查记录。该形式也便于相关监督方的检查验收，比较常用。

# 7.3　施工项目建设标准的实施评价和标准信息管理

## 7.3.1　施工项目建设标准的实施评价

**1. 工程建设标准实施评价基础知识**

（1）评价标准类别。按照被评价标准的内容构成及其适用范围，工程建设标准可分为基础类、综合类和单项类。

1）基础类标准。指术语、符号、计量单位或模数等标准。

2）综合类标准。指标准的内容及适用范围涉及工程建设活动中两个或者两个以上环节的标准。

3）单项类标准。指标准的内容以及适用范围仅涉及工程建设活动中某一环节的标准。

（2）标准评价内容。

1）对基础类标准，通常只进行标准的实施状况和适用性评价。

2）综合类及单项类标准评价内容。对综合类及单项类标准，应该根据其内容构成及适用范围所涉及的环节，按表7-6的规定确定其评价内容。

**表7-6　工程建设标准涉及环节及对应评价内容**

| 环节＼内容 | 状况评价内容 | | | 效果评价内容 | | | 适用性评价内容 | |
|---|---|---|---|---|---|---|---|---|
| | 推广状况 | 应用状况 | 经济效果 | 社会效果 | 环境效果 | 可操作性 | 协调性 | 先进性 |
| 规划 | √ | √ | √ | √ | √ | √ | √ | √ |
| 勘察 | √ | √ | √ | √ | √ | √ | √ | √ |
| 设计 | √ | √ | √ | √ | √ | √ | √ | √ |
| 施工 | √ | √ | √ | √ | √ | √ | √ | √ |
| 质量验收 | √ | √ | — | √ | — | √ | √ | √ |
| 管理 | √ | √ | √ | √ | — | √ | √ | √ |
| 检验、鉴定、评价 | √ | √ | — | √ | — | √ | √ | √ |
| 运营维护、维修 | √ | √ | √ | √ | — | √ | √ | √ |

3）标准实施状况评价。标准的实施状况是指标准批准发布后一段时间内，各级工程建设管理部门、工程建设规划、勘察、设计、施工图审查机构、施工、安装、监理、检测、评估、安全质量监督以及科研、高等院校等相关单位实施标准的情况。标准的实施状

况可分为标准推广状况、标准应用状况。

标准推广状况：是指标准批准发布后，标准化管理机构及有关部门和单位为确保标准有效实施，开展的标准宣传、培训等活动以及标准出版发行等情况。

标准应用状况：是指标准批准发布后，工程建设各方应用标准、标准在工程中应用以及专业技术人员执行标准和专业技术人员对标准的掌握程度等方面的情况。

4）标准实施效果评价。标准的实施效果是指标准批准发布后在工程中应用所发挥作用和取得的效果，包括经济效果、社会效果、环境效果等。

①经济效果：标准在工程建设中应用所产生的对节约材料消耗、提高生产效率、降低成本等方面的影响效果。

②社会效果：指标准在工程建设中应用所产生的对工程安全、工程质量、人身健康、公众利益和技术进步等方面的影响效果。

③环境效果：指标准在工程建设中应用所产生的对能源资源节约和合理利用、生态环境保护等方面的影响效果。

5）标准的适用性评价。标准的适用性评价是指标准满足工程建设技术需求的程度。适用性评价的内容应该包括标准对国家政策的适合性、标准的可操作性、与相关标准的协调性和技术的先进性。

①标准的可操作性：指标准中各项规定的合理程度，及在工程建设应用中实施方便、技术措施可行的程度。

②标准的协调性：指反映标准与国家政策、法律法规、相关标准协调一致的程度。

③标准的先进性：指反映标准符合当前社会技术经济发展形势、技术成熟、条文科学、不对新技术发展造成障碍的程度。

（3）标准评价方法。工程建设标准实施评价应遵循客观、公正、实事求是的原则。并应按照被评价工程建设标准的特点，结合工程建设标准化工作需要，选择进行综合评价或单项评价。

1）单项评价。单项评价是对工程建设标准实施的某一方面（或某一指标）进行评价，并得出单项结论。

2）综合评价。综合评价是对工程建设标准实施状况评价结论、实施效果评价结论和适用性评价结论进行综合性总结、分析、评价。属于对标准的整体评价。

**2．施工项目建设标准的实施评价方法及指标**

标准员对施工项目建设标准的实施评价方法，通常采用单项评价的方法。主要评价内容包括：标准应用情况（主要指标为标准覆盖率或实施率）（表7－7），标准实施效果（主要反映标准落实的效果）。

**表7－7 施工项目建设标准应用状况评价**

| 标准应用状况 | 评价内容 |
| --- | --- |
| 单位应用标准状况 | 1．是否将所评价的标准纳入到单位的质量管理体系中；<br>2．所评价的标准在质量管理体系中是否“受控”；<br>3．是否开展了相关的宣传、培训工作 |

续表 7－7

| 标准应用状况 | 评 价 内 容 |
|---|---|
| 标准在工程中应用状况 | 1. 实施率（覆盖率）；<br>2. 在工程中是否能准确、有效应用 |
| 技术人员掌握标准状况 | 1. 技术人员是否掌握了所评价标准的内容；<br>2. 技术人员是否能准确应用所评价的标准 |

标准员对标准应用情况评价可参照表 7－8 所列等级标准。

**表 7－8 施工项目建设标准应用状况评价等级标准**

| 标准应用状况 | 评价等级 | 等 级 标 准 |
|---|---|---|
| 单位应用标准状况 | 优 | 1. 所评价的标准已纳入单位的质量管理体系当中，并处于“受控”状态；<br>2. 单位采取多种措施积极宣传所评价的标准，并组织全部有关技术人员参加培训 |
| | 良 | 1. 所评价的标准已纳入单位的质量管理体系当中，并处于“受控”状态；<br>2. 单位组织部分有关技术人员参加培训 |
| | 中 | 1. 所评价的标准已纳入单位的质量管理体系当中；<br>2. 所评价的标准在质量管理体系中处于“受控”状态 |
| | 差 | 达不到“中”的要求 |
| 标准在工程中应用状况 | 优 | 1. 非强制性标准实施率达到 90% 以上，强制性标准达到 100%；<br>2. 在工程中能准确、有效使用 |
| | 良 | 1. 非强制性标准实施率达到 80% 以上，强制性标准达至 100%；<br>2. 在工程中能准确、有效使用 |
| | 中 | 非强制性标准实施率达到 60% 以上，强制性标准达到 100% |
| | 差 | 达不到“中”的要求 |
| 技术人员掌握标准状况 | 优 | 相关技术人员熟练掌握了标准的内容，并能够准确应用 |
| | 良 | 相关技术人员掌握了标准的内容 |
| | 中 | 相关技术人员基本掌握了标准的内容 |
| | 差 | 达不到“中”的要求 |

注：对于有政策要求在工程中必须严格执行的工程建设标准，无论强制性还是非强制性实施率均应达到 100% 方能评为“中”及以上等级。对此类标准实施率达到 100% 并在工程中能准确、有效使用评为“优”。

标准员在对标准实施效果评价内容可参照表 7－9，标准实施效果评价等级标准可参照表 7－10。

表 7－9 施工项目建设标准实施效果评价内容

| 实施效果 | 评价内容 |
| --- | --- |
| 经济效果 | 1．是否有利于节约材料；<br>2．是否有利于提高生产效率；<br>3．是否有利于降低成本 |
| 社会效果 | 1．是否对工程质量和安全产生影响；<br>2．是否对施工过程安全生产产生影响；<br>3．是否对技术进步产生影响；<br>4．是否对人身健康产生影响；<br>5．是否对公众利益产生影响 |
| 环境效果 | 1．是否有利于能源资源节约；<br>2．是否有利于能源资源合理利用；<br>3．是否有利于生态环境保护 |

表 7－10 标准实施效果评价等级标准

| 标准实施效果 | 评价等级 | 等级标准 |
| --- | --- | --- |
| 经济效果 | 优 | 标准实施后对于节约材料、提高生产效率、降低成本至少两项产生有利的影响，其余一项没有影响 |
| | 良 | 标准实施后对于节约材料、提高生产效率、降低成本其中一项产生有利的影响，其他没有不利影响 |
| | 中 | 标准实施后对于节约材料、提高生产效率、降低成本没有影响 |
| | 差 | 标准实施后造成了浪费材料、降低生产效率及提高成本等不利后果 |
| 社会效果 | 优 | 标准实施后对于工程质量和安全、安全生产、技术进步、人身健康及公众利益等至少三项产生有利的影响，其他项目没有影响；或者对其中两项产生较大的积极影响，其他项目没有影响 |
| | 良 | 标准实施后对于工程质量和安全、安全生产、技术进步、人身健康及公众利益等至少两项产生有利的影响，其他项目没有影响；或者对其中一项产生较大的积极影响，其他项目没有影响 |
| | 中 | 标准实施后对于工程质量和安全、安全生产、技术进步、人身健康及公众利益没有产生影响 |
| | 差 | 标准实施后对于工程质量和安全、安全生产、技术进步、人身健康及公众利益产生负面影响 |

续表 7－10

| 标准实施效果 | 评价等级 | 等级标准 |
|---|---|---|
| 环境效果 | 优 | 标准实施后对于能源资源节约、能源资源合理利用和生态环境保护等其中至少两项产生有利的影响，其他没有影响 |
| | 良 | 标准实施后对于能源资源节约、能源资源合理利用和生态环境保护等其中一项产生有利的影响，其他没有影响 |
| | 中 | 标准实施后对于能源资源节约、能源资源合理利用和生态环境保护没有影响 |
| | 差 | 标准实施后产生了能源资源浪费、破坏生态环境等影响 |

### 3. 施工项目建设标准实施存在问题的改进措施

施工项目建设标准实施主要存在问题及基本改进措施，见表 7－11。

**表 7－11 施工项目建设标准实施存在问题及改进措施**

| 主要问题 | 主要原因 | 基本改进措施 |
|---|---|---|
| 标准覆盖率（实施率）低 | 1. 标准缺乏；<br>2. 标准配置不到位；<br>3. 标准未执行 | 1. 企业应建立及完善自身的标准体系；<br>2. 企业应建立标准资料库并及时更新；<br>3. 标准执行应有具体的措施 |
| 标准执行落实效果差 | 1. 相关人员未能掌握及准确使用标准；<br>2. 标准可操作性差或落实执行困难；<br>3. 组织管理不到位 | 1. 组织项目相关人员学习标准；<br>2. 组织标准交底；<br>3. 修订完善企业标准；<br>4. 完善标准落实措施，提高其可操作性、针对性及有效性；<br>5. 从人员、制度、资金等方面加强项目的标准执行管理力度 |

### 4. 企业工程建设标准化工作的评价

施工企业应每年进行一次工程建设标准化工作的评价，不断改进标准化工作，并根据评价绩效进行奖惩。评价可参照表 7－12 进行。

**表 7－12 施工企业工程建设技术标准化工作评价表**

| 序号 | 评价标准 | 分值 | 实得分 |
|---|---|---|---|
| 1 | 企业工程建设标准化领导机构是否健全 | 5 | |
| 2 | 企业工程建设标准化工作管理部门是否健全 | 5 | |
| 3 | 企业工程建设标准化实施等管理制度是否健全 | 5 | |
| 4 | 企业决策层级最高管理层对企业技术标准化工作的认知度情况 | 5 | |

续表 7－12

| 序号 | 评价标准 | | 分值 | 实得分 |
| --- | --- | --- | --- | --- |
| 5 | 执行国家标准、行业标准和地方标准情况 | 有完善的国家标准、行业标准和地方标准的执行措施，强制性条文逐条有措施文件，其他标准70%及以上有措施文件 | 20 | |
| | | 有完善的国家标准、行业标准和地方标准的执行措施，强制性条文有措施文件，其他标准50%及以上有措施文件 | 15 | |
| | | 有基本的国家标准、行业标准和地方标准的执行措施，强制性条文有措施文件 | 10 | |
| 6 | 企业技术标准体系完善程度 | 完善，涉及主要分部分项工程，有标准体系表，并能执行 | 10 | |
| | | 较完善，涉及部分分部分项工程，有标准体系表，基本执行 | 8 | |
| 7 | 企业技术标准的编制、复审和修订情况 | | 5 | |
| 8 | 企业技术标准化宣传、培训及执行情况 | | 5 | |
| 9 | 工程项目执行技术标准情况 | 执行达到目标，95%以上执行 | 15 | |
| | | 基本达到目标，75%以上执行 | 10 | |
| | | 一般化 | 8 | |
| 10 | 工程建设标准资料档案管理情况 | 较好，有制度能执行 | 5 | |
| | | 一般，无制度或有制度执行不好 | 2 | |
| 11 | 工程建设标准化的奖惩情况 | 设立奖励基金，制定奖惩办法并运行良好 | 5 | |
| | | 有奖惩措施，运行一般 | 2 | |
| 12 | 工程建设标准化工作投入资金情况 | 能满足企业技术标准化工作需要 | 10 | |
| | | 基本满足企业技术标准化工作需要 | 5 | |
| 13 | 标准化工作绩效管理评价 | 有制度定期进行绩效评价 | 5 | |
| 综合得分 | | 优秀 | 95及以上 | |
| | | 良好 | 85及以下 | |
| | | 合格 | 75及以上 | |
| | | 不合格 | 75以下 | |

企业标准属于科技成果的，可根据其效益申报国家或地方的有关科技进步奖项。

## 7.3.2 施工项目标准实施信息管理

### 1. 施工项目标准实施信息类型及内容

（1）信息与信息管理

信息是指用口头的方式、书面的方式或电子的方式传输的知识、新闻和情报等。声音、文字、数字和图像等都是信息表达的形式。现场施工除需要人力及物质资源外，信息也是施工必不可少的一项重要资源。

信息化是指信息资源的开发和利用，以及信息技术的开发和利用。信息技术包括有关数据处理的软件、硬件技术和网络技术等。

施工项目信息管理的主要工作：项目信息的收集整理、录入和利用等。项目信息包括合同管理、成本管理、分包管理、进度管理、质量管理、安全管理、环境管理、竣工管理、物资管理、设备机械管理、工程资料管理等。施工项目信息管理可根据本企业信息管理手册要求进行。

（2）施工企业工程建设标准化信息内容

1）国家现行有关标准化法律、法规和规范性文件。

2）本企业工程建设标准化组织机构、管理体系和相关制度等。

3）本企业标准化工作任务和目标，以及标准化工作规划及计划。

4）国家标准、行业标准和地方标准现行标准目录、发布信息及相关标准。

5）法律法规、工程建设标准化体系表和相关标准的执行情况。

6）本企业标准的编制和实施情况。

7）企业工程建设标准化工作评价情况。

8）主要经验及存在的问题。

施工项目工程建设标准的实施信息，主要包括：项目采用的工程建设标准、项目工程建设标准实施计划、项目工程建设标准交底记录、项目工程建设标准执行检查记录、项目工程建设标准实施评价及总结等。项目工程建设标准信息，一般在企业信息化管理系统的相关管理子系统中反映，具体可根据企业信息管理手册要求进行分类及编码。

施工项目工程建设标准的实施信息由标准员负责收集和整理，并做到真实（客观）、及时、准确、完整和系统，以及有效利用。信息资料类型主要为纸质和电子文档。有条件的企业应建立企业网站、企业标准资料库。

### 2. 施工项目标准实施信息系统的使用

对没有建立企业信息化管理系统的企业，施工项目只能建立自身管理信息系统；对已建立企业信息化管理系统的企业，施工项目标准实施信息按企业信息管理手册要求使用。

企业信息管理手册是信息管理的核心指导文件，其内容一般包括：

（1）信息管理任务。

（2）信息管理的任务分工表和管理职能分工表。

（3）信息分类。

（4）编码体系和编码。

（5）信息输入输出模型。

（6）信息管理工作、处理流程图。

（7）信息处理的工作平台（局域网或门户网站）及使用规定。

（8）各种报表、报告的格式以及报告周期。

（9）项目进展的月度、季度、年度和总结报告的内容及其编制原则和方法。

（10）信息管理相关制度等。

# 参 考 文 献

[1] 中华人民共和国住房和城乡建设部. GB/T 50104—2010 建筑制图标准 [S]. 北京：中国计划出版社，2011.

[2] 中华人民共和国住房和城乡建设部. GB 50003—2011 砌体结构设计规范 [S]. 北京：中国计划出版社，2012.

[3] 中华人民共和国住房和城乡建设部. GB 50666—2011 混凝土结构工程施工规范 [S]. 北京：中国建筑工业出版社，2012.

[4] 山西省住房和城乡建设厅. GB 50208—2011 地下防水工程质量验收规范 [S]. 北京：中国建筑工业出版社，2012.

[5] 中华人民共和国住房和城乡建设部. JGJ 55—2011 普通混凝土配合比设计规程 [S]. 北京：中国建筑工业出版社，2011.

[6] 中华人民共和国住房和城乡建设部. GB 50010—2010 混凝土结构设计规范 [S]. 北京：中国建筑工业出版社，2011.

[7] 中华人民共和国住房和城乡建设部. GB 50656—2011 施工企业安全生产管理规范 [S]. 北京：中国计划出版社，2012.

[8] 全国质量管理和质量保证标准化技术委员会. GB/T 19001—2008 质量管理体系要求 [S]. 北京：中国标准出版社，2009.

[9] 全国水泥标准化技术委员会. GB 175—2007 通用硅酸盐水泥 [S]. 北京：中国标准出版社，2008.

[10] 中华人民共和国建设部. GB/T 50326—2006 建设工程项目管理规范 [S]. 北京：中国建筑工业出版社，2006.

[11] 中华人民共和国住房和城乡建设部. GB 50300—2013 建筑工程施工质量验收统一标准 [S]. 北京：中国建筑工业出版社，2014.

[12] 中华人民共和国住房和城乡建设部. GB/T 50502—2009 建筑施工组织设计规范 [S]. 北京：中国建筑工业出版社，2009.

[13] 中国建筑科学研究院. GB/T 50502—2015 混凝土结构工程施工质量验收规范 [S]. 北京：中国建筑工业出版社，2015.

[14] 中华人民共和国住房和城乡建设部. JGJ/T 250—2011 建筑与市政工程施工现场专业人员职业标准 [S]. 北京：中国建筑工业出版社，2012.

[15] 住房和城乡建设部定额研究所. JGJ 59—2011 建筑施工安全检查标准 [S]. 北京：中国建筑工业出版社，2012.

[16] 中国工程建设标准化建筑施工专业委员会，中天建设集团有限公司. JGJ/T 198—2010 施工企业工程建设技术标准化管理规范 [S]. 北京：中国建筑工业出版社，2010.

[17] 许光，袁雪峰. 建筑识图与房屋构造 [M]. 重庆：重庆大学出版社，2008.

[18] 陈玉萍. 建筑材料 [M]. 武汉：华中科技大学出版社，2010.